Anonymous

Die Landwirtschaftliche Schule Zürich

Anonymous

Die Landwirtschaftliche Schule Zürich

ISBN/EAN: 9783337321215

Hergestellt in Europa, USA, Kanada, Australien, Japan

Cover: Foto ©berggeist007 / pixelio.de

Weitere Bücher finden Sie auf **www.hansebooks.com**

Die

Landwirthschaftliche Schule

des

Eidgenössischen Polytechnikums

in Zürich.

· ···· ·

Festschrift

zur Feier ihres 25jährigen Bestehens

am Schlusse des Schuljahres 1895/96.

Im Auftrage des Schweizerischen Schulrathes

verfasst von

Dr. Adolf Kraemer

Professor der Landwirthschaft am eidgen. Polytechnikum in Zürich.

· ···◆··· ·

Mit 11 Tafeln, davon 7 Ansichten in Phototypie,
nach Original-Aufnahmen von Professor Dr. J. Barbieri in Zürich, und 4 Grundpläne.

ZÜRICH

DRUCK VON F. LOHBAUER.

1896.

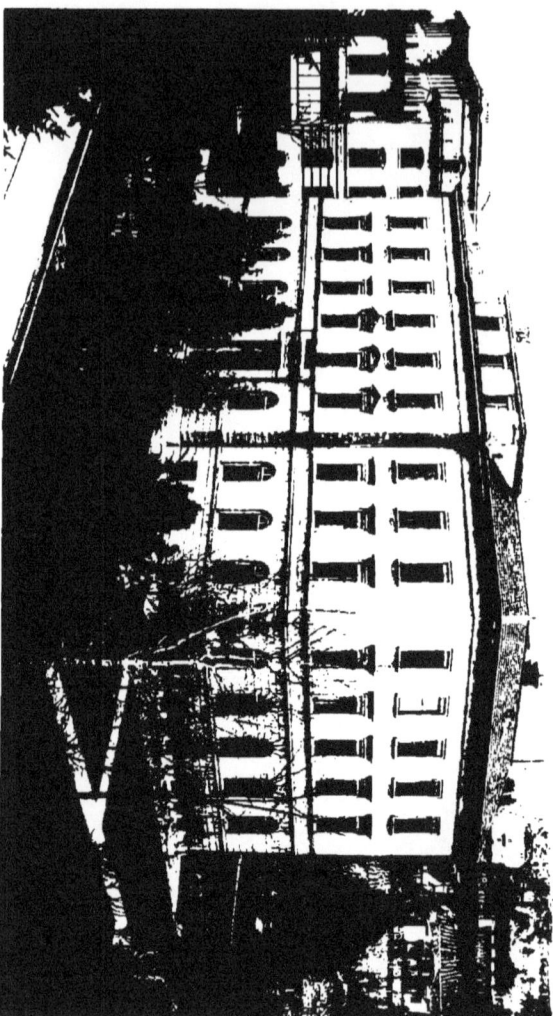

LEHRGEBÄUDE DER LAND- UND FORSTWIRTHSCHAFTLICHEN SCHULE DES EIDGEN. POLYTECHNIKUMS

IN ZÜRICH.

(Ansicht von der Südwestseite.)

Die

Landwirthschaftliche Schule

des

Eidgenössischen Polytechnikums

in Zürich.

— — ..... —

Festschrift

zur Feier ihres 25jährigen Bestehens

am Schlusse des Schuljahres 1895/96.

· ———

Im Auftrage des Schweizer. Schulrathes

verfasst von

Dr. **Adolf Kraemer**

Professor der Landwirthschaft am eidgen. Polytechnikum in Zürich.

Mit 11 Tafeln, davon 7 Ansichten in Phototypie,
nach Original-Aufnahmen von Professor Dr. J. Barbieri in Zürich, und 4 Grundpläne.

ZÜRICH

DRUCK VON F. LOHBAUER.

1896.

„Zwar ist Vollkommenheit ein Ziel, das stets entweicht,
Doch soll es auch erstrebt nur werden, nicht erreicht.
Dass unerreichbar hoch das Vorbild alles Guten
Und Schönen ob dir steht, das sollte dich entmuthen?
Ermuthen sollt' es dich, ihm ewig nachzustreben;
Es steht so hoch, um dich stets höher zu erheben."

Rückert.

Vorwort.

Veranlasst durch den Schweizer. Schulrath veröffentlichte Verfasser vorliegender Schrift im Jahre 1871 durch die »Schweizer. landwirthschaftliche Zeitung« eine Abhandlung über: *Die landwirthschaftliche Schule des eidgen. Polytechnikums in Zürich.* Es geschah das zu einer Zeit, da die Eröffnung dieser Schule unmittelbar bevorstand. Mit der Arbeit wurde beabsichtigt, den Freunden des in's Leben tretenden Institutes, insbesondere allen den Männern, welche für die Errichtung desselben mit gewichtvollen Gründen nachhaltig eingetreten waren, Auskunft darüber zu geben, wie die neue Anstalt ihre Aufgabe aufgefasst hat, und welche Mittel und Wege sie zu deren Erfüllung zu ergreifen Willens war. Am Schlusse unserer damaligen Ausführungen hiess es, dass die landwirthschaftliche Schule nicht unterlassen werde, von Zeit zu Zeit Bericht darüber zu erstatten, wie sie die ihr gegebenen Kräfte und Mittel benutzte und welche Erfolge sie auf der ihr vorgezeichneten Bahn erzielte.

Seit jenen Tagen ist ein Vierteljahrhundert dahingegangen! Nachrichten über das Leben und Streben an der landwirthschaftlichen Schule sind inzwischen bei verschiedenen Gelegenheiten in die Oeffentlichkeit gedrungen. Schritt für Schritt wurde ihrer Ausgestaltung und Wirksamkeit auch in den jährlichen amtlichen Berichten des Schweizer. Schulrathes an die oberen Behörden gedacht. Noch fehlte aber bislang ein Ueberblick über ihre Geschicke im Laufe gedehnterer Zeitabschnitte, *eine eingehende und zusammenfassende Darstellung ihrer Entwicklung.*

Ein freudiger Anlass bietet sich nunmehr dar, ein abgerundetes Bild von der Vergangenheit und der gegenwärtigen Verfassung der

landwirthschaftlichen Schule zu entwerfen und damit ein Wort ein-
zulösen, welches diese vor 25 Jahren gegeben hat, nämlich allen den
Kreisen, welche in wohlwollender Fürsorge den inneren Ausbau der
Anstalt direct oder indirect gefördert, überhaupt Allen, welche deren
Einrichtung und Thätigkeit vertrauensvoll begleitet haben, in nicht
ferner Zeit die Thatsachen vorzuführen, deren vorurtheilsfreie Würdigung darüber entscheiden soll, ob dieselbe »auf *allen* ihren Wegen
das Richtige traf.« Die vorliegende Schrift trägt die Bestimmung,
diese Zusage zu erfüllen.

Indem wir dieselbe einer freundlichen Aufnahme empfehlen, geben
wir zugleich der Hoffnung und Zuversicht Ausdruck, dass es der landwirthschaftlichen Schule beschieden sein möge, auf der gewonnenen
Grundlage mit Erfolg weiterzubauen und bei der Einkehr der nächsten
Jubelfeier ihres Bestehens sich bestärkt zu fühlen in dem Bewusstsein,
durch gehäufte Anstrengungen den unaufhaltsam fortschreitenden Anforderungen der Zeit gewachsen geblieben zu sein und ihre wissenschaftliche Rangstellung wie ihren befruchtenden Einfluss auf die aus-
übende Landwirthschaft behauptet zu haben.

Der hohen Behörde und seinen verehrten Herren Collegen aber
kann der Verfasser es sich nicht versagen, an dieser Stelle seinen
wärmsten Dank für die freundliche Unterstützung auszusprechen, welche
sie ihm in der Durchführung vorliegender Arbeit zu gewähren die
Güte hatten.

ZÜRICH, am Schlusse des Sommersemesters 1896.

Professor Dr. **A. Kraemer.**

Inhaltsverzeichniss.

Die landwirthschaftliche Schule des eidgenössischen Polytechnikums in Zürich.

I. Entstehungsgeschichte.

Dem Entschlusse der eidgen. Behörden, in den Organismus des bereits im Jahre 1855 eröffneten Polytechnikums in Zürich nachträglich eine *landwirthschaftliche Schule* einzufügen, ist eine längere Reihe von Anregungen und Anträgen, von Untersuchungen und Erwägungen vorangegangen. Diese bilden gleichsam die Vorstufe der Gründung unserer Anstalt, den ersten Abschnitt ihrer Geschichte. So gedehnt auch der Zeitraum war, über welchen sich die vorbereitenden Massnahmen erstreckten, zwischen ihnen leuchtete doch immer eine ebenso erfreuliche wie ermuthigende Erfahrung hindurch. Und diese bestand in der Thatsache, dass die Idee, welche den Berathungen zu Grunde lag, in den übereinstimmend geäusserten Wünschen aller einsichtigen Vertreter der Landwirthschaft einen starken Rückhalt gefunden hatte, jeder Meinungszwiespalt über die Tragweite des in Aussicht genommenen Schrittes also ausgeschlossen war. Wesentlich diesem glücklichen Umstande war es zu verdanken, dass die Behandlung der Frage einen ungestörten Verlauf nehmen und unbekümmert um Nebenrücksichten gerade den bevorzugt wichtigen Seiten derselben die eingehendste Sorgfalt widmen konnte. Nicht ungünstig erschien darum aber auch von vornherein die Stellung der landwirthschaftlichen Schule, da diese ein bestimmt und wiederholt ausgesprochenes Verlangen, die Landwirthschaft des Landes einer Stätte wissenschaftlicher Lehre und Forschung theilhaftig zu machen, zur Verwirklichung brachte und somit in der Lage war, ihre Berechtigung aus einem allgemein anerkannten *Bedürfnisse* herleiten zu können. —

Der Ursprung aller Anregungen zur Gründung einer Schweizer. höheren landwirthschaftlichen Schule reicht zurück bis in die 50er Jahre. Zur Erhärtung dessen, und da wir ausser Stande sind, die Erstlings-

Anläufe auf Grund besonderer Dokumente bis zu ihrem Ausgangspunkte zu verfolgen, berufen wir uns auf einen Passus des Vorwortes, mit welchem das eidgen. Departement des Innern unter dem 26. October 1868 die Mittheilung eines Commissionalgutachtens über Errichtung einer höheren landwirthschaftlichen Schule am eidgen. Polytechnikum begleitet hat. Derselbe lautet:

»Schon in dem Berichte des Herrn Robert *v. Erlach* an den h. Bundesrath vom Jahre 1855 über den Pariser Concurs wird der Wunsch ausgesprochen, dass der landwirthschaftliche Unterricht am Polytechnikum eingeführt werden möchte. Es heisst in jenem Berichte: ‚Es sei zum Verwundern, dass diese für die Mehrzahl der Bewohner des Landes wichtigste aller praktischen Disciplinen gänzlich vergessen worden sei.'

Dieser Anregung folgte schon im Jahre 1856 ein Gesuch der Section d'industrie et d'agriculture de l'Institut genevois im gleichen Sinne. Die Société Jurassienne d'émulation liess sich einige Jahre später ebenso vernehmen.«

Wie aus dem erwähnten Actenstücke weiter hervorgeht, bildeten diese Schritte zugleich die Vorläufer analoger Bestrebungen der landwirthschaftlichen Vereine der *Ost- und Centralschweiz.* In den Jahren 1858, 1859, 1860 und 1862 brachten nämlich diese Vereine ganz unabhängig von einander die gleiche Frage wiederholt unter den verschiedensten Formen und trotz Verschiebungen und Abweisungen bei den Bundesbehörden zur Sprache.

Als eine geradezu typische Erscheinung unter den Kundgebungen jener Tage darf eine Denkschrift vom 11. December 1858 betrachtet werden, welche von dem provisorischen Vorstande des landwirthschaftlichen Bundes verfasst und der eidgen. Behörde mit dem bestimmten Gesuche unterbreitet wurde, *»es möchte der Landwirthschaft am eidgen. Polytechnikum diejenige Berücksichtigung zu Theil werden, welche ihr bei ihrer hohen volkswirthschaftlichen und staatsökonomischen Bedeutung gebührt.«* Dieselbe war unterzeichnet von dem Vicepräsidenten des thurgauischen landwirthschaftlichen Vereins, *J. Kopp,* Kantonsforstmeister und später Professor an der Forstschule des eidgen. Polytechnikums, und von dem Actuar, Professor *Mann* in Frauenfeld. Das Schriftstück hebt ganz besonders folgende Gesichtspunkte hervor:

Es ist zu bedauern, dass bei der Gründung der einzigen eidgenössischen Lehranstalt die Landwirthschaft an derselben keine Berücksichtigung gefunden hat, die Landwirthschaft, die den grössten Theil der Bevölkerung beschäftigt, das ganze Volk ernährt und, wenn sie nicht hinter den Anforderungen, welche die gesteigerten Bedürfnisse an sie stellen, zurückbleiben soll, nicht weniger Intelligenz voraussetzt, als irgend ein anderer Beruf.

Das Polytechnikum soll eine realistische Hochschule sein für alle nationalen Bedürfnisse. Welches Bedürfniss aber könnte nationaler und dringender sein, als eine Pflege der in das Gebiet der Landwirthschaft einschlagenden Fächer?

Einseitige Ausbreitung der Industrie erzeugt, wie die Geschichte mancher Länder in der eindringlichsten Weise lehrt, sociale Uebelstände der bedenklichsten Art, während *das* Volk sich der glücklichsten Zustände erfreut, bei welchem die Entwicklung der Landwirthschaft mit derjenigen der Industrie in harmonischem Verhältnisse steht. Durch den riesenhaften Aufschwung der Industrie droht dieses Gleichgewicht bei uns immer mehr verloren zu gehen, wenn nicht durch eine entsprechende Förderung der Landwirthschaft entgegengearbeitet wird.

In ihren weiteren Ausführungen wendet sich die Denkschrift einer speciellen Begründung ihres Anliegens zu, indem sie die Eigenthümlichkeit des Landes, den gegenwärtigen Zustand der Wissenschaft in seinem Verhältnisse zur schweizerischen Landwirthschaft in's Auge fasst, auf den mächtigen Einfluss der neuen Verkehrsmittel auf den Betrieb dieses Gewerbes hinweist, und daran erinnert, wie in der also veränderten und geschraubten Situation nur der unterrichtete Fachmann, derjenige, welcher die Errungenschaften der Wissenschaft in den Dienst seines Gewerbes zu stellen vermöge, die Aussicht auf nachhaltig glückliche Betriebserfolge geniesse.

Bemerkenswerth ist noch folgender Satz : »Die seit einem Decennium so bedeutend gesteigerten Güterpreise und Arbeitslöhne verlangen gebieterisch einen rationellen Betrieb der Landwirthschaft, und zwar muss der Schweizer Bauer, wenn er ferner seine Rechnung finden will, nicht nur auf Vermehrung seiner Bodenerzeugnisse, sondern auch ebenso sehr auf möglichst hohe Verwerthung derselben Bedacht nehmen.«

Der geschilderten Sachlage gegenüber, und da die Hülfsmittel der Kantone für eine zeitgemässe Förderung der Landwirthschaft als unzulänglich bezeichnet werden müssten, hebt die Eingabe hervor, wie es ganz im Sinne und Geiste der neuen Bundesverhältnisse liege, dass die Eidgenossenschaft thatkräftig in's Mittel trete.

Bei einem näheren Eingehen auf diese nur in kurzen Umrissen vorgeführte Betrachtungsweise kann man sich in der That des Gedankens nicht erwehren, dass das gleiche Stimmungsbild auch 40 Jahre später hätte mit dem vollen Anspruch darauf entworfen werden können, in weiten Kreisen Anklang zu finden.

Hinsichtlich der Organisation der gewünschten Lehranstalt vertrat die Denkschrift die Auffassung, dass die Errichtung einer alle Zweige der Landwirthschaft umfassenden und insbesondere mit einem grossen Gutsbetriebe ausgestatteten Hochschule nicht anzustreben sei. Sie wünschte vielmehr nur, dass am Polytechnikum diejenigen Fächer der Landwirthschaft Berücksichtigung finden, welche an den kantonalen Anstalten nicht oder nur in beschränktem Umfange gelehrt werden können, für die schweizerische Landwirthschaft aber dennoch von hoher Wichtigkeit sind. Demgemäss gestaltete sich denn auch ihr Entwurf eines Lehrplanes, nach welchem auf einen systematischen Unterricht in den grundlegenden Wissenschaften des Faches verzichtet wurde, von der Aufnahme der Pflanzenbau- und der Thierproduktionslehre keine Rede war, die landwirthschaftliche Betriebslehre nur in encyclopädischer Form behandelt werden sollte, im Uebrigen aber Agriculturchemie, Agronomie, Meliorationslehre, landwirthschaftliche Maschinen- und Geräthekunde, landwirthschaftliches Bauwesen und landwirthschaftliche Technologie in Betracht gezogen wurden. Man dachte sich die Wirksamkeit eines solchen Institutes in der Hauptsache beschränkt auf die Ausbildung von Fachlehrern für die kantonalen landwirthschaftlichen Schulen, auf die Einführung der Studirenden der Ingenieur-, der Bau-, der mechanisch-technischen und der Forstschule in die Grundlagen der Landwirthschaftslehre, zu dem Zwecke, um dieselben in den Stand zu setzen, in ihren späteren Lebensstellungen der Landwirthschaft besondere Dienste zu leisten, und endlich auf die Verwendung der Lehrkräfte auch als Experten und zur Erstattung von Gutachten in allen wichtigen Fragen des Faches. Dem Kleinbauern, so erhoffte man, werde die Anstalt die Ergebnisse der Wissenschaft theils unmittelbar, theils durch Vermittlung der kantonalen Ackerbauschulen und der landwirthschaftlichen Vereine zugänglich machen.

Wie man sicht, kam es den Petenten überhaupt nicht auf die Gründung einer das gesammte Lehrgebiet der Landwirthschaft in planmässiger Bearbeitung umfassenden und mit Kräften und Hülfsmitteln vollständig ausgerüsteten, selbstständigen Schule, als vielmehr auf die Errichtung *eines Lehrstuhles für Landwirthschaft* mit der Hauptaufgabe einer angemessenen Vertretung dieses Faches in dem Lehrplan der bereits bestehenden Abtheilungen des Polytechnikums an.

Unter der Benennung »Verein Schweizer. Landwirthe« bestand in der deutschen Schweiz seit dem Jahre 1856 ein Verband mehrerer kantonaler landwirthschaftlicher Vereine, neben welchen sich im Jahre 1858 der landwirthschaftliche Bund aufgethan hatte. Jener Verein hat, wie aus verschiedenen Nachrichten hervorgeht, die Frage der Aufnahme der Landwirthschaft in den Lehrplan des Polytechnikums ebenfalls behandelt. Ein directer Nachweis darüber, welche Stellung derselbe hierbei eingenommen, liegt uns zwar nicht vor. Indessen wird in einer späteren Eingabe des Schweizer. landwirthschaftlichen Vereins, deren wir noch zu gedenken haben werden, bestätigt, dass die Bestrebungen der landwirthschaftlichen Vereine bis dahin übereinstimmend auf das gleiche Ziel gerichtet waren.

In Folge dieser Anregungen und gestützt auf Gutachten hervorragender Landwirthe und der vorberathenden Behörden brachte der Bundesrat im Jahre 1859 einen entsprechenden Antrag an die Bundesversammlung ein, dem aber die Mehrheit der Räthe nicht zugestimmt hat.

Als der landwirthschaftliche Bund, in der Absicht, die bestehenden kantonalen Vereine zu einem Hauptverein zu sammeln, im Jahre 1859 seine Statuten geändert und sich als »Schweizer. landwirthschaftlicher Centralverein« constituirt hatte, griff derselbe die Frage der Gründung einer landwirthschaftlichen Schule am Polytechnikum alsbald von Neuem auf. Aus den uns vorliegenden Acten dieser Körperschaft ist ersichtlich, dass dieselbe unter dem 13. Februar 1860 und unter dem 27. März 1863 die Gesuche des landwirthschaftlichen Bundes wiederholte und unter ausdrücklicher Berufung auf den Inhalt der vorliegenden Denkschrift auch an dem von diesem eingenommenen Standpunkte festhielt. Es geschah das unter dem Präsidium von Dr. *F. von Tschudi* in St. Gallen und der Geschäftsführung von *J. Wellauer,* später von *E. Landolt,* Kantonsforstmeister und Professor am eidgen. Polytechnikum.

Von einem besonderen Entscheide der Bundesbehörden über diese nachträglichen Eingaben ist nirgends die Rede. Es scheint also, dass auf sie nicht mehr näher eingegangen wurde, und es vorerst mit dem ablehnenden Beschlusse der eidgen. Räthe sein Bewenden behalten hatte.

Zur Begründung des Bedürfnisses der Errichtung einer höheren landwirthschaftlichen Schule hatten sich die Aeusserungen der landwirthschaftlichen Vereine allerdings auf durchaus zutreffende Gesichtspunkte gestützt. Wenn ihre Vorschläge gleichwohl nicht durchdrangen, so konnte das seinen Grund nur darin haben, dass sie die Verwirklichung der ihnen vorschwebenden Idee auf einem wenig aussichtsvollen oder richtiger, auf halbem Wege suchten. Denn mit einer »Berücksichtigung der Landwirthschaft im Lehrplane des Polytechnikums«, mit der Errichtung eines Lehrstuhles für dieses Fach, vornehmlich bestimmt dazu, erweiternd und ergänzend in der Ausbildung für anderweite Berufszweige einzutreten und somit nur indirect für die Landwirthschaft wirksam zu sein, ohne gleichmässige und gründliche Behandlung aller der Landwirthschaftslehre zugehörigen Wissensgebiete und ohne Verfügung über den vollständigen Apparat für Lehre und Forschung, konnte unmöglich geholfen werden. Ganz abgesehen davon, dass eine einzige Lehrkraft völlig ausser Stande ist, alle die in Betracht gezogenen Unterrichtszweige zu beherrschen. Das Project schloss die Aufgabe einer methodischen wissenschaftlichen Ausbildung junger *Landwirthe von Beruf* von vornherein ganz aus.

Man hatte sich aber offenbar auch einer übertriebenen Vorstellung von dem Nutzen hingegeben, welchen der Unterricht über landwirthschaftliche Fachgegenstände für die Studirenden der übrigen Abtheilungen des Polytechnikums bieten würde.

Der Ingenieur, welcher sich in culturtechnischer Richtung ausbilden will, bedarf hierfür eines besonderen, abgerundeten Studiums auf breiter Grundlage; die Anhörung eines Collegs über Meliorationswesen ist dazu nicht entfernt ausreichend. Und die angehenden Architecten und Maschinentechniker sind wohl nur ausnahmsweise in der Lage, sich schon inmitten ihres Fachstudiums auf Specialien der Landwirthschaft einzurichten. In ihrem Berufe überhaupt gut geschulte und mit praktischem Blicke begabte Techniker werden auch im Stande sein, gegebenen Falles die besonderen Bedürfnisse der Landwirthschaft richtig zu erfassen, und es ist ausgemacht, dass die hierin bewährtesten Fachleute in der weitaus grössten Zahl es nicht um desswillen zu hervorragenden Leistungen gebracht haben, weil sie sich etwa schon während ihrer Studienzeit auch in landwirthschaftlicher Richtung bethätigten. Aufgabe des Landwirths bleibt es aber, die Eigenart der Anforderungen seines Gewerbes in bau- und mechanisch-technischer Hinsicht gründlich kennen zu lernen, um sie dem Techniker gegenüber scharf präcisiren und zur Geltung bringen zu können. Viel wichtiger ist darum für den Landwirth ein Stück Bau- und Maschinenkunde, als für den Architecten und den Maschinentechniker ein Stück Landwirthschaftslehre.

Anders liegt schon das Verhältniss bei den Angehörigen des *Forstfaches*, welchen namentlich unter den schweizerischen Verhältnissen aus naheliegenden und bekannten Gründen ein tieferes Eindringen auch in die Lage und Bedürfnisse der Landwirthschaft angesonnen werden muss. Hierzu bedarf es allerdings des Studiums der Grundlagen und Einrichtungen dieses Gewerbes, und in so fern haben gerade die Forstwirthe selbst das grösste Interesse daran, dass den Jüngern ihres Faches an der Hochschule Gelegenheit gegeben werde, sich auch die für die Ausübung ihres Berufes erforderlichen Kenntnisse in der Landwirthschaft zu erwerben. Zweifelhaft bleibt es dabei immer, ob diesem Zwecke lediglich durch Anstellung einer Lehrkraft für Landwirthschaft entsprochen werden kann. Vollends aber ist mit der Idee, dass durch die Vertretung einiger landwirthschaftlicher Fachdisciplinen

am Polytechnikum auch dem Bedürfnisse der Ausbildung von Land-
wirthschaftslehrern Genüge geleistet werde, Nichts anzufangen. Darnach hätte vorausgesehen werden dürfen, dass ein Lehrstuhl für Landwirthschaft am Polytecknikum ein für alle Mal ein isolirter Posten
von kaum eingreifender Bedeutung geblieben sein würde. Und so
konnte es im Grunde genommen auch nicht befremden, dass die Bundesversammlung ihr ablehnendes Verhalten u. a. mit dem Ausdrucke des
Zweifels darüber motivirte, ob die Errichtung eines Lehrstuhles am
Polytechnikum der richtige Weg sei, um den angestrebten Zweck in
einer den Anforderungen der schweizerischen Landwirthschaft entsprechenden Weise zu erreichen.

Indessen wollte die Frage, wie der Landwirthschaft könne am
Polytechnikum die gewünschte Berücksichtigung zu Theil werden,
nicht zur Ruhe gelangen. Schon im folgenden Jahre (1864) erschien
dieselbe wieder auf der Bildfläche, Es sollte anders und besser kommen.

Mittlerweile (am 2. November 1863) hatte sich die schon seit
geraumer Zeit in's Auge gefasste Fusion des »Vereins Schweizer.
Landwirthe« und des »Schweizer. landwirthschaftlichen Centralvereins«
zu einem Verbande, dem »*Schweizer. landwirthschaftlichen Verein*«
vollzogen. Dieser neue Verein, welchem sich alsbald die bestehenden
kantonalen landwirthschaftlichen und mehrere Special- (Fach-)Vereine
angeschlossen hatten, begann seine Thätigkeit mit der Berathung der
Frage einer geeigneten Vertretung der Landwirthschaft am Polytechnikum, und bereits in seiner constituirenden Versammlung lud
derselbe die Direction ein, eine Commission niederzusetzen, mit dem
Auftrage, ein Programm für die Einführung und Organisation des
landwirthschaftlichen Unterrichtes am eidgen. Polytechnikum auszuarbeiten. Nachdem die Direction dieser Weisung entsprochen und
ihre Anträge der Abgeordneten-Versammlung vorgelegt hatte, fasste
diese mit Einmuth den Beschluss, bei den Bundesbehörden mit dem
Gesuche einzukommen: »*Es möchte die forstliche Abtheilung des Polytechnikums zu einer* land- und forstwirthschaftlichen *erweitert werden,
und zwar dadurch, dass die landwirthschaftlichen Fächer in den Lehrplan derselben eingereiht, zwei Professoren für die Landwirthschaft
nebst einem Assistenten angestellt und mit der so reorganisirten Schule
eine agriculturchemische Versuchsstation in Verbindung gebracht werde.*«

Die einlässliche Motivirung dieses Anliegens erfolgte in einer
Eingabe, welche im Namen des Schweizer. landwirthschaftlichen Vereins von dem Präsidenten, Dr. *F. v. Tschudi* in St. Gallen, und dem
Actuar, Professor *E. Landolt* in Zürich, unter dem 5. December 1864
an die Bundesversammlung der Schweizer. Eidgenossenschaft gerichtet
wurde.

Wie schon der Wortlaut des vorliegenden Gesuches darthut, fasste der Schweizer. landwirthschaftliche Verein die Frage in einem Gesichtspunkte auf, welchen die früheren Bestrebungen der landwirthschaftlichen Vereine fast völlig in den Hintergrund gestellt hatten. Er war in der That der *erste*, welcher nach einer höheren Bildungsstätte für angehende Landwirthe, nach einem vollständig organisirten Institute für landwirthschaftliche Lehre und Forschung verlangte. Und dem Einwande, dass ein solches Begehren über das Ziel, welches die landwirthschaftlichen Vereine noch vor wenigen Jahren verfolgt haben, weit hinausschreite, begegnete er mit dem Hinweise darauf, dass sich seit Einreichung der ersten Gesuche jener Vereine die Verhältnisse wesentlich geändert, und namentlich die Versuchsstationen eine Bedeutung erlangt haben, bei welcher die Errichtung einer solchen für die Schweiz zum unabweisbaren Bedürfnisse geworden sei.

Nun — die Wandlung der Ansichten und Stimmungen, welche inzwischen zu Tage getreten war, sie sollte den weiteren Bestrebungen in hohem Maasse zu Statten kommen. Dazu gehörte freilich, dass die Berechtigung der neuen und höheren Auffassung der Aufgabe in wirkungsvoller Weise dargelegt wurde. Hierin war aber der Schweizer. landwirthschaftliche Verein ebenso entschieden wie gründlich zu Werke gegangen, und es ist keine Frage, dass seine Ausführungen, welche die gewandte Feder des Präsidenten Dr. *F. v. Tschudi* unschwer erkennen liessen, das Sachverhältniss klar und überzeugend beleuchteten. So geschah es denn auch, dass dieselben einer allgemeinen Beachtung gewürdigt wurden und in der Folge eine geradezu grundlegende und richtschnurgebende Bedeutung erlangten. Diese Erfahrung dürfte es rechtfertigen, an gegenwärtiger Stelle wenigstens die wichtigsten Argumente aus dem Exposé vorzuführen, welches der genannte Verein geliefert hat.

Gleichwie ihre Vorgängerin lenkte auch diese Denkschrift einleitend die Aufmerksamkeit auf die grossen Fortschritte, welche auf dem weiten Gebiete der Naturwissenschaften erzielt worden sind, und auf die erfolgreichen Bestrebungen, die Ergebnisse der wissenschaftlichen Forschung für die Praxis, namentlich auch für das landwirthschaftliche Gewerbe, nutzbar zu machen, und führt dann aus, wie die Landwirthschaft unter dem Einflusse dieser Errungenschaften sich bereits auf eine Höhe entwickelt habe, bei welcher eine handwerksmässige Ausübung derselben nicht mehr genüge. Anschliessend hieran wird unter Hinweis auf die Besonderheit der Lage und Bedürfnisse der schweizerischen Landwirthschaft gezeigt, dass, um eine den Orts- und Zeitverhältnissen angemessene Betriebsweise derselben ein- und durchzuführen, für die Leitung mittlerer und grösserer Wirthschaften

die gewöhnlichen Schulkenntnisse nicht ausreichen, und den Landwirthen solcher Stellung Gelegenheit gegeben werden müsse, sich
gründliche Kenntnisse in ihrem Fache zu erwerben. Die Denkschrift
fährt dann also fort:

»Die grösseren Kantone mit einer zahlreichen Landwirthschaft
treibenden Bevölkerung haben das bereits eingesehen und landwirthschaftliche Schulen — Ackerbauschulen — gegründet, in welchen den
zukünftigen Landwirthen Gelegenheit geboten wird, diejenigen Kenntnisse zu erwerben, welche zu einem richtigen Verständniss des gewählten Berufes und zur praktischen Ausübung desselben nothwendig
sind. Damit ist ein wesentlicher Fortschritt gewonnen, aber noch nicht
genug gethan. Die kantonalen landwirthschaftlichen Schulen sind für
die Landwirthschaft ungefähr das, was die Handwerks- und bezw.
die Gewerbeschulen für die übrigen technischen Gewerbe. Sie geben
ihren Schülern eine gute Grundlage für die Ausübung des gewählten
Berufes, aber keine eigentlich wissenschaftliche Bildung; sie befähigen
ihre Zöglinge, den Zusammenhang zwischen Ursache und Wirkung
zu erkennen, und setzen sie dadurch in den Stand, ihren Beruf auch
da mit Erfolg auszuüben, wo die Verhältnisse von denjenigen, unter
welchen sie gelernt haben, verschieden sind; dagegen können sie nicht
Landwirthe bilden, die von sich aus das landwirthschaftliche Gewerbe
wesentlich zu fördern und gründlich zu verbessern oder gar umzugestalten
im Stande wären; sie können auch nicht als Centralpunkt wissenschaftlicher Bestrebungen gelten, sie können keine Lehrer der Landwirthschaft ausbilden und überhaupt die höheren wissenschaftlichen
Bildungsanstalten nicht ersetzen.«

»Wie tüchtige Mechaniker, Ingenieure und Architekten nur an
höheren Lehranstalten gebildet werden können, so sind solche Anstalten auch für die gründliche Ausbildung der Landwirthe erforderlich,
und wie die staunenswerthen Fortschritte in der Maschinen- und Bau-
technik ganz vorzugsweise den Männern mit gründlicher, wissenschaftlicher Bildung zu verdanken sind, so können auch nur von solchen
die allgemeinen und durchgreifenden Verbesserungen in der Landwirthschaft ausgehen. Wie tüchtige Lehrer für die angewandten Fächer
der technischen Wissenschaften nur aus den höheren technischen Lehranstalten hervorgehen, so müssen auch die Fachlehrer für die niederen
und höheren landwirthschaftlichen Schulen an Anstalten gebildet
werden, die einen umfassenden wissenschaftlichen Unterricht zu geben
vermögen. Und wie endlich für ein reges geistiges Streben und
Ringen im Allgemeinen Centralpunkte vorhanden sein müssen, an
denen die Träger der Wissenschaft zusammenwirken und dieselbe
pflegen, fördern und nach allen Richtungen ausbreiten, so muss auch

die auf wissenschaftlicher Grundlage ruhende Landwirthschaft ihre Anlehnungspunkte haben, von denen die unentbehrliche Anregung zu vergleichenden Versuchen ausgeht, von denen die Wissenschaft gepflegt und fortgebildet wird, und bei denen der strebsame praktische Landwirth eine Antwort auf diejenigen Fragen finden kann, die er selbst nicht zu lösen vermag, die nur im lebendigen wissenschaftlichen Fortbildungsprocesse gelöst werden.«

»Dass der Schweiz seit Aufhebung der *v. Fellenberg*'schen Anstalt in Hofwyl ein solcher Centralpunkt fehlt, macht sich leider in nur zu hohem Masse fühlbar. Die Kantonsregierungen sind genöthigt, die Directoren für ihre landwirthschaftlichen Schulen im Auslande zu suchen, obschon sie recht gut wissen, dass die von Vorurtheilen nie ganz freie landwirthschaftliche Bevölkerung die Ausländer mit Misstrauen ansieht und an ihrer Befähigung zur richtigen Auffassung unserer Verhältnisse ernstlich zweifelt. Die Söhne unserer grösseren Gutsbesitzer — die zukünftigen Träger und Beförderer unserer rationellen Landwirthschaft — müssen ihre Berufsbildung auswärts suchen; sie entbehren des grossen Vortheils, sich schon auf der Schule kennen zu lernen und jene bleibenden Freundschaften zu schliessen, die ein späteres Zusammenwirken zur Förderung des allgemeinen Besten sichern, denen wir in jeder anderen Richtung so Vieles zu verdanken haben. Dem Lande, das mit Recht stolz ist auf seine guten Volksschulen, das seine Gymnasien und Gewerbeschulen mit der grössten Sorgfalt pflegt, das mehrere Akademieen, drei Universitäten und eine polytechnische Schule hat, die ihres Gleichen sucht, fehlt jede Einrichtung zur Pflege derjenigen Wissenschaften, welche die Grundlage des ältesten Gewerbes bilden, des Gewerbes, dem drei Viertheile der ganzen Bevölkerung ihre Thätigkeit widmen, das als die Hauptstütze der Volkswohlfahrt zu betrachten ist, ohne das die Existenz der bürgerlichen Gesellschaft gar nicht denkbar wäre. In keinem anderen Gebiete geistiger Thätigkeit sind wir ganz auf das Ausland angewiesen, in keinem anderen zehren wir nur an fremden Errungenschaften, ohne irgend welchen Ersatz für das uns Gebotene zu geben, als auf dem Gebiete der Landwirthschaftswissenschaft. Für die nahe verwandte Forstwirthschaft hat man schon bei Gründung des Polytechnikums gesorgt, — ist aber die Landwirthschaft von geringerer volkswirthschaftlicher Bedeutung?«

Im Weiteren wird die Stellung besprochen, welche die zu gründende Anstalt einerseits zu den bestehenden kantonalen landwirthschaftlichen Schulen, andererseits zum Polytechnikum einnehmen würde. In Bezug hierauf wird Folgendes bemerkt:

»Durch die von der Eidgenossenschaft zur Förderung der landwirthschaftlichen Bildung zu treffenden Einrichtungen sollen die
kantonalen landwirthschaftlichen Schulen durchaus nicht überflüssig
gemacht, sondern im Gegentheil gehoben und vermehrt werden. Die
schweizerische landwirthschaftliche Schule soll sich auf die kantonalen
stützen; sie soll das, was diese begonnen, vollenden und für dieselben
Directoren und Lehrer bilden. Sie soll diejenigen wissenschaftlichen
Untersuchungen vornehmen, welche diese nicht durchzuführen im
Stande sind, dagegen soll sie dieselben zur Anstellung praktischer
Versuche anregen und das dabei gewonnene Material im wissenschaftlichen und praktischen Interesse weiter verarbeiten; kurz, sie soll mit
diesen in eine Wechselwirkung treten, durch die beide gewinnen und
die Landwirthschaft im Allgemeinen gehoben und gefördert wird.«

»Die schweizerische landwirthschaftliche Schule soll auch nicht
ein Anhängsel des Polytechnikums sein, das wegen geringerer wissenschaftlicher Bildung der ihm Angehörigen und weniger wissenschaftlicher Behandlung der Disciplin überhaupt, wie man etwa glaubt, einen
Schatten auf die hohe Stellung der Anstalt werfen würde. Sie soll
im Gegentheil ihre Schüler auf die Höhe der übrigen Abtheilungen
heben und durch eine gründliche wissenschaftliche Behandlung ihres
Unterrichtsstoffes der Landwirthschaft und den gebildeten Landwirthen
die Stellung erringen und sichern, die bei dem jetzigen Stande des
landwirthschaftlichen Gewerbes beiden gebührt.«

Nachdem die Eingabe sodann hervorgehoben, dass die angestrebte
Schule nicht nur die wissenschaftliche Ausbildung junger Landwirthe
verfolgen, sondern auch den Studirenden der anderen Abtheilungen
des Polytechnikums, und vor allem denjenigen der Forstschule Gelegenheit gewähren solle, sich nach Massgabe der durch die Ausübung
ihres Berufes ihnen vorgezeichneten Bedürfnisse mit der Landwirthschaftslehre vertraut zu machen, und dass dieselbe in Verbindung mit
der philosophischen und staatswirthschaftlichen Abtheilung des Polytechnikums es auch dem zukünftigen Staatsbeamten ermöglichen
würde, sich die ihm unumgänglich nöthigen Kenntnisse in der
Nationalökonomie und Wirthschaftspolitik zu erwerben — wendet sie
sich schliesslich auch der Aufgabe des Entwurfes eines Lehr- und
Studienplanes für die zu gründende Anstalt zu.

Ausgehend von dem Grundgedanken, dass es sich um eine
Erweiterung der Forstschule, und zwar durch Einführung der landwirthschaftlichen Fächer in den Lehrplan derselben handle, glaubten
die Petenten eine Einrichtung vorschlagen zu sollen, wie sie an einigen
anderen Abtheilungen des Polytechnikums bereits bestand. Hinsichtlich der grundlegenden Fächer stelle die Forst- und die Landwirth-

schaft so gleichartige Anforderungen, dass die Studirenden beider Richtungen für den Unterricht in denselben zusammengezogen werden können; landwirthschaftliche Kenntnisse seien für den Forstwirth, und forstwirthschaftliche für den Landwirth unentbehrlich; beide können daher auch die encyclopädischen Vorträge zusammen hören; beide werden gerne auch noch einzelne Specialfächer der verwandten Wissenschaft besuchen; eine eigentliche Trennung der Studirenden würde daher nur in Bezug auf die Hauptdisciplinen der angewandten Wissenschaften stattfinden.

Das ist im Allgemeinen zutreffend. Nur fehlte eine bestimmte Andeutung darüber, ob und in wie weit man für jede der beiden nominell zusammengefassten Anstalten eine Selbstständigkeit in ihrem Kreise in Aussicht nehmen wollte, und wie man sich die gegenseitige Stellung derselben in administrativer Hinsicht gedacht hat.

In seinem Schriftstücke widmet der Schweizer. landwirthschaftliche Verein der Gestaltung des speciellen Unterrichtsplanes die eingehendste Aufmerksamkeit. Da es nicht wohl thunlich ist, ihm auf diesem Gebiete bis in dessen Einzelheiten zu folgen, müssen wir uns hier mit einer abgekürzten Wiedergabe seiner Vorschläge begnügen. Dieselben fassten folgende Einrichtungen in's Auge:

1. Bestimmung der Dauer der Studienzeit auf zwei Jahre, mit dem Vorbehalte jedoch, dass in jedem Jahre alle Fächer zur Behandlung kommen, damit einzelnen sehr vorgerückten jungen Landwirthen Gelegenheit zu einem nur einjährigen Besuche der Anstalt geboten werde.

2. Gleichstellung der Aufnahme-Bedingungen in Bezug auf Alter und Vorkenntnisse mit denjenigen an der Forstschule, wobei jedoch hinsichtlich des Ausweises über mathematische Vorschulung gewisse Erleichterungen gegenüber solchen Aspiranten als zulässig erachtet werden, welche einen vollen Curs an einer kantonalen landwirthschaftlichen Schule zurückgelegt haben oder schon längere Zeit in der Praxis thätig waren.

3. Aufnahme aller Grund- und Fachwissenschaften der Landwirthschaft in den Lehrplan mit der Anordnung, dass jene in das erste, diese in das zweite Studienjahr verlegt werden. (Der Entwurf führt alle in Betracht gezogenen Fächer — einerseits die mathematischen, naturwissenschaftlichen und nationalökonomischen, andererseits die eigentlichen Fach-Disciplinen — mit der zugehörigen Stundenzahl und in ihrer Vertheilung auf die beiden Jahrescurse auf, und berechnet ein Erforderniss von im Mittel 25 Vorlesungen per Woche. Dabei ist allerdings das Princip der zeitlichen Aufeinanderfolge der Grund- und der Fachwissenschaften nicht durchweg strenge gewahrt geblieben.)

4. Ergänzung des Unterrichts durch Demonstrationen und durch Excursionen zum Besuche von Thal- und Alpwirthschaften.

5. Beschaffung der nöthigen Lehrhülfsmittel, wie: Sammlungen von Geräthen, Modellen, Samen und Pflanzen etc., ferner Anlegung einer Bibliothek und Mitbenutzung der naturhistorischen Sammlungen und der Bibliothek des Polytechnikums.

6. Einrichtung eines agriculturchemischen Laboratoriums und eines Versuchsfeldes im Sinne einer agriculturchemischen Versuchsstation.

7. Anstellung von zwei Professoren und einem Assistenten.

In der Reihe dieser Vorschläge verdienen mit Rücksicht auch auf spätere Bestrebungen gerade die Positionen 6 und 7 ganz besondere Beachtung. Um eine angemessene Vertretung der Fachwissenschaften zu erlangen, hielt man dafür, dass für diese unbedingt zwei Lehrer berufen werden müssten, da von einem Manne allein niemals verlangt werden könne, dass er die sehr verschiedenartigen Zweige der Landwirthschaft mit gleicher Liebe und gleichem Geschicke behandle, und noch viel weniger, dass er daneben noch weitläufige, zeitraubende chemische Analysen ausführe und ein Versuchsfeld pflege und beobachte. Damit war zugleich die Frage der agriculturchemischen Versuchsstation in die Erörterung gezogen.

Nach dem Wortlaute der Petition hatte diese eine Anlehnung der erstrebten Versuchsstation an den Betrieb eines Versuchsfeldes, also die Durchführung von Pflanzencultur-Versuchen im Auge. Ein Specialprogramm hierfür wurde nicht aufgestellt. Zu jener Zeit — die ersten Versuchsstationen in England, Frankreich und Deutschland stammten etwa aus der Mitte der 40er Jahre — herrschte aber noch eine grosse Verschiedenheit der Ansichten über die Aufgabe derartiger Institute, welche auch in Fragen der Organisation derselben zum Ausdrucke kam. Und so mag es denn sein, dass unsere Landwirthe sich damals noch nicht recht vergegenwärtigt hatten, in welcher Richtung und mit welchen Mitteln die gewünschte Station zu arbeiten habe, und dass in der Behandlung des Gegenstandes Voraussetzungen unterliefen, welche sich nicht ganz zutreffend erwiesen. Hieran erinnert namentlich der in der Eingabe entwickelte Vorschlag, den Betrieb der mit der landwirthschaftlichen Schule zu verbindenden Versuchsstation derart einzurichten, dass einer der beiden Fachdocenten die Anordnung und Leitung der Versuche übernehme, der zu berufende Chemiker von Fach aber als Assistent des Versuchsdirigenten fungiere und die erforderlichen Analysen ausführe. Einer solchen Combination konnten allerdings gewichtvolle Einwendungen nicht erspart bleiben.

Von den weiteren in der Eingabe enthaltenen Ausführungen über
den Lehrplan, ebenso von dem allda aufgestellten Voranschlag der Kosten
der ersten Einrichtung und der Bestreitung der laufenden Bedürfnisse
der Schule ganz absehend, dürfen wir an dieser Stelle doch nicht darauf
verzichten, noch der Gründe Erwähnung zu thun, mit welchen der
Schweizer. landwirthschaftliche Verein geglaubt hat, zum Voraus den
Einwürfen entgegentreten zu müssen, welche man dem von ihm aus-
gearbeiteten Projekte wahrscheinlich machen werde. Von den hierbei
auftauchenden, in der Eingabe des Näheren besprochenen Fragen
mögen indessen nur diejenigen herausgegriffen werden, deren Behandlung sich auf bleibend wichtige Gesichtspunkte stützt. Hierher
gehören vornehmlich die Erörterungen über die Verbindung eines
Gutsbetriebes mit der Lehranstalt und über den Einfluss des Studiums
an einer Hochschule auf die Lebenshaltung der Jünger des landwirthschaftlichen Berufes.

Dem Haupteinwande gegenüber, dass bei der vorgeschlagenen
Einrichtung der Zweck um desswillen nicht erreicht werde, weil in
derselben das Hauptglied eines erfolgreichen landwirthschaftlichen
Unterrichtes — ein vom Vorstand der Schule bewirthschaftetes grösseres
Gut — fehle, bemerkt das Schriftstück des Vereins, dass derselbe einer
Zeit entsprungen sei, in welcher man sich von der wissenschaftlichen
Behandlung des landwirthschaftlichen Unterrichts noch keine rechte
Vorstellung machen konnte und die handwerksmässige Erlernung des
Berufes auch auf die höheren Lehranstalten übertragen zu müssen
glaubte. In dieser ihrer Auffassung war den Petenten offenbar der
inzwischen bekannt gewordene Inhalt einer denkwürdigen Rede sehr
zu Hülfe gekommen, welche *J. v. Liebig* über den »Einfluss der Wissenschaften auf die Zustände der Bevölkerung« im Jahre 1861 anlässlich
der Vorfeier des 102. Stiftungstages der Königlichen Akademie der
Wissenschaften zu München gehalten, und in welcher dieser hervorragende Mann — allerdings nicht ohne in weiten Kreisen zu über-
raschen und Staunen hervorzurufen, hier zu begeistern, dort zu ver-
bittern, auf der ganzen Linie aber einen lebhaften Ideenstreit anzufachen
— den mit Gutsbetrieb ausgestatteten isolirten landwirthschaftlichen
Akademieen jede Bedeutung für eine eigentlich wissenschaftliche Lehre
und Forschung aberkannt, dagegen das landwirthschaftliche Studium
an der Universität als den dem Bedürfnisse wissenschaftlicher Ausbildung der Landwirthe geeignetsten Weg bezeichnet hatte.

Im Gegensatze zu dem Standpunkte des landwirthschaftlichen
Bundes, welcher glaubte, die Gutswirthschaft für die höhere landwirthschaftliche Schule aus *äusseren* Gründen nicht erlangen zu *können*,
erklärte der Schweizer. landwirthschaftliche Verein, eine solche Zuthat

wesentlich aus *inneren* Gründen nicht erlangen zu *wollen*. Damit
bekannte sich dieser zu der *v. Liebig*'schen Anschauung. Recht
greitbar geht das namentlich aus folgender Darlegung in seinem
Memoriale hervor:

»Wir glauben nicht zu weit zu gehen, wenn wir uns dahin aussprechen, dass ein von der Schule zu bewirthschaftendes Gut für
den erfolgreichen Unterricht einer höheren landwirthschaftlichen Schule
kein Bedürfniss und nicht geeignet sei, die Unterrichtszwecke zu
fördern. Um die Richtigkeit dieser Ansicht darzuthun, für welche
sich in neuerer Zeit anerkannte Autoritäten des Bestimmtesten aussprechen, brauchen wir nur auf unseren Unterrichtsplan hinzuweisen,
an dem sich kaum viel streichen lässt. Wo soll bei 25 bis 30 wöchent-
lichen Unterrichtsstunden und den damit zu verbindenden Arbeiten
im Laboratorium und auf dem Versuchsfelde die Zeit zu regelmässigen
praktischen Demonstrationen hergenommen werden, wenn man den
Studirenden die selbstthätige Verarbeitung des Stoffes — das eigentliche Studium — nicht unmöglich machen will? Wir kennen die
sogenannten praktischen Demonstrationen auf den Gütern der höheren
landwirthschaftlichen Lehranstalten aus eigener Anschauung, und
wissen, wie gar wenig dabei gewonnen wird. Für Diejenigen, welche
die Landwirthschaft bereits selbstthätig ausübten, sind sie nutzlos, und
für Diejenigen, welche noch nie selbst Hand anlegten, vollständig
ungenügend; ist vollends die Zahl der an den Demonstrationen Theil
nehmenden Schüler gross, dann kommt gar nichts dabei heraus als
Zeitversäumniss. Die höhere landwirthschaftliche Lehranstalt kann
ihre Schüler nicht das Pflügen, Säen, Pflanzen, Mähen etc. etc. lehren;
das müssen sie entweder schon können, wenn sie eintreten, oder es
nachher in der Praxis lernen. Ihre Aufgabe besteht nicht in der
Einübung der praktischen Arbeiten, sondern in der *wissenschaftlichen
Begründung der Landwirthschaftslehre;* sie muss ihre Schüler denken
lehren und sie dazu befähigen, sich eine selbstbewusste Ueberzeugung
von den Ursachen und Gründen ihres Thuns und Lassens zu verschaffen.
Es versteht sich von selbst, dass wir im Uebrigen den Werth des
Anschauungsunterrichtes nicht unterschätzen; wir glauben aber, es sei
hierfür ein eigenes, von der Schule zu bewirthschaftendes Gut nicht
nothwendig, sondern es genügen regelmässig wiederkehrende Excursionen auf gut bewirthschaftete Güter, denen bei den jetzigen Ver-
kehrsverhältnissen gar keine erheblichen Schwierigkeiten entgegen-
stehen. Für die einlässlicheren, mit dem theoretischen Unterrichte in
unmittelbare Verbindung zu bringenden Demonstrationen bietet überdies das zur zürcherischen landwirthschaftlichen Schule gehörende,
ganz nahe am Polytechnikum liegende Gut die günstigste Gelegenheit.«

»Für unsere Ansicht spricht auch der Umstand, dass unsere Nachbarländer, welche mit Gutswirthschaften verbundene höhere landwirthschaftliche Lehranstalten (Akademieen) besitzen, ernstlich mit dem Gedanken umgehen, dieselben aufzuheben und sie mit den Universitäten oder polytechnischen Schulen zu verbinden.«

»Mit demselben Rechte, mit dem man für höhere landwirthschaftliche Lehranstalten ein von der Schule aus zu bewirthschaftendes Gut fordert, könnte man von der Bauschule verlangen, dass sie einen eigenen Werkplatz habe und Häuser und Kirchen baue; von der Ingenieurschule, dass sie mit ihren Schülern Strassen und Eisenbahnen anlege und Flusscorrectionen ausführe, und von der mechanischen Schule, dass sie eine eigene Maschinenwerkstätte betreibe und Dampf- und andere Maschinen verfertige. Der chemisch-technischen Schule müsste man die verschiedenartigsten technischen Gewerbe und eine Apotheke einverleiben und der Forstschule ein schönes Waldrevier kaufen. — Die technische Lehranstalt, welche auf eine wissenschaftliche Behandlung des Unterrichtstoffes Anspruch macht, erfüllt ihre Pflicht, wenn sie ihren Schülern Gelegenheit giebt, die zur Ausübung ihres Berufes erforderlichen Kenntnisse zu erwerben, und sie befähigt, dieselben in einer den örtlichen und zeitlichen Verhältnissen angemessenen Weise anzuwenden.«

»Wollte man eine Schweizer. landwirthschaftliche Schule in Verbindung mit einem Landgute gründen, so wäre die Vereinigung derselben mit dem Polytechnikum nicht möglich, weil es in der nächsten Umgebung von Zürich an Gelegenheit zur Erwerbung eines grösseren passenden Gutes fehlen würde. Man müsste eine isolirte landwirthschaftliche Schule errichten und deren Sitz auf das zu erwerbende Gut verlegen, was zur Folge hätte, dass grosse Bauten ausgeführt und für die Hülfsfächer, wie Mathematik, Chemie, Physik, Botanik, Mineralogie, Geologie, Zoologie, Klimatologie und Bodenkunde, Rechts- und Volkswirthschaftslehre etc. etc. besondere Lehrer angestellt werden müssten. Hierdurch würde die Aussetzung eines jährlichen Credites von mindestens 50,000 Fr. und ein Aufwand für den Gutsankauf, die Bauten und die erste Einrichtung von nahezu einer halben Million nothwendig. Der grosse Aufwand für eine isolirte landwirthschaftliche Schule wäre aber nicht die einzige Schattenseite derselben; die weit grössere würde darin bestehen, dass man den Zweck einer allseitigen wissenschaftlichen Ausbildung der eine solche Suchenden nicht so vollständig erreichen würde, wie bei der von uns vorgeschlagenen wohlfeilen Einrichtung. Weder für die Hülfsfächer noch für das Hauptfach würden sich für eine solche Anstalt so tüchtige Lehrkräfte finden, wie sie am Polytechnikum bereits vorhanden oder für dasselbe

zu finden sind. Die wohlthätige, vor Einseitigkeit bewahrende Wechselwirkung zwischen den Lehrern und Schülern verschiedener Richtungen
ginge verloren; wir bekämen eine einseitige Fachschule mit allen
ihren Uebelständen. Nicht viel besser würde die Sache, wenn man
mit der landwirthschaftlichen Schule die Forstschule verbinden, diese
also vom Polytechnikum abtrennen würde; für die Forstschule wäre
das ein sehr grosser Rückschritt.«

Der hier vorgeführten Betrachtungsweise kann man allerdings
das Anerkenntniss nicht versagen, die wesentlichsten Seiten der Frage
und diese durchaus sachgemäss hervorgehoben zu haben. Das darf
jedoch nicht hindern, darauf aufmerksam zu machen, dass dieselbe in
der Auffassung der Bestimmung der akademischen Gutswirthschaften
nach einer Richtung hin entschieden zu weit gegangen ist, insofern
sie in diesen zugleich eine Gelegenheit zur Einübung der Studirenden
in die landwirthschaftlich praktischen Arbeiten erblickte. Einem solchen
Zwecke haben die Gutsbetriebe der isolirten höheren landwirthschaftlichen Lehranstalten nie gedient und auch nie dienen wollen, und
wenn diese dennoch behaupteten, gerade in der Verfügung über eine
eigene Gutswirthschaft ein ergiebiges Hülfsmittel für das Studium zu
besitzen, so hatte das seinen Grund darin, dass eine solche Ausrüstung
nicht allein die Durchführung umfassender Versuche ermöglicht, sondern auch in vielfältiger Weise der Aufgabe der Veranschaulichung
des Unterrichtes förderlich ist. Der Nutzen derartigen praktischen
Zubehörs ist übrigens gerade in neuerer Zeit allseitig anerkannt worden,
wie insbesondere die Thatsache beweist, dass diejenigen höheren landwirthschaftlichen Lehranstalten, welche das Studium der Landwirthschaftswissenschaft ganz und gar der Universität organisch eingefügt,
es nicht unterlassen haben, ausgedehnte Versuchsfelder, oder richtiger:
Versuchswirthschaften, und landwirthschaftliche Thiergärten einzurichten. Fasst man aber den praktischen Apparat als Mittel zur Verfolgung wissenschaftlicher Zwecke sowohl im Unterrichte — Veranschaulichung und Uebung — wie in der Forschung auf, so leuchtet ein,
dass die ungünstige Beurtheilung, welche die mit einem Gutsbetriebe
verbundenen landwirthschaftlichen Hochschulen seither vielfach erfahren
mussten, ihren Grund noch keineswegs darin haben kann, dass diese
Combination an sich das wissenschaftliche Niveau ihrer Wirksamkeit
herabsetzt. In der That sind jene Bemängelungen schliesslich nur
darauf zurückzuführen, dass die landwirthschaftlichen Akademieen, indem ihre Stätte der Gutswirthschaft folgte, in ein Verhältniss der *Abgeschlossenheit* traten, welches ihrer Entwicklung in wissenschaftlicher
Richtung Schwierigkeiten und Hindernisse bereitete.

2

Zum Schlusse erfolgte noch eine Beleuchtung des Einwandes, dass an einer Anstalt, wie die projectirte, »Herren« und nicht »Landwirthe« erzogen werden, dass die Studirenden sich in einer grösseren Stadt an viele Bedürfnisse gewöhnen, deren Befriedigung in ihrer späteren isolirten Stellung nicht möglich sei; dass sie während der Studienzeit zu viel Geld verbrauchen, leicht in schlimme Gesellschaft gerathen, später das Leben auf dem Lande langweilig und den gewählten Beruf für ihre hochfliegenden Pläne zu beschränkt finden u. a. m. Die Denkschrift bemerkt dazu Folgendes:

»Auch das sind Einwendungen, die auf den ersten Blick Vieles für sich haben, dennoch aber nicht stichhaltig sind und sich auch bei den in ähnlichen Verhältnissen lebenden Forstschülern nicht bewährt haben. Je gründlicher die Bildung, desto geringer die Einbildung, desto grösser die Liebe zum gewählten Fach, desto fester auch der Wille, dasselbe trotz der damit verbundenen Unannehmlichkeiten zu betreiben. Nur Halbwisser erheben sich stolz über ihre Standesgenossen und glauben für etwas Besseres geboren zu sein, als für die Ausübung des ihnen zugefallenen Berufes. Die Gefahr, viel Geld zu brauchen oder in schlimme, sittenverderbende Gesellschaft zu gerathen, ist an isolirten Anstalten nicht geringer, als an grossen, in den Städten liegenden. Auf jenen muss sich der Studirende, wenn er nicht als Sonderling gelten, sich jedes Vergnügen versagen und auf die gesellige Unterhaltung verzichten will, an die Masse anschliessen, die wegen Mangel an Gelegenheit zu solideren Vergnügungen sich sehr leicht dem altherkömmlichen, aber durchaus nicht mehr zeitgemässen studentischen Treiben hingiebt. An einer grösseren Anstalt dagegen kann der Einzelne — ohne desswegen von den Anderen angefeindet oder verhöhnt zu werden — weit leichter seinen eigenen Neigungen folgen; er findet mehr Gelegenheit zu guter Unterhaltung und zu soliden Vergnügungen und gelangt daher auch weniger auf Abwege. Der Leichtsinnige findet überall Gelegenheit zur Befriedigung seiner Neigungen, der Solide aber kann sich an einer zahlreich besuchten Anstalt und in einem grösseren Orte weit eher von zeit- und geldraubenden, den Geist unbefriedigt lassenden und die Sitten verderbenden Vergnügungen fern halten, als bei kleineren Anstalten. Die isolirte Fachschule gewährt somit auch in dieser Richtung dem centralisirten Unterricht gegenüber keine Vortheile.«

So weit der Schweizer. landwirthschaftliche Verein. Wir haben geglaubt, bei dessen Ausführungen näher verweilen zu müssen, weil sich in denselben eine Gedankenrichtung offenbart, welche Anspruch darauf erheben konnte, eine Grundlage für weitere ergiebige Erörterungen zu sein. Und da in der That alle späteren Verhandlungen

an sie anknüpften, erscheint nunmehr auch die Aufgabe, den weiteren Läuterungsprocess zu verfolgen, wesentlich vereinfacht und erleichtert.
Der unmittelbare Erfolg, welchen der Schweizer. landwirthschaftliche Verein durch seine Eingabe erzielte, bestand darin, dass der Bundesrath, vom schweizerischen Nationalrath unter dem 17. December 1864 mit der Untersuchung und Berichterstattung über dieselbe beauftragt, nicht zögerte, die von ihm als wichtig und dringend anerkannte Frage wieder in die Hand zu nehmen. Dieselbe wurde zunächst an den Schweizer. Schulrath geleitet, welcher seinerseits, um der Angelegenheit eine möglichst gründliche Prüfung zu sichern, eine Special-Commission zur Vorberathung und Berichterstattung niedersetzte. Diese Commission bestand aus den Professoren *P. Bolley, O. Heer* und *J. Kopp.* Den Verhandlungen derselben, an welchen auch der Schulrathspräsident *C. Kappeler* Theil nahm, wurde ein von diesem aufgestelltes Fragenschema zu Grunde gelegt. Das Ergebniss der Berathungen war, kurz zusammengefasst, Folgendes:

Frage 1. Ist das angeregte Project im Interesse und in einem wissenschaftlich praktischen Bedürfnisse der schweizerischen Landwirthschaft begründet, und kann der angestrebte Zweck mit Vortheil gerade durch eine Verbindung mit der polytechnischen Schule bezw. mit der Forstabtheilung derselben erzielt werden?

Diese Frage wurde *durchaus bejaht.*

Hinsichtlich des *ersten* Theils derselben berief sich die Commission zur Bekräftigung ihres Standpunktes auf die Erwägung, dass:

1. Die Vertreter der landwirthschaftlichen Bevölkerung und die thätigsten Förderer der Landwirthschaft des Landes, als welche doch die landwirthschaftlichen Vereine angesehen werden müssten, sich seit längerer Zeit mit der Frage beschäftigt haben und wiederholt zur Kundgebung des nämlichen Wunsches veranlasst waren,

2. eine nicht geringe Zahl von Schweizern an auswärtigen höheren landwirthschaftlichen Anstalten ihre Bildung suchen müsse, die Zahl der jungen Landwirthe aber, welche nach einer gründlichen Fachbildung verlangen, sich noch steigern würde, wenn im Lande selbst eine höhere landwirthschaftliche Lehranstalt bestände,

3. die Schweiz unverkennbar einigen Mangel an Männern habe, welchen eine höhere landwirthschaftliche Bildung zukomme, in welchem Verhältnisse es wohl begründet sei, dass die Führer der landwirthschaftlichen Vereine meist aus Kräften bestehen, welche ausserlandwirthschaftlichen Berufsstellungen angehören, und

4. daran gedacht werden müsse, ein Institut im Lande zu haben, durch welches man im Stande sei, Lehrer für Ackerbauschulen heranzubilden. —

In Bezug auf den *zweiten* Theil der vorliegenden Frage machte die Commission für ihre positive Haltung geltend, dass die Verbindung der höheren landwirthschaftlichen Schule mit dem Polytechnikum

1. es ermögliche, auch den Studirenden anderer Abtheilungen des Polytechnikums, insonderheit denjenigen der Forstschule, die Gelegenheit zur Erwerbung der ihnen nöthigen Kenntnisse in den Grundlagen der Landwirthschaft zu gewähren,

2. zum Zwecke auch der vollständigsten Einrichtung der Anstalt einen verhältnissmässig nur geringen Kostenaufwand erheische, weil am Polytechnikum für sämmtliche grundlegenden, namentlich die mathematischen, die naturwissenschaftlichen und staatswissenschaftlichen Fächer ausreichende Lehrkräfte vorhanden seien, es also nur noch der Berufung von Lehrern für die speciell landwirthschaftlichen Disciplinen bedürfe,

3. in Rücksicht auf die Anforderungen an die Vorbildung der Schüler, auf die Methode des Unterrichts und auf die Höhe, in welcher derselbe gehalten werden müsse, durchaus zulässig erscheine, und

4. die Gewinnung und Erhaltung von Männern wissenschaftlicher Bedeutung, weil diese das Bedürfniss regeren geistigen Verkehrs und die Nothwendigkeit grösserer Hülfsinstitute besonders fühlen, erleichtere. —

Frage 2. Ist bejahenden Falles der in der Petition des Schweizer. landwirthschaftlichen Vereins vorgeschlagene Unterrichtsplan zweckmässig und vollständig, und sind die vorgesehenen neuen Lehrkräfte und wissenschaftlichen Anstalten ausreichend? Kann namentlich:

a) in den vorhandenen Laboratorien der angestrebte Zweck ohne Nachtheil für die bestehenden Bedürfnisse der verschiedenen Abtheilungen erreicht werden, oder ist ein neues eigenes, zu diesem Zwecke zu erstellendes kleineres Laboratorium unerlässliches Bedürfniss? Und wird:

b) die Erstellung dieser Abtheilung nicht nothwendig das Bedürfniss nach einem grösseren oder kleineren landwirthschaftlichen Gütercomplex (Gutswirtschaft oder doch Versuchsfelder) im Interesse der Lehrer oder im Interesse der Schüler nach sich ziehen, und in welcher Art überhaupt könnte einem in dieser Richtung allfällig vorauszusehenden Bedürfnisse entsprochen werden?

Auf den *ersten* Theil dieser Frage, welche den Lehrplan und die Lehrkräfte betrifft, antwortete die Commission u. a. wie folgt:

»Wir erfahren es an unserer polytechnischen Schule oft genug, dass man einen Lehrplan für irgend eine Abtheilung nicht als ein starres Gebilde ansehen darf, das Anspruch auf das Zeugnis machen kann, absolut gut und zweckmässig zu sein. Nach dem Wechsel der

Anschauungen über die Bedeutung des einzelnen Faches und über die Beziehungen desselben zu dem Gesammtlehrplan, nach den Fähigkeiten und Neigungen der vorhandenen Lehrkräfte werden stets kleine Modificationen eines solchen Lehrplanes sich als nothwendig erweisen. Aber im Grossen und Ganzen können wir sagen, *dass der vorgezeichnete Lehrplan entsprechend sei.*« In dem Gutachten werden sodann die Hauptglieder der eigentlichen Fachwissenschaften aufgezählt und für dieselben 14 Vorlesungsstunden per Woche berechnet. Unter Bezugnahme hierauf erklärt die Commission, dass dieses Pensum, da noch auf die Thätigkeit bei der Versuchsstation Rücksicht zu nehmen sei, *zwei* vollbeschäftigte Lehrer erfordere. Vorbehalten bleiben dabei Special-Vorlesungen über Technologie, Bau- und Maschinenkunde etc., welche den betreffenden Lehrern am Polytechnikum übertragen werden können. Hinsichtlich der Agriculturchemie, der landwirthschaftlich-chemischen Technologie und der Leitung der Arbeiten in dem chemischen Laboratorium stellt sich aber das Gutachten entschieden auf einen von der Ansicht der Petenten abweichenden Standpunkt, indem es darthut, dass für jene Partie ein Assistent nicht ausreiche, vielmehr die Creïrung einer weiteren Professur unabweisbares Bedürfniss sei.

Ueber den *zweiten* Theil der vorliegenden Frage sprachen sich die Experten zunächst dahin aus, dass die vorhandenen Räume in den chemischen Laboratorien nicht ausreichen, um auch noch Platz für die chemisch-praktischen Uebungen der Landwirthe zu gewähren, und dass für die Arbeiten des Agriculturchemikers jedenfalls besondere Localitäten und Einrichtungen beschafft werden müssten. Und hinsichtlich der Frage der Gutswirthschaft bekannten sie sich vorbehaltlos zu der Ansicht der Petenten, indem sie erklärten, dass ein Landgutsbetrieb als unmittelbares Unterrichtsmittel *entbehrlich* sei. Dagegen waren sie mit diesen darin einverstanden, dass zur Veranschaulichung des Unterrichts der Besuch von gut bewirthschafteten Landgütern nothwendig sei und dass hierzu sich das in der Nähe gelegene Gut der landwirthschaftlichen Schule im Strickhofe vortrefflich eigne. Etwas Anderes sei es nach der Meinung der Commission mit einem Versuchsfelde. Ein Areal von einigen Jucharten müsste zu dem von dem Schweizer-landwirthschaftlichen Vereine geforderten Zweck, wissenschaftliche und praktische agronomische Fragen durch Versuche aufzuschliessen, zur Verfügung gestellt werden. Ein solches Feld würde von der Regierung des Kantons Zürich, mit welcher hierüber Unterhandlungen anzuknüpfen wären, wohl am besten auf dem zur Ackerbauschule im Strickhofe gehörigen Landgute angewiesen werden können, indessen von dort aus auch die von dem Dirigenten der Versuchsstation angeordneten Arbeiten auszuführen seien. Wie man sieht, sollte damit auch zugleich die Frage der Errichtung einer Versuchsstation im Sinne der Petition ihre Erledigung finden. In Bezug auf dieses Institut hatte übrigens das Gutachten bereits in seiner Einleitung sich grundsätzlich dahin ausgesprochen, dass dasselbe nicht sowohl ein Unterrichtsmittel bilden, als der Erforschung theoretisch und praktisch wichtiger Fragen dienen solle, dass darum die Beziehungen und der Nutzen der Lehr- und der Versuchsanstalten für die Landwirthschaft der Schweiz sehr verschiedener Natur, und dass beide sehr wünschenswerth und Be- dürfniss seien. Dieser Standpunkt hinderte indessen die Commission nicht, zu erklären, dass die Mittel zur Gründung und zum Unterhalt der Schule und der Versuchsstation wesentlich geringer sein dürfen, wenn beide Institute sich am gleichen Orte vereinigt finden, und dass *die Wechselwirkungen, in welchen sie stehen, für jedes von beiden Vortheile gewähren müssen.* Auf die Frage der Aufgabe und der Ein- richtung einer Versuchsstation ist das Gutachten nicht näher eingetreten.

Frage 3. Würde nicht in Folge einer solchen Erweiterung der Forstschule der Cursus an dieser Anstalt von zwei auf drei Jahre aus- gedehnt werden müssen? Wenn ja: Wäre eine solche Ausdehnung im Allgemeinen nachtheilig oder von Vortheil, und welche weiter- gehende Geldopfer wären etwa aus diesem letzteren Grunde in Aus- sicht zu nehmen?

Wir übergehen die Erörterung dieser Frage, weil dieselbe mit unserer Aufgabe nicht in näherer und in nur indirecter Beziehung steht, und weil auch die Commission es zweckmässig fand, hinsichtlich dieses Gegenstandes auf bereits vorliegende Wünsche und Anträge der Conferenz der Forstschule zu verweisen.

Frage 4. Wie stellt sich in Zusammenfassung und Würdigung aller dieser Gesichtspunkte das in Aussicht zu nehmende Geldbedürfniss theils für die erste Einrichtung, theils für die dauernde jährliche Mehr- Ausgabe?

In eingehender Begründung beantwortete die Commission diese Frage durch Aufstellung eines Kosten-Voranschlages. Auf eine Wieder- gabe der Einzelheiten desselben verzichtend, beschränken wir uns hier auf die Mittheilung des Schluss-Ergebnisses. Darnach sollten sich die einmaligen Erfordernisse für Ausstattung des Laboratoriums, d. h. für Möblirung, Anschaffung von Utensilien etc. etc. auf Fr. 20.000, die laufenden Kosten für Besoldungen, besondere Lehrhonorare, Material- verbrauch im Laboratorium, Abwartdienste, Betrieb des Versuchsfeldes, Sammlungen etc. etc. auf Fr. 21.500 berechnen. Die Erstellung des Bau's, so nahm man an, werde von dem Kanton Zürich übernommen.

Frage 5. Würde die angestrebte landwirthschaftliche Abtheilung ohne Nachtheil für die kantonalen landwirthschaftlichen Schulen errichtet werden können und, bejahenden Falles, in welcher Art könnte der Zusammenhang dieser neuen Abtheilung mit jenen Schulen zu gegenseitigem Vortheil und Nutzen hergestellt werden?

Hierüber äusserte sich die Commission folgendermassen:

»Eine nachtheilige Rückwirkung der zu gründenden höheren Bildungsanstalt auf die kantonalen landwirthschaftlichen Schulen scheint uns nicht denkbar. Es ist die Aufgabe dieser Anstalten wesentlich die Einübung der Arbeit meist für kleinere bäuerliche Gewerbe. Wenn die kantonalen Gewerbe- oder Industrieschulen ihr Hauptziel in Heranbildung junger, von diesen Schulen direct in die Praxis übergehender Gewerbsleute haben, daneben aber sich der Aufgabe unterziehen, die an eine höhere technische Anstalt zu eigentlich wissenschaftlicher Ausbildung übergehenden Jünglinge passend vorzubilden, so sehen wir in der Doppelaufgabe dieser Schulen nur eine Parallele zu dem Berufe, welchen die Ackerbauschulen zu erfüllen haben, sobald die höhere Bildungsanstalt besteht. Wir glauben sogar, dass von den in die höhere Lehranstalt eintretenden jungen Männern die Kenntniss der praktischen Arbeiten des Landwirths gefordert werden müsse, und ohne Zweifel werden die meisten derselben sich diese Kenntnisse auf den kantonalen Anstalten zu erwerben suchen. Diese Schulen werden darum in ihrer Frequenz nicht nur nicht beeinträchtigt, sondern sie werden sich ausdehnen. Sollte man etwa Bedenken haben, diese Schulen seien nicht im Stande, ihren Zöglingen die im Aufnahmeregulativ für die Forstschule geforderten Kenntnisse zu geben, so bedarf es nur eines Blickes auf das diesseitige Aufnahmeprogramm und die Lehrprogramme der Schulen im Strickhof, in Muri u. s. w., um sich zu überzeugen, dass diese jetzt schon oder mit geringer Anstrengung bei jedem ihrer Schüler, der nur einige allgemeine Bildung hat, es dahin bringen können, dass er die Aufnahmeprüfung besteht.«

»Nicht unwichtig ist aber auch, dass durch eine höhere landwirthschaftliche Schule allein dem sehr fühlbaren Mangel an Lehrern für die kantonalen Ackerbauschulen abgeholfen werden kann.«

Unter Bezugnahme auf den Inhalt dieses unter dem 22. März 1865 ihm unterbreiteten Commissionsberichtes gab der Schweizer. Schulrath bereits am 5. April e. a. sein Gutachten an die Bundesbehörde ab. Dasselbe spricht nach einlässlicher Würdigung der vorgeführten Gesichtspunkte seine volle Zustimmung zu den in jenem Berichte geäusserten Meinungen aus, mit der Erklärung, dass der Schulrath beschlossen habe, das aus allseitiger und gründlicher Prüfung der Verhältnisse hervorgegangene Commissionsgutachten in extenso, als die Anschauungen der Schulbehörde selbst enthaltend, der Bundesbehörde unverändert zu übermitteln, und zu gewärtigen, ob diese darauf gestützt specielle Vorlagen berathen bezw. die nöthigen Unterhandlungen mit der Regierung von Zürich beginnen wolle.

Obwohl das eidgen. Departement des Innern unter Berufung auf die vorliegenden Gutachten die Ermächtigung zu Unterhandlungen mit der Regierung von Zürich bezüglich der von ihr eventuell zu übernehmenden Verpflichtungen verlangt hatte, glaubte doch der Bundesrath vorerst noch ein Gutachten über die Frage einholen lassen zu sollen, *ob die landwirthschaftliche Abtheilung nicht mit der Forstschule vereinigt, und an einen anderen Ort, als den Sitz des Polytechnikums, verlegt werden könnte.* Mit der Untersuchung dieser Frage beauftragt, veranlasste der Schweizer. Schulrath zunächst eine Vorberathung derselben durch die oben bereits genannte Commission. Aus dem von ihr unter dem 27. Juni 1866 erstatteten Gutachten, welches sich in durchaus *verneinendem* Sinne äusserte, mögen an dieser Stelle die wesentlichsten Ausführungen kurz hervorgehoben werden.

»Gestaltet man die Frage so: ob eine Verbindung mit der Forstschule, nicht aber mit dem Polytechnikum, d. h. eine Abtrennung beider und Verlegung anderswohin erspriesslich wäre? dann würde der grösste Theil der Vorzüge, welche wir in unserem Berichte vom 22. März 1865 für eine Verbindung der Forstschule und der landwirthschaftlichen Schule angeführt haben, dahinfallen. — —«

»Es fiele weg: 1. Der Vortheil, dass Schüler anderer Abtheilungen, die aus verschiedenen Gründen Interesse an einzelnen landwirthschaftlichen Vorträgen haben, diese neben ihrem Fachstudium besuchen können.

2. Es fiele weg, dass die Studirenden der Landwirthschaft Gelegenheit erhielten, ausser den fachwissenschaftlichen auch noch allgemein bildende sprachliche, litterarische, geschichtliche etc. Vorträge zu hören; nicht nur gingen *sie* dieser Gelegenheit verlustig, sondern mit ihnen auch die Studirenden der Forstwirthschaft, die bisher im Genusse dieser gerade ihrem Stande so wichtigen Bildungsmittel waren.

3. Die einer solchen losgetrennten Anstalt bereiteten Schwierigkeiten, tüchtige Lehrkräfte zu gewinnen, würden durch ihre Vereinigung mit der Forstschule nicht verringert; es stünde in dieser Beziehung mit unserer Schweizer. Anstalt nicht anders wie mit den ausländischen, an welchen man auch beide Richtungen verfolgt und die schädlichen Wirkungen der Isolirung und der Entfernung von grösseren wissenschaftlichen Centren sehr empfindet.

4. Für die Forstabtheilung am Polytechnikum ausschliesslich sind nur zwei Lehrkräfte vorhanden, welchen die speciell forstlichen Vorträge und Uebungen zufallen. Dagegen werden Botanik, allgemeine und specielle Zoologie, Petrographie, Geologie, Feldmessen, forstwirth-

schaftliche Mathematik, Strassen- und Wasserbau, Topographie, Planzeichnen, Forstrecht, Experimentalchemie, Agriculturchemie, also die
Mehrzahl der Fächer von Docenten gegeben, welche auch an anderen
Abtheilungen thätig sind. Alle diese Lehrkräfte müssten an dem
Polytechnikum auch nach Wegzug der Forstschule verbleiben, und
an dieser müsste für alle diese Fächer, möchte sie hingelegt werden,
wohin man wolle, durch Zuzug anderer Lehrkräfte gesorgt werden.
Man wäre dadurch zur Doppelbesetzung von wenigstens fünf Professuren
genöthigt, und die budgetirten jährlichen Ausgaben für das Lehrpersonal der in solcher Weise losgetrennten Anstalt würden mehr als
verdoppelt. Noch weit höher aber würden sich die Ausgaben steigern
durch Verdoppelung aller Hülfsmittel an Sammlungen, Bibliotheken etc.

5. Die landwirthschaftliche Abtheilung hat aber selbst grundlegende und Hülfsfächer nöthig, welche an der Forstschule nicht vorkommen, z. B. Verwaltungsrecht, einzelne zoologische oder botanische
Special-Gebiete, landwirthschaftliches Bauwesen etc., wofür am Polytechnikum Lehrkräfte sind, die anderwärts besonders und mit viel
bedeutenderen Kosten beschafft werden müssten.«

»Wie die Verhältnisse gegenwärtig liegen, kann der höhere
landwirthschaftliche Unterricht in vollständiger und zweckmässiger
Weise nur in Verbindung mit dem forstwirthschaftlichen und mit dem
Schweizer. Polytechnikum eingerichtet werden.«

Ausser der Beantwortung der vorliegenden Frage war übrigens
der Commission zugleich aufgegeben worden, einen Entwurf für die
Organisation der landwirthschaftlichen Fachschule bis in die Einzelheiten zu entwerfen. Sie erklärte aber, dass einerseits diese Aufgabe
nicht ohne grössere Vorarbeiten, wie genaues Studium der Pläne
anderer Anstalten, vielleicht den Besuch von solchen u. a. m. erledigt
werden könne, andererseits aber eine vollständige Bearbeitung derselben erst in dem Momente nothwendig und nützlich erscheine, wenn
über die Hauptfrage der Vereinigung mit dem Polytechnikum oder
der Isolirung entschieden worden sei. Denn abgesehen davon, dass
man sich hinsichtlich der Unterrichtsvertheilung und der Unterrichts-
abstufung in speciell landwirthschaftlichen Fächern nach den Anschauungen der zugezogenen Lehrkräfte und der Studienrichtung,
welche die einzelnen berufenen Professoren verfolgten, zu richten
haben werde — eine Erfahrung, die man bei jeder Neugründung einer
Schule mache — sei die Beantwortung einer Hauptfrage, in welcher
Weise für allgemeine Bildung gesorgt werden solle, erst dann möglich,
wenn Beschluss darüber gefasst sei, ob man die am Polytechnikum
vorhandenen Kräfte benutzen könne oder nicht, und ob man die

betreffenden Fächer in den Lehrplan aufzunehmen oder, wie es an den bestehenden Abtheilungen geschieht, facultativ zu lassen habe. Im Uebrigen berief sich die Commission darauf, dass bereits einige Materialien vorliegen, welche sehr wohl als Grundlage für die Construction eines Lehrplanes benutzt werden können, und gedachte sie hierbei wiederum besonders der Vorschläge des Schweizer. landwirthschaftlichen Vereines, welche ihr wohl überlegt erschienen, und sodann eines von Professor *Lang* in Solothurn im Jahre 1865 in der Generalversammlung des Schweizer. Lehrervereins erstatteten Referates, in welchem sich neben einer vortrefflichen Begründung, dass die Verbindung einer höheren landwirthschaftlichen Lehranstalt mit dem Polytechnikum zweckmässig sei, eine Zusammenstellung der an einer solchen zu lehrenden Gegenstände, geordnet nach grundlegenden und Hauptfächern, finde.

Was die Stellung der neuen Abtheilung zu den übrigen Fachschulen und die äussere Gestaltung derselben betrifft, so glaubte das Commissionsgutachten grundsätzlich an nachfolgenden Vorschlägen festhalten zu sollen:

1. Vereinigung mit der Forstschule unter *einem* Vorstande und *ein* und derselben Conferenz in ähnlicher Weise, wie an der chemischtechnischen Schule die technische und die pharmaceutische Studienrichtung oder an der Lehramtscandidaten-Abtheilung die mathematische und die naturwissenschaftliche Richtung neben einander untergebracht sind.

2. Cursus zweijährig und

3. Aufnahmebedingungen möglichst conform denjenigen, welche für die Forstschule gelten.

Zur näheren Begründung dieser Positionen kann auf den Bericht der gleichen Commission vom 22. März 1865 verwiesen werden, wobei indessen nur zu bemerken bleibt, wie das vorliegende Gutachten findet, es seien die für die Forstschule geforderten Kenntnisse bei der Aufnahme der Art, dass sie ohne Schwierigkeiten auf jeder kantonalen Industrie- oder Gewerbeschule, auf den Schullehrerseminarien und am Vorcurs des Polytechnikums erreicht werden können, sich aber auch an den kantonalen Ackerbauschulen jedenfalls dann erreichen lassen, wenn diese kleine Modificationen an ihrem Lehrprogramme, so z. B. durch Vervollständigung des mathematischen und physikalischen Unterrichts, vornehmen würden.

4. Hinsichtlich der hauptsächlichsten Hülfsinstitute bekannte sich die Commission zwar von Neuem zu dem Inhalte ihres ersten Berichtes, fügte dieselbe aber nunmehr einen ergänzenden Vorschlag bei, dahin gehend, dass die landwirthschaftliche Schule auch mit einem mikro-

skopisch-physiologischen Laboratorium ausgestattet werde, dessen Nothwendigkeit inzwischen in einer Zuschrift von Professor *C. Cramer*
in überzeugender Weise dargethan worden war.

Vorbehaltlich einer näheren Besprechung, zu welcher sich in
einem späteren Abschnitte dieser Schrift passendere Gelegenheit darbieten wird, kann Verfasser doch nicht umhin, schon an dieser Stelle
darauf hinzuweisen, dass sich in dem Commissionsberichte zwei, später
auch in die bundesräthliche Botschaft übergegangene Vorschläge finden,
von welchen der eine sich als ungeeignet erwies und auch nie praktische Gestalt gewann, der andere aber mit einer Unvollständigkeit
behaftet war. *Jener* betrifft das Project einer Vereinigung der
land- und forstwirthschaftlichen Schule unter einem Vorstande und
ein und derselben Conferenz, *dieser* die Ausstattung des botanischen
Unterrichtes mit einem mikroskopisch-physiologischen Laboratorium
ohne gleichzeitige Bedachtnahme auf ein analoges Hülfsinstitut zur
Versorgung des durchaus ebenbürtigen Unterrichtes in der Anatomie
und Physiologie der Thiere. —

Auf Grundlage der nunmehr vorliegenden Ergebnisse der Vorberathung erstattete der Schweizer. Schulrath unter dem 3. Juli 1866
sein Gutachten an die Bundesbehörde. Dasselbe schloss sich wiederum
in allen Stücken den Vorschlägen der Commission an und sprach
sich daraufhin unter ausdrücklicher Anerkennung der Triftigkeit der
von dieser geltend gemachten Gründe auf das Entschiedenste dahin
aus, *dass die landwirthschaftliche Schule mit dem Polytechnikum zu
verbinden sei.*

In Rücksicht darauf, dass der Schweizer. landwirthschaftliche
Verein, von welchem die Petition für Errichtung einer landwirthschaftlichen Abtheilung am Polytechnikum ausgegangen war, nur die deutsche
Schweiz umfasst, die schwebende Frage aber inzwischen von Seiten
der romanischen Schweiz keine weitere Beurtheilung erfahren hatte,
glaubte das eidgen. Departement des Innern in dem nunmehrigen
Stadium der Verhandlungen, und bevor ein fertiges Project vorgelegt
werde, die französische Schweiz in geeigneter Weise veranlassen zu
sollen, sich über den Gegenstand auszusprechen. Zu diesem Zwecke
übermittelte es die erwähnte Petition, sowie die darauf bezüglichen
Gutachten dem Vorstande der landwirthschaftlichen Gesellschaft der
romanischen Schweiz, mit der Einladung, die angeregte Frage ihrer
Berathung zu unterstellen und ihre Ansicht darüber dem Departement
kundzugeben. Diese Einladung wurde durch ein von *J. Naville* in
Genf Namens des Vorstandes verfasstes Memorial beantwortet, in
welchem nicht nur der Gedanke der Errichtung einer schweizerischen
landwirthschaftlichen Schule unterstützt, sondern auch dem Projecte

ihrer Verbindung mit dem Polytechnikum in Zürich unbedingte Zustimmung ertheilt wurde.

Nach Kenntnissnahme dieser Acten und eines die einschlägigen Fragen einlässlich beleuchtenden Berichtes des Departements des Innern vom 15. März 1867 beschloss dann der Bundesrath am 25. März e. a., *auf die Errichtung einer landwirthschaftlichen Schule, und zwar als Abtheilung des eidgen. Polytechnikums einzutreten*, und beauftragte er den Präsidenten des Schweizer. Schulrathes, mit der Regierung von Zürich Unterhandlungen zu pflegen betreffend Uebernahme der für die zu errichtende Anstalt nöthigen Localitäten sammt Versuchsfeld, und einen bezüglichen Vertrag unter Ratificationsvorbehalt abzuschliessen.

In der vorläufigen Besprechung, welche hierüber zwischen den Abgeordneten der Bundesbehörde und der Regierung von Zürich stattfand, überzeugte man sich, dass, um eine geeignete Grundlage für weitere Verhandlungen zu gewinnen, die Aufstellung eines bestimmten Programmes nothwendig sei, aus welchem die baulichen und übrigen Erfordernisse, für welche den Kanton Zürich in Mitleidenschaft zu ziehen in Aussicht genommen war, genau ersehen werden können. Dieses Ergebnis hatte zur Folge, dass der Bundesrath eine besondere Commission niedersetzte, mit dem Auftrage, die einschlagenden Verhältnisse zu untersuchen und darüber Bericht zu erstatten. Die Aufgabe, welche derselben angesonnen wurde, hatte das Schweizer. Departement des Innern mit Zuschrift vom 16. August 1867 formulirt wie folgt: Bezeichnung der Anlage, Ausdehnung und Einrichtung der zu gründenden Anstalt auf der gegebenen Basis; Bestimmung der Fächer, welche gelehrt werden sollen, und der dazu nöthigen Lehrkräfte; Bezeichnung der Hülfsinstitute; Ermittlung der erforderlichen Räumlichkeiten sowohl bezüglich der Zahl, als der Grosse, Lage und besonderen Beschaffenheit; Aufstellung eines möglichst genauen Kostenanschlages für die erste Einrichtung wie für die regelmässigen Jahresausgaben.

Zu Mitgliedern dieser Commission wurden berufen: Schulrathspräsident *Kappeler*, als Präsident, Nationalrath *A. Keller* in Aarau, Professor *P. Bolley* in Zürich, Professor *O. Heer* in Zürich, Regierungsrath *J. Weber* in Bern, *J. Naville-Bontemps*, erster Vicepräsident des romanischen landwirthschaftlichen Vereines in Genf, *R. Schatzmann*, Director der landwirthschaftlichen Schule in Kreuzlingen (Thurgau). In Folge der Dazwischenkunft äusserer störender Umstände verhindert, sich alsbald zu versammeln, traten dieselben erst in den Tagen des 25. und 26. October 1867 an ihre Arbeit heran.

Die Verhandlungen der Commission wurden durch den Präsidenten mit einer Ansprache eröffnet, in welcher derselbe zunächst einen kurzen Ueberblick über die Entwicklung des schon seit mehr als 10 Jahren schwebenden Projectes gab, dann mittheilte, wie er bei seinen Amtsreisen keine Gelegenheit unbenutzt gelassen habe, um Erkundigungen einzuziehen und sich ein klares Bild zu verschaffen sowohl von dem Zwecke einer höheren landwirthschaftlichen Anstalt, als auch von der ihr zu gebenden, den Bedürfnissen und den Anforderungen der Gegenwart entsprechenden Organisation, ferner der Arbeiten der früheren Commission gedachte und anschliessend hieran seine Auffassung über die Ziele, die Stellung und Einrichtung der zu gründenden Schule darlegte. Darauf stellte der Präsident an Hand des Schreibens des Departements des Innern die Aufgabe der Commission fest und specialisirte dieselbe nach *drei* Hauptgesichtspunkten. Demgemäss wurden denn auch getrennt und nach einander in Behandlung genommen:

1. Umfang der neu zu gründenden Abtheilung des Polytechnikums nach Unterrichtskräften und wissenschaftlichen Hülfsmitteln. Jahresbudget.

2. Feststellung eines Programmes der erforderlichen Räumlichkeiten.

3. Ueberschlag der Kosten der ersten Einrichtung für Laboratorien, Sammlungen, Mobiliar u. s. w.

Nachdem die Materie an zwei Sitzungstagen in allen Beziehungen eingehend und gründlich durchberathen war, wurden die Vorschläge, zu welchen die Verhandlungen geführt hatten, in Form eines motivirten, jener Eintheilung entsprechend gegliederten Gutachtens zusammengefasst und der Bundesbehörde unterbreitet. Sowohl das Protokoll der Verhandlungen, wie der Bericht der Commission an die Bundesbehörde ist von dieser s. Z. der Oeffentlichkeit übergeben worden. (Bundesblatt. 1868. Band III. S. 607—632).

Ausser Stande, auf die Einzelheiten des Inhaltes dieser Schriftstücke einzugehen, müssen wir uns hier unter Verweisung auf die erwähnte Publication wiederum auf eine gedrängte Mittheilung nur der wesentlichsten Ergebnisse der Berathungen beschränken. Es geschieht dies in ausschliesslicher Anlehnung an die Ausführungen des *Berichtes.*

Ad 1. In der Einleitung zu diesem Abschnitte wird in gewichtvollen Worten der Stellung der landwirthschaftlichen Schule gedacht. Es heisst allda: »Die Entscheidung über das Mass der vorzutragenden Fächer steht in nothwendigem Zusammenhang mit der Frage über die Stufe, auf welcher der Unterricht seinen Ausgangspunkt nehmen

soll. — — Die Commission ist *einstimmig* der Ansicht, dass die zu
gründende Schule die *höhere* Stufe über den bestehenden kantonalen
Ackerbauschulen einzunehmen habe, und erkennt nur dann in der
projectirten Schöpfung einen wahren Fortschritt für die Verbreitung
landwirthschaftlicher Bildung, wenn dieselbe sich durchaus *auf der Höhe
der Wissenschaft* hält. — — Nur wenn sie die bezeichnete Stellung
einnimmt, kann für das Land erreicht werden, was der Schweizer.
landwirthschaftliche Verein in seiner Petition an die Bundesversammlung als dringendes Bedürfniss erkennt: Die allmähliche Heranbildung
einer Anzahl von Landwirthen, die über alle Kantone vertheilt, ausgerüstet mit dem vollen Wissen, zu dem sich die Zeit erhebt, im
Stande sind, durch Rath, Belehrung und Beispiel, jeder in seinem
Kreise Liebe und Eifer für das landwirthschaftliche Gewerbe, bei'm
kleinen Landwirthe Nachdenken über seine Arbeit und Einsicht in
die technische und ökonomische Organisation derselben zu pflanzen
und zu pflegen. Nur wenn die neu zu gründende Fachschule sich
ganz auf der Höhe der Wissenschaft hält, kann sie leisten, was weiter
von ihr erwartet wird: Heranbildung von Lehrern für die kantonalen
Ackerbauschulen. „Und endlich kann und wird sie bei einer solchen
Gestaltung nicht nur nicht herabdrückend, sondern erhebend und
kräftigend auf die bestehenden Ackerbauschulen, die ihre Schüler für
die höhere Anstalt vorbereiten wollen, wirken, ähnlich wie es der
Fall war in den mathematischen und naturwissenschaftlichen Disciplinen
der kantonalen Real-, Gewerbs- und Industrie-Schulen, welche ihren
Schülern die Reife zum Eintritte in eine Fachschule des eidgen. Polytechnikums geben wollen.‹

Anknüpfend an diesen allgemeinen Gesichtspunkt entwickelt nunmehr der Bericht die Vorschläge der Commission über die Einrichtung
der Anstalt im Einzelnen. Dieselben beziehen sich auf die Bedingungen
der Aufnahme von jungen Landwirthen rücksichtlich der Vorkenntnisse und des Alters, auf die Dauer des Cursus und auf das Lehrgebiet bezw. die Lehrfächer. Den Erörterungen hierüber waren die
betreffenden Entwürfe in der Petition des Schweizer. landwirthschaftlichen Vereins, in dem Gutachten der Professoren *Bolley*, *Herr* und
Kopp, und in einem, diesem Gutachten sich anschliessenden Berichte,
welchen das Departement des Innern an den Schweizer. Bundesrath
erstattet hatte, zu Grunde gelegt worden. Aus dem Berichte der
Commission geht nun hervor, dass deren Vorschläge in allen wesentlichen Punkten mit den Ergebnissen früherer Berathungen, deren wir
bereits ausführlich gedacht haben, übereinstimmten. Abweichend zwar
von den seitherigen Vorlagen, aber kaum mehr als Ergänzungen
bezw. Modificationen derselben aufzufassen, sind nur einige Desiderien,

welche das jüngste Schriftstück zum Ausdruck brachte. Und diese
lauten auf:

a) Ausdehnung der Aufnahme-Bedingungen auf den Ausweis
derjenigen praktischen Erfahrungen und Kenntnisse, wie sie an einer
der bestehenden Ackerbauschulen oder in einer rationell betriebenen
Gutswirthschaft erworben werden können — eine Anregung, welche
später zwar auch von der bundesräthlichen Botschaft acceptirt wurde,
aber, wie wir noch sehen werden, sich nicht verwerthen liess. —

b) Umschreibung des Lehrgebietes nur nach Haupttiteln, und
zwar: Naturwissenschaften und Mathematik mit besonderer Berücksichtigung der Landwirthschaft, Volkswirthschaftslehre und Ruralrecht,
Pflanzenbau, Thierproduction und landwirthschaftliche Betriebslehre.

c) Aufnahme auch der Lehre vom Waldbau und einer Encyclo-
pädie der Forstwissenschaft in den regelmässigen Studienplan.

d) Völlige Gleichstellung der Schüler der neuen Abtheilung mit
allen übrigen Schülern in Bezug auf den Mitgenuss der Freifächer,
die an der Anstalt über Sprachen, Litteratur, Geschichte u. s. w.
gelesen werden.

e) Streichung des Vorschlages auf Einfügung einer »Encyclo-
pädie der Landwirthschaft« in die Reihe der Fachlehrgegenstände.

Der Commissionsbericht geht auch auf das Project einer Versuchsstation ein, freilich ohne über die Auffassung hinauszukommen,
welche das Gutachten der Professoren *Bolley*, *Heer* und *Kopp* vertreten hatte. Darnach sollte die Anstalt zwar Versuche im Felde und
im Laboratorium anstellen, nicht aber zugleich die Aufgabe einer
eigentlichen Versuchsstation übernehmen, da diese, nach den vorliegenden Beispielen im Auslande zu urtheilen, die Bestimmung haben
würde, nicht nur selbstständige *Versuche* unter wissenschaftlicher
Leitung auszuführen, sondern zugleich eine *Consultationsstelle* für die
Landwirthe in einem gewissen Umkreise zu sein und *Untersuchungen*
von Roh- und Hülfsstoffen, Producten etc. vorzunehmen. Nun findet
zwar die Commission, dass Versuchsanstalten dieser Art durchaus
nützlich seien und mit ihnen der Landwirthschaft »unter die Arme
gegriffen« werden könne. Dagegen sprach sie sich einstimmig dahin
aus, dass auf diesem Wege ein durchgreifender Erfolg nur dann erzielt werde, wenn 4—5 solcher Institute in je passender Lage und in
geeigneter Vertheilung über die westliche, östliche und Centralschweiz
errichtet und von Bundeswegen unterstützt würden. Wie aus dem
Zusammenhange der Darstellung hervorgeht, ist bei diesem Vorschlage
allerdings nur die wissenschaftliche *Untersuchung* landwirthschaftlich
wichtiger Stoffe, d. h. die Etablirung von Untersuchungs- bezw. Con-

trolstationen in Betracht gezogen worden. Wir werden uns indessen an späterer Stelle mit diesen Fragen noch näher zu beschäftigen haben.

Es folgt nun die Aufstellung eines Jahresbudgets für die zu errichtende Schule. Der bezügliche Voranschlag umfasst: die Besoldungen der Professoren, die Ergänzung mehrerer Professuren, die Entschädigung an vorhandene Lehrkräfte für vermehrte Thätigkeit, die Besoldungen der Assistenten, die Ausgaben für das Laboratorium (Utensilien, Rohstoffe, Brennmaterial, Abwartdienste), für Material und Bebauungskosten des Versuchsfeldes, für den botanischen Garten und das Gewächshaus (Besoldung des Gärtners und Unterhalt), für Bibliothek und Sammlungen, für Heizung, Beleuchtung und Reinigung des Gebäudes und für Unvorhergesehenes. Dabei ergab die Rechnung einen Gesammt-Betrag des Jahresaufwandes von rund Fr. 35,000.—.

Ad 2. Es wurde die Erstellung eines besonderen Gebäudes für Aufnahme der land- und forstwirthschaftlichen Schule in's Auge gefasst. Dasselbe sollte in die Nähe des Polytechnikums zu stehen kommen, eine freie Fläche von wenigstens 13,5 Are um sich haben, welche für eine Gartenanlage vorgesehen war, und in Dimensionen ausgeführt werden, dass es ausreichende Räume gewährt für das agriculturchemische Laboratorium mit zugehörigen Localitäten, das physiologische Institut, vier Auditorien, die Professorenzimmer, die Sammlungen, soweit diese nicht zu den Laboratorien und dem physiologischen Institute gehören, die Wohnung des Abwarts und die Zimmer für 2 Assistenten. In dem Berichte wurde das Raumbedürfniss im Einzelnen genau berechnet und zugleich die Vertheilung der erforderlichen Räume àuf die verschiedenen Etagen des Gebäudes projectirt. Das Endergebniss aller Calculationen war der Nachweis der Nothwendigkeit eines Baues von 27 m Länge und 15 m Tiefe, entsprechend einem Flächenraum von 405 m^2, und einer Höhe bis zum Dachgesimse von 15 m, so dass der cubische Inhalt, Alles reichlich gemessen, sich auf rund etwa 6600 m^3 beliefe. Die Kosten hierfür wurden veranschlagt auf Fr. 24 p. m^3, im Ganzen also auf rund Fr. 159,000.

Die Regierung von Zürich wäre demnach anzugehen um Anweisung eines unfern vom Polytechnikum liegenden Platzes von etwa 18 Are Flächeninhalt und um Ausführung des Gebäudes in den näher angegebenen Verhältnissen.

Ad 3. Hinsichtlich der Kosten der ersten Einrichtung für Laboratorien, Sammlungen, Mobiliar etc. glaubte die Commission sich bestimmter Angaben enthalten zu sollen, weil sich das Bedürfniss in dieser Richtung zur Zeit noch schwer überblicken lasse. Immerhin gab sie an Hand der Erfahrungen über die Ausstattung des bestehenden Chemiegebäudes einige zahlenmässige Anhaltepunkte, nach welchen der an sich nicht bedeutende Aufwand annähernd genug bemessen werden konnte.

Auf Grund des nun vorliegenden Actenmaterials war der Bundesrath in den Stand gesetzt, der Regierung von Zürich die gewünschten Vorlagen zu machen. Es geschah dies am 11. December 1867. Der raschen Fortführung der Verhandlungen stellten sich jedoch bald neue Hindernisse äusserer Natur in den Weg, und mussten die Bemühungen, eine Uebereinkunft mit der Regierung von Zürich herbeizuführen, eine längere Unterbrechung erleiden. Wohl hatte der Bundesrath diesen Stillstand für die Behandlung der Frage dadurch möglichst nutzbar zu machen gesucht, dass er die Commissionsprotokolle und -Berichte, welche dazu dienen konnten, einen klaren Begriff von dem Projecte zu geben, veröffentlichte. Inzwischen, nach Ablauf von mehr als Jahresfrist, drängten indessen die Verhältnisse zur Entscheidung. Nachdem der Schweizer. landwirthschaftliche Verein in einer neuen Eingabe an die Bundesversammlung um Beförderung der Angelegenheit ersucht hatte, nahm das Schweizer. Departement des Innern die Aufgabe wieder an die Hand und legte dasselbe dem Bundesrathe im Juni 1869 den Entwurf zu einem Bundesbeschlusse vor, laut welchem eine landwirthschaftliche Schule am Polytechnikum errichtet, der Credit desselben angemessen erhöht und dem Kanton Zürich eine bestimmte Frist gesetzt werden sollte, um sich in Betreff der seinerseits zu übernehmenden Leistungen zu erklären.

Unterdessen war aber, wie aus den vorliegenden Publicationen der Bundesbehörde zu ersehen, ein neuer Zwischenfall eingetreten, indem die Regierung von Waadt mittelst Eingabe vom 25. Juni 1869 unter Hinweisung auf die Schwierigkeiten, welchen das Project der Errichtung einer landwirthschaftlichen Schule, als Abtheilung des Polytechnikums, in den Unterhandlungen mit Zürich begegnet sei, und auf die nach verschiedenen Richtungen günstigen Verhältnisse, welche der Kanton Waadt einer solchen Schule zu bieten im Stande wäre, den bestimmten Antrag stellte, es möchte die projectirte Anstalt in Lausanne errichtet und zu diesem Behufe Verhandlung eröffnet werden. Obgleich der Gedanke, dem höheren landwirthschaftlichen Unterrichte, in Verbindung desselben mit dem forstlichen, ausserhalb des Polytechnikums eine eigene selbstständige Anstalt zu geben, vom Bundesrathe bereits erwogen, aber zurückgewiesen war, glaubte dieser dennoch, »dem höchst anerkennenswerthen Anerbieten der Regierung von Waadt, welches zudem jene Frage in modificirter Weise vorgebracht, die Rücksicht schuldig zu sein, dasselbe in Untersuchung zu nehmen und eine Vorlage an die Bundesversammlung unterdessen verschieben zu sollen.«

In Folge dieses Beschlusses gelangte der Bundesrath wiederum an den Schweizer. Schulrath, indem er diesen unter dem 4. August 1869 mit der Prüfung und Begutachtung der Petition der Regierung von Waadt beauftragte.

Ueber das Ergebniss der von ihm vorgenommenen Untersuchung spricht sich der Schweizer. Schulrath in einem von dessen Präsidenten *C. Kappeler* verfassten, am 23. October 1869 eingereichten Berichte in so überaus klarer und überzeugender Weise aus, dass wir glauben, das auch im Lichte allgemeiner Bildungsinteressen bedeutungsvolle und in vorliegender Frage gewissermassen abschliessende Schriftstück wenigstens seinem Hauptinhalte nach an dieser Stelle reproduciren zu sollen.

Nachdem das Gutachten einleitend auf den Inhalt der früheren Commissions- und schulräthlichen Arbeiten und Berichte verwiesen, führt dasselbe zunächst Folgendes aus:

»Die Art, wie die Frage jetzt neuerdings gestellt wird, hat indessen auch ihre neue besondere Seite. Es soll nicht die Forstwirthschaft vom Polytechnikum getrennt und dann Land- und Forstwirthschaft an einem dritten Orte zusammengelegt werden; es soll vielmehr die Forstwirthschaft am Polytechnikum bleiben und die Landwirthschaft einer Akademie zugetheilt werden. Diese etwas modifizirte Frage wohl erwogen, können wir keine andere Antwort geben, als wir dies schon zwei Mal gethan haben. Die Trennung der Forstabtheilung und der landwirthschaftlichen Abtheilung von einander müssten wir nach allen Richtungen, die für eine derartige Organisationsfrage entscheidend sind, für einen groben Missgriff ansehen. Schon die praktische Lebensstellung und Wirksamkeit gebildeter Forstmänner und gebildeter Landwirthe in der Schweiz in's Auge gefasst, muss es Jedermann einleuchten, dass die Einen im Gebiete der Anderen keine Fremdlinge sein dürfen und sollen. Jede Anregung zu Verbesserungen in beiden Gebieten wurde bei uns seit Jahrzehnten in wohlbewusster Vereinigung von den besten Kräften beider Branchen angestrebt. Wir haben es mit zwei Brüdern zu thun, die ihre Bildung vielfach bei den gleichen Meistern zu suchen haben, mit zwei Brüdern auch, deren Wirksamkeit ohne stete gegenseitige Rücksichtnahme und Würdigung ihre besten Ziele verfehlen würde. Was schon die Stellung im praktischen Leben zeigt, weist jeder gut organisirte Schulplan solcher Anstalten auch theoretisch und wissenschaftlich aus. Alle allgemeinen Fächer sind beiden Sectionen gemeinsam. Man denke an Botanik (allgemeine und spezielle), an Chemie (allgemeine und Agriculturchemie), an Zoologie, Petrographie, Geologie, Meteorologie, an Mathematik, allgemeine und sodann forstlich-landwirthschaftliche Anwendungen derselben, Volkswirthschaftslehre, Verwaltungsrecht; ja man schreite weiter vor, selbst zu Specialitäten, wie Feldmessen, Topographie, Planzeichnen, Strassenbau, Drainage, landwirthschaftliche Maschinenkunde und landwirthschaftliches Bauwesen, so leuchtet ein, dass dem gebildeten Landwirthe ganz ebenso wie dem Forstmann ein grosser Theil dieser Disciplinen theils unentbehrlich, theils sehr förderlich ist. Selbst die speciellsten eigensten Gebiete dieser zwei Berufsarten werden an einer solchen Schule nur in so fern aus einander gehen, als der Forstmann ein grösseres Maass von Zeit, Cursen und Arbeitskraft auf gewisse Specialitäten seines engeren Faches verwenden muss, und ein gleiches Verhältniss für den Landwirth in dem seinigen eintritt; aber in einem kürzeren allgemeineren Curse wird der Forstmann über die wesentlichen Disciplinen der Landwirthschaft, wie der Landwirth über die wesentlichsten Aufgaben des Forstwirthes unterrichtet werden müssen. Die Professoren beider Richtungen werden hierbei vortreffliche Dienste leisten können. Trennung hiesse Geld und Kraft vergeuden. Mit weit mehr Aufwand wäre Geringeres erzielbar und schädliche Einseitigkeit in der Bildung nothwendig gegeben. Schon längst fühlte man an der Forstabtheilung des Polytechnikums den Mangel dieser Ergänzung, und gleich bei der Eröffnung der polytechnischen Schule rügten es die einsichtigsten Freunde der Landwirthschaft als eine unbegreifliche Sache, dass fehlerhaft und einseitig nicht gleich im Anfang eine forst- und landwirthschaftliche Section zusammen am Polytechnikum errichtet worden sei. Die landwirthschaftlichen Vereine der welschen Schweiz zu allererst, und ihnen nachfolgend diejenigen der deutschen Schweiz verlangten seit 1854 ohne Unterlass und in stets erneuerter und verstärkter Weise die Vertretung der landwirthschaftlichen Disciplinen, und sie verlangten — welsche wie deutsche Schweizer — diese Vertretung am Polytechnikum, bei und mit der Forstschule vereint — —.«

Anschliessend hieran wird in dem Berichte auch der Frequenz-Aussichten gedacht, welche die landwirthschaftliche Schule in der einen wie in der anderen Stellung haben werde. Dabei spricht der Referent zwar die Ansicht aus, dass die grosse Bedeutsamkeit eines wissenschaftlichen Herdes für land- und forstwirthschaftliche Zwecke keineswegs nur nach der Zahl der Studirenden zu bemessen sei, die an einer solchen höheren Unterrichtsanstalt in den nächsten 10 oder 20 Jahren erwartet werden kann, dass vielmehr dieses bedeutendste und älteste Gewerbe einer wissenschaftlichen Vertretung bedürfe und zu fordern berechtigt sei, so sehr als irgend ein anderes. Immerhin scheint ihm die Frage der Beachtung werth. Bei einem näheren Eingehen auf dieselbe führt der Bericht aus, dass zwei gesonderte Anstalten

in der Schweiz, jede für sich, in eine schlechtere Lage kämen, während
eine allein intensiv wirksamer durch die wechselseitige Unterstützung,
auch einer ansehnlichen Schülerzahl gewiss sei. Im Weiteren heisst es:
»Wenn die bisherige Erörterung besagt, beide Richtungen vereint werden mit geringeren Kosten Höheres leisten, sich gegenseitig
heben, beide gehören naturgemäss zusammen und sichern endlich
allein eine ansehnliche Frequenz, so wirkt diese Wechselwirkung im
Weiteren auch auf die ganze polytechnische Schule zurück. Nicht
nur Forst- und Landwirthe profitiren davon, dass die Fächer beider
am gleichen Orte ausreichend besetzt sind; auch die übrigen Abtheilungen der Anstalt *gewinnen* von dieser Section, *geben* wieder
dieser Section.«

Das Gutachten hebt hier an Beispielen die gegenseitigen Beziehungen der verschiedenen technischen Fächer hervor, und fährt
dann fort:

»Aber welche andere Anstalt in der Schweiz bietet von Ferne
diese reiche Summe von Unterrichtskräften in den *allgemein bildenden
Fächern?* Für Geschichte, Litteratur, Nationalökonomie, neuere
Sprachen? Wollen Sie, während Sie eine eidgenössische Anstalt mit
solchen Mitteln besitzen, die Landwirthe an geringere Bildungsmittel
verweisen, während doch gerade dies auch mit der Kernpunkt bei
Gründung dieser Abtheilung ist, dass nach und nach eine Reihe von
Männern gebildet werden sollen, auch für das landwirthschaftliche
Gewerbe, welche auf der ganzen Höhe der Cultur ihrer Zeit, den
gewiegtesten Repräsentanten jedes anderen Standes und Gewerbes
ebenbürtig an geistiger Kraft und Einsicht, dieses alte und wichtigste
Gewerbe, seine Interessen und Rechte im Volke und Staate *würdig*
vertreten!

Nach dieser Richtung, wie nach der Richtung der natürlichen
Zusammengehörigkeit, ist es wieder die polytechnische Schule, welche
die Landwirthe selbst als diejenige Anstalt bezeichnen, welcher der
Anspruch gehört. Es widerstrebt uns durchaus, eine Vergleichung
anzustellen zwischen den Mitteln, die Lausanne einer solchen Section
zur Mitwirkung beigesellen könnte, und den Mitteln, welche die eidgen.
polytechnische Schule besitzt. Wir wollen desshalb nur diejenigen
Mittel der polytechnischen Schule aufzählen, welche durch ihre Mitwirkung geeigenschaftet sind, mit verhältnissmässig geringem Budget-
zusatz einer solchen Abtheilung in kurzer Zeit Rang und Ansehen
unter gleichen Anstalten zu erringen, wie sie wohl keine kantonale
Anstalt, weder in der deutschen noch in der welschen Schweiz, zur
Zeit bieten kann. Wir lassen die reiche Zahl ausgezeichneter Lehrkräfte in allgemein bildender und selbst mathematischer Richtung

bei Seite, deren Zahl nahe an 20 steigt, und wollen nur von der *naturwissenschaftlichen* Richtung sprechen, die bei Gründung dieser Section zunächst mitbethätigt werden kann.«

Mit dieser Wendung betrat der Referent des Schweizer. Schulrathes ein Gebiet, auf welchem im Laufe der Jahre in verschiedenen Kreisen mancherlei Irrthümer und Zweifel mehr oder weniger offen zu Tage getreten waren. Und fast gewinnt man den Eindruck, dass derselbe in der Begutachtung der vorliegenden Frage eine willkommene Gelegenheit fand, gewissermassen Verwahrung einzulegen gegen eine einseitige Interpretation der Bildungsziele, welche der polytechnischen Schule gemäss dem Grundgedanken, auf welchem ihre Organisation beruht, vorgezeichnet worden sind.

Schon in dem Gründungsgesetze der eidgen. polytechnischen Schule vom Jahre 1854, welches in Art. 2 erklärt, dass deren Aufgabe in der Ausbildung von Technikern für den Hochbau, den Strassen-, Eisenbahn-, Wasser- und Brückenbau, die industrielle Mechanik und die industrielle Chemie, und von Fachmännern für die Forstwirthschaft bestehen soll, war implicite ausgesprochen, dass die *Naturwissenschaften* in dem Unterrichtsplane der Anstalt einen breiten Raum einzunehmen haben. Mit dem gleichen Gesetze sollten aber auch mit der polytechnischen Schule philosophische und staatswirthschaftliche Lehrfächer, so weit sie als Hülfswissenschaften für die höhere technische Ausbildung Anwendung finden, verbunden werden. Unter diesen Lehrfächern führte aber das Gesetz wiederum ausdrücklich auch die *Naturwissenschaften* auf. Den getroffenen Anordnungen zufolge wurde übrigens schon mit der Errichtung der polytechnischen Schule eine Reihe der ausgezeichnetsten Lehrkräfte für die Naturwissenschaften berufen.

Sehr bestimmt und in erweiterter Form traten aber die Anforderungen in dieser Richtung hervor, als im Jahre 1866, in der Absicht, einen sowohl im Gründungsgesetze wie in dem Reglement der polytechnischen Schule niedergelegten Gedanken zu verwirklichen, eine Abtheilung für Lehramtscandidaten geschaffen und in dieser, neben einer mathematischen, eine *naturwissenschaftliche* Section eingeführt wurde. Und schon das Reglement vom Jahre 1866 zählt zu den Fächern, welche an der allgemeinen philosophischen und staatswirthschaftlichen Abtheilung »*zur Förderung der allgemeinen Bildung*« der Schüler und Zuhörer und vom rein wissenschaftlichen Standpunkte aus gelesen werden sollen, u. a. auch — so weit es sich nicht um Disciplinen handelt, welche ihrem Wesen nach vorherrschend in das Gebiet einer Fachschule fallen — die *Naturwissenschaften*.

Nach alle dem steht es völlig ausser Zweifel, dass man den Naturwissenschaften nicht allein im Gesichtspunkte der *beruflichen*, sondern auch der *allgemeinen* Bildung der Studirenden Aufnahme schenkte, und dass eine einfache Consequenz dahin führen musste, hierbei gerade auch die *biologischen* Fächer, vor Allem die *Botanik* und die *Zoologie*, ohne welche das naturwissenschaftliche Studium — selbst abgesehen von den unabweisbaren Bedürfnissen der chemischen, der Forst- und der Lehramtscandidaten-Abteilung — nur eine Halbheit geblieben wäre, in's Auge zu fassen. In der That sind denn auch bereits mit der Eröffnung der polytechnischen Schule zwei Professuren für Botanik und eine für Zoologie creïrt und besetzt worden.

Vergegenwärtigt man sich aber einerseits die Bestimmung der polytechnischen Schule, eine Stätte der Lehre und Forschung auf dem *gesammten* Gebiete der technischen Wissenschaften zu bilden, andererseits die Thatsache, dass die Naturwissenschaften längst aufgehört haben, lediglich Fachwissenschaften zu sein, vielmehr durch die Art der Beanspruchung des geistigen Vermögens und die ihnen eigene Methode der Beobachtung und Kritik in bevorzugter Weise auch der Allgemeinbildung dienen, und erinnert man sich, in welch' hervorragendem Grade die Vertreter dieser Disciplinen am eidgen. Polytechnikum seither durch selbstständige Forschung zu deren Entwicklung beigetragen und dadurch das geistige Leben und Streben an der technischen Hochschule befruchtet und gefördert haben, so erkennt man, wie der Gedanke, dass die naturwissenschaftliche Richtung in dem Studienplane dieser Anstalt den übrigen Lehrgebieten nicht völlig ebenbürtig zur Seite stehe, oder dass dieselbe nicht einer Vertretung *aller* ihrer Zweige bedürfe — sich nur als ein Product der Engherzigkeit und Kurzsichtigkeit offenbart.

Einer solchen Strömung entgegenzutreten und bei dem gegebenen Anlasse zugleich zu bekennen, dass er, getreu der Auffassung, welcher die bewährtesten Schul- und Staatsmänner des Landes vor nun mehr als 40 Jahren überzeugungsvoll gehuldigt haben, an dem Grundsatze *gleichmässiger* Pflege *aller* für die höchste Stufe des gewerblich-technischen Unterrichts wichtigen und nothwendigen Wissensgebiete nicht gerüttelt hat und nicht rütteln lassen will, scheint dem Schweizer. Schulrath geradezu ein Bedürfniss gewesen zu sein. Seine weiteren Ausführungen beweisen das.

»Es scheint nämlich, als ob hier und da, selbst in der Schweiz noch, die Ansicht bestehe, als sei die schweizerische polytechnische Schule in *naturwissenschaftlicher* Richtung dürftiger bedacht, als in *mathematischer*. Daher mag wohl die Meinung datiren, als ob diese oder jene kantonale Schule für eine landwirthschaftliche Section annähernd die gleichen Hülfsmittel böte. **Diese Ansicht ist gänzlich unrichtig.**«

»Eine land- und forstwirthschaftliche Abtheilung würde vorerst in nächster Nähe ihrer Hörsääle und ihres agriculturchemischen Laboratoriums eine landwirthschaftliche Schule mit einem Gütercomplex von 100 Jucharten finden, so wie eine Thierarzneischule. Es ist nicht verstanden, dass die Studirenden dieser Section während der Studienjahre praktische Landwirthschaft treiben sollen; dennoch ist es nothwendig, dass Lehrer und Schüler durch die Anschauung in steter Verbindung mit der Praxis bleiben. Dieses würde in Zürich durch die vom Kanton verlangten Leistungen auf's Beste ermöglicht. Dass Zürich ein neues agriculturchemisches Laboratorium nebst nöthigen Hörsäälen und einem pflanzenphysiologischen, sowie einem mikroskopischen Cabinet zu erstellen hätte, so wie die übrigen in dem Berichte der eidgenössischen Expertencommission angegebenen Forderungen erfüllen müsste, muss im Gesetze selbstverständlich verlangt werden. Alles dieses käme somit zu dem Vorhandenen hinzu. Nun besitzt die Anstalt bereits 3 Sectionen, die nicht wesentlich auf mathematischer, sondern mehr auf *naturwissenschaftlicher* Basis aufgebaut sind. *Diese Richtungen bedürfen in naher Zeit die zwei benannten Cabinete auch ohne eine landwirthschaftliche Abtheilung, und sie könnten trotz des Wegzuges der landwirthschaftlichen Section auch in Zürich nicht wohl länger erspart werden.* Die Mehrkosten für *diese* Abtheilung sind desshalb in Wirklichkeit noch etwas geringer, als der gedruckte Bericht der eidgenössischen Commission besagt. Die *drei* naturwissenschaftlichen Sectionen, welche schon bestehen und eine landwirthschaftliche Abtheilung bedeutend fördern, sind die chemische Schule, die Forstschule und die Section für Bildung von Fachlehrern naturwissenschaftlicher Richtung. Diesen Sectionen dienen bereits: Der botanische Garten, reiche naturwissenschaftliche Sammlungen (botanische, zoologische, mineralogische, geologische, entomologische), zwei auf's Beste eingerichtete chemische Laboratorien, zu denen ein drittes agriculturchemisches sich gesellen würde, Räumlichkeiten, Hörsääle und Cabinete für Physik und physikalische Uebungen. Es sind für Chemie, Physik, Botanik, Zoologie, Mineralogie und Geologie, mithin nur in naturwissenschaftlicher Richtung, 9 Professoren angestellt, denen eine erhebliche Zahl tüchtiger Hülfskräfte, Assistenten und Privatdocenten mitwirkend und ergänzend zur Seite stehen. *Diese Professuren gehören der schweizerischen polytechnischen Schule an.* In Lausanne müssten die von der Akademie herbeigezogenen Hülfskräfte doch wohl nach ihrer hauptsächlichsten Thätigkeit Professoren

der Akademie *bleiben* und natürlich für jene Bildungsbedürfnisse fort-
amten, für welche sie angestellt sind. Wie da die Selbstständigkeit
einer eidgenössischen Specialschule hergestellt werden könnte, ist vorerst nicht recht einzusehen. Ob und in welchem Umfange diese
Herren speciellen Zwecken und Bedürfnissen einer solchen Abtheilung
noch dienen könnten, dürfte überdies in der Ausführung auf weit
grössere Schwierigkeiten stossen, als man zu denken scheint.«

»Diese letzten Betrachtungen wollen wir nicht fortsetzen, zumal
Ihnen so gut wie uns die Vergleichung der Unterrichtskräfte der
polytechnischen Schule mit denjenigen der Akademie in Lausanne
möglich ist, und wir, wie schon bemerkt, der Missdeutung entgehen
wollen, als gedächten wir die ehrenwerthen Anstrengungen des
Kantons Waadt für höhere Bildung und den Werth der Akademie in
Lausanne herabzusetzen, Wir wollten mit diesen letzten Betrachtungen
nur andeuten, wie unverantwortlich es wäre, ein so reiches Maass
vorhandener eidgenössischer Mittel nicht für eine Section zu benutzen,
die ohnehin die blosse sachgemässe Erweiterung einer schon creïrten
Abtheilung ist; wir wollten sagen, dass wir uns verpflichtet fühlen,
vor dem Betreten eines Weges zu warnen, welcher die Productivität
verwendeter grossartiger Mittel für höhere Bildungszwecke bedeutend
reduciren, durch Verzettelung und Zersplitterung durchaus zusammen-
gehöriger Dinge ihren Werth für das Land und ihre Anziehungs-
kraft für die studirende Jugend des Vaterlandes zunächst vermindern
müsste. Es fällt uns hierbei durchaus nicht ein, die grössere Frage
einer weiteren Centralisation des höheren Unterrichtes im Vaterlande
präjudiciren zu wollen, den nationalen und scientifischen Ansprüchen
der romanischen Schweiz und des romanischen Geistes in dieser
Richtung entgegenzutreten. Vielmehr betrachten wir jene Frage als
durchaus frei und unpräjudicirt durch die heute zu lösende Frage; denn
hier in der That handelt es sich nur um die naturgemässe Erweiterung einer zum guten Theil schon gegründeten Sache, um eine Section,
die ihre Zusammengehörigkeit zur polytechnischen Schule, welche
bereits eine Forstschule besitzt, an der Stirne trägt.

Wir resumiren unsere Meinungsäusserung in folgenden Sätzen:

1. Eine landwirthschaftliche Section würde nur zum grössten
Nachtheile beider von der Forstschule getrennt.

2. Die projectirte landwirthschaftliche Abtheilung kann nach
dem ganzen Unterrichtsorganismus der Schweiz nur in Verbindung
mit der polytechnischen Schule und im Mitgenuss der Mittel der
letzteren mit so geringem Budgetzuschlag, wie beantragt ist, gleich
Bedeutendes leisten.

Eine solche Section bildet auch sach- und naturgemäss einen
Theil der polytechnischen Schule.«

Fast um die gleiche Zeit, da die noch schwebende Angelegenheit den Schweizer. Schulrath beschäftigt hatte, begann auch das
Interesse, welches die am Polytechnikum wirkenden Docenten der
Naturwissenschaften für dieselbe empfanden, sich nach aussen hin
kundzugeben. In sehr dankenswerther und ebenso von Wohlwollen
wie von freudigem Eifer für die gute Sache zeugender Weise war in
dieser Hinsicht insbesondere der Professor der Botanik, *C. Cramer,*
vorangegangen, indem derselbe eine kleine, aber sehr orientirende
Schrift, betitelt: »Die projectirte höhere schweizerische landwirthschaftliche Schule«, veröffentlichte. Dieselbe bezweckte, über die
Ziele, die Stellung, die Bedeutung und Einrichtung der zu gründenden
Anstalt in weiteren Kreisen Aufklärung zu geben, löste ihre Aufgabe
in vorzüglicher Weise und erschien überdies bien à propos, indem sie
wesentlich dazu beitrug, dass das Project im Kanton und in der
Stadt Zürich einer allseitigen Aufmerksamkeit gewürdigt und freund-
lich aufgenommen wurde.

Kehren wir nun schliesslich wieder zu den Bundesbehörden
zurück. Der Bundesrath war inzwischen in den Besitz des Gutachtens
des Schweizer. Schulrathes gelangt. Auch hatte er bereits von einer
an dasselbe anknüpfenden und demselben durchaus zustimmenden
Berichte des Departements des Innern Kenntniss genommen. Diese
Ansichtsäusserungen überzeugten ihn, dass die Vortheile, welche die
Errichtung einer für sich bestehenden landwirthschaftlichen Schule in
Lausanne bieten möchte, die vielfachen Nachtheile, welche mit einer
Trennung jener Schule von der Forstschule und dem Polytechnikum
überhaupt verbunden wären, bei Weitem nicht aufwiegen würden;
und so hielt er es für geboten, das Begehren der Regierung von
Waadt, so wie an ihm, ablehnend zu erwiedern.

Damit war die ganze Angelegenheit spruchreif geworden, und
wurde dieselbe denn auch Seitens des Bundesrathes so weit entschieden,
als derselbe beschloss, *der Bundesversammlung einen Gesetzentwurf
betreffend die Erweiterung der Forstschule des eidgen. Polytechnikums
in eine land- und forstwirthschaftliche Schule vorzulegen.* Nach Lage
der Sache musste freilich in diesen Entwurf eine Uebergangsbestimmung aufgenommen werden, welche sich auf die noch ausstehende
Erklärung der Regierung von Zürich hinsichtlich der von dieser ein-
zugehenden Verbindlichkeiten bezog.

Bereits unter dem 26. November 1869 erschien das bedeutsame
Schlusstableau aller Vorberathungen — die *Botschaft des Bundesrathes.*

Dieses denkwürdige Actenstück gibt in seiner Einleitung eine summarische Darlegung des Verlaufes, welchen die Behandlung der Angelegenheit bislang genommen. Nachdem es dabei der verschiedenen Entwicklungsstufen und der Hemmnisse gedacht, welche sie zurückzulegen und zu überwinden hatte, erklärt es:

»Indessen darf wohl gesagt werden, und ist es von den landwirthschaftlichen Kreisen auch offen anerkannt, dass die Sache selbst durch den Aufschub, welchen sie erlitten, nicht nur nichts verloren, sondern wesentlich gewonnen hat. Das anfänglich sehr unvollkommene Project hat sich in Folge der wiederholten Untersuchungen, welchen dessen einzelne Seiten unterstellt worden sind, zu immer grösserer Bestimmtheit, Vollständigkeit und Richtigkeit herausgearbeitet, und sichert, wenn es in der nunmehr beabsichtigten Gestalt ausgeführt wird, der schweizerischen Landwirthschaft und dem Lande überhaupt einen Nutzen und Erfolg, den eine Schule in so mangelhafter Gestalt, wie dieselbe in den ersten Anregungen lag, nimmer hätte bieten können.«

Die nähere Begründung der vorliegenden Anträge erfolgte in *vier* Abschnitten.

In dem *ersten* Abschnitte entwirft die Botschaft ein Bild von der Lage und den Bedürfnissen der schweizerischen Landwirthschaft, von dem Einflusse einer wissenschaftlichen Auffassung und Behandlung der Aufgaben der Landwirthschaft überhaupt auf die Prosperität ihres Betriebes, und von den Anstrengungen, welche in den Staaten vorgeschrittener Cultur bereits aufgeboten worden sind, um dieses Gewerbe der Errungenschaften der wissenschaftlichen Forschung durch besondere Institute theilhaftig zu machen. Anschliessend daran wird gezeigt, dass die Landwirthschaft der Schweiz einer höheren wissenschaftlichen Bildungsanstalt nicht länger entrathen könne, auch der zahlreichen Petitionen, welche dieserhalb Seitens der landwirthschaftlichen Vereine des Landes an die Bundesbehörden gerichtet worden sind, und der Unzulänglichkeit der bestehenden Mittelschulen für die Erreichung jenes Zweckes gedacht. Die nun in diesem Abschnitte weiter ausgeführten Gedanken gipfeln in folgenden Betrachtungen und Schlussfolgerungen:

Es ist wohl kein Kanton in der Lage, im Interesse der gesammten schweizerischen Landwirthschaft die Opfer für Errichtung einer höheren landwirthschaftlichen Lehranstalt auf sich zu nehmen; die bestehende Lücke darf aber nicht länger unausgefüllt bleiben. Eine gedeihliche Entwicklung der Landwirthschaft bedingt in so hohem Grade die Gesammtwohlfahrt, dass es ein Gebot ersten Ranges ist, sie mit höchster Aufmerksamkeit zu pflegen und ihr alle Bedingungen zu bieten, deren sie zu ihrer Sicherung, Förderung und Vervollkommnung bedarf. Alle Verhältnisse weisen auf die Aufgabe hin, die polytechnische Schule, wie der Technik, dem Gewerbe, der Industrie, so auch der Landwirthschaft dienstbar zu machen. Die Einwendungen, welche gegen die projectirte Schöpfung erhoben werden könnten, sind, wie auch in allen seitherigen Gutachten dargethan wird, durchaus unbegründet.

Nach alle dem bekennt sich die Botschaft zu dem Standpunkte, dass der Bund zur Befriedigung der vorliegenden Bedürfnisse und zur Verwirklichung der dieserhalb geäusserten Wünsche die Hand bieten solle, und dass der Nutzen, welcher dem Lande aus einer solchen Anstalt erwachse, bedeutend genug sei, um die Aufwendungen, welche diese erheische, zu rechtfertigen.

Wie sich der Bundesrath den Erfolg der Wirksamkeit einer höheren landwirthschaftlichen Schule denkt, geht insbesondere aus einem Passus des ersten Abschnittes der Botschaft hervor, welcher lautet:

»Diese Anstalt wird dem Lande, wenn auch anfänglich nur eine geringere, allmählich aber eine grössere Zahl von Männern geben, welche naturwissenschaftlich, land- und volkswirthschaftlich gründlich ausgebildet, dem landwirthschaftlichen Betriebe die richtigen Bahnen anzuweisen im Stande sein werden, welche die Cadres der grossen landwirthschaftlichen Bevölkerung bilden und diese allmählich vorwärts bewegen werden; Männer, welche, weil mitten in dieser Bevölkerung und in ihrem Berufe lebend, in hohem Maasse geeignet sein werden, einerseits höheren, allgemeineren Interessen und Forderungen in diesen Kreisen Eingang zu verschaffen, andererseits deren Anschauungen und Bedürfnisse in richtiger Weise zu vertreten; Männer, welche, wo sie stehen, eine einsichtige, rationelle Gemeindewirthschaft anzubahnen und ebenso den kantonalen und eidgenössischen Legislaturen und Administrationen in allen Fragen land- und volkswirthschaftlicher Natur vom grössten Nutzen sein werden.«

In ihrem *zweiten* Theile erörtert die Botschaft die Ausgestaltung des höheren landwirthschaftlichen Unterrichtes im Auslande, indem sie insbesondere und ausführlich bei den Ansichten und Grundsätzen verweilt, welche *J. v. Liebig* über das wissenschaftliche Studium der Landwirthschaft entwickelt hat. Unter Berufung sowohl hierauf, wie auf die vorliegenden Gutachten vertritt der Bundesrath ganz entschieden die Auffassung, dass von der Gründung einer isolirten landwirthschaftlichen Akademie in Verbindung mit einem praktischen Gutsbetriebe ein für alle Mal abzusehen sei, und vindicirt derselbe darnach dem eidgen. Polytechnikum allein den Besitz aller Bedingungen und Erfordernisse für eine zielgerechte und erspriessliche Durchführung der Aufgabe der wissenschaftlichen Ausbildung junger Landwirthe. Zur

speciellen Begründung dieses Standpunktes greift die Botschaft auf
alle die Argumente zurück, welche in den früheren Verhandlungen,
deren wir bereits oben des Näheren Erwähnung gethan, zur Geltung
gebracht wurden. Von ganz besonderem Gewichte erschien hierbei
u. a. eine Aeusserung des Schweizer. Schulrathes, in welcher hervorgehoben wird, dass das Polytechnikum auf den gleichen Wissenschaften
beruhe, welche auch die Grundlage für die landwirthschaftliche Bildung
seien, dass dasselbe mit all' den Kräften und Hülfsmitteln seiner
VII. Abtheilung die reichste Gelegenheit zu allgemeiner humaner
Ausbildung nahelege, dass es ein kräftig pulsirendes Centrum wissenschaftlichen Strebens und Forschens, und als gemeinsame Bildungsstätte von Hunderten von jungen Männern verschiedener Richtung
ein Herd der mannigfachsten Anregungen, eine werthvolle Schule
für Selbsterkenntniss, Welt- und Charakterbildung sei.

Von den Schlussbetrachtungen in diesem Abschnitte der Botschaft citiren wir noch zwei bemerkenswerthe Sätze:

»Lässt man sich bei Beurtheilung der Frage rein von objectiver
Würdigung der Verhältnisse, von dem Interesse der Ermöglichung
der von der schweizerischen Landwirthschaft so dringend gewünschten
Anstalt, von der Sorge für ein sicheres, der Aufgabe genügendes
Gedeihen derselben und für eine gesunde Ausbildung unserer blühen-
den vaterländischen Bildungsanstalt leiten, so lässt sich dieselbe kaum
anders beantworten, als dies der eidgenössische Schulrath, dem jene
Sorge in erster Linie obliegt, gethan hat.

Indem wir demselben beipflichten und die Vereinigung der zu
errichtenden Anstalt mit der polytechnischen Schule beantragen, sind
wir überzeugt, nicht nur im wohlverstandenen Interesse der Sache
selbst, welche in Frage liegt, zu handeln, sondern auch im Weiteren
der Frage des Ausbaues unseres höheren schweizerischen Unterrichtswesens eine politisch und sachlich rationelle Lösung offen zu halten
und zu wahren.«

In ihrem *dritten* Abschnitte bespricht die Botschaft *den Plan
und die Organisation* der landwirthschaftlichen Schule, während sie
im *vierten* Abschnitte *die Anlage- und Unterhaltungskosten* der Anstalt behandelt. Wir können uns hier die Wiedergabe der Darstellung
dieser Verhältnisse füglich erlassen, da sich die Ausführungen des
Bundesrathes ganz und gar den bezüglichen Vorschlägen der von
ihm bestellten Commission (Vgl. den Auszug aus deren Bericht,
S. 29—32) angeschlossen hatten, und der Inhalt der von ihm gestellten
Anträge sachlich auf alle diese Vorschläge ausgedehnt, aber auch
über keinen derselben hinausgegangen war.

Somit erübrigt uns hier noch, die entscheidende Thatsache zu registriren, dass die formell und materiell ausgezeichnete Begründung der Anträge des Bundesrathes ihren Eindruck in der Bundesversammlung nicht verfehlte, der vorliegende Entwurf in den Sitzungen des Nationalrathes vom 22. und des Ständerathes vom 23. December 1869 eine geneigte Aufnahme fand und durch Beschluss beider Räthe zum Gesetze erhoben wurde, sowie dass der Bundesrath seinerseits durch Beschluss vom 27. December e a. die Vollziehung dieses Gesetzes verfügte.

Der Wortlaut des Gesetzes, wie er aus den Berathungen der Bundesversammlung hervorgegangen war, ist folgender:

Bundesgesetz

betreffend

Erweiterung der Forstschule des eidgen. Polytechnikums zu einer land- und forstwirthschaftlichen Schule.

————•◆•————

Die Bundesversammlung der Schweizer. Eidgenossenschaft,

nach Einsicht einer Botschaft des Bundesrathes v. 26. Wintermonat 1869,

beschliesst:

Art. 1. Es wird mit der Forstschule des eidgenössischen Polytechnikums in Zürich eine höhere landwirthschaftliche Schule verbunden.

Dieselbe steht unter dem Gesetz vom 7. Februar 1854, betreffend Errichtung einer eidgenössischen polytechnischen Schule, und bildet mit der Forstschule als fünfte Abtheilung die ›land- und forstwirthschaftliche Schule‹.

Art. 2. Der ordentliche Jahrescredit für die polytechnische Schule wird auf den Zeitpunkt der Eröffnung der landwirthschaftlichen Section um Fr. 35,000 erhöht, somit auf Fr. 285,000 festgesetzt.

Art. 3. Dem Kanton Zürich, beziehungsweise der Stadt Zürich, liegt ob,

a) der höheren landwirthschaftlichen Schule, im Einverständniss mit dem Bundesrathe, die erforderlichen Räumlichkeiten in der Nähe des Polytechnikums gemäss einem vom Bundesrathe aufzustellenden Programme und zu genehmigenden Plane unentgeltlich zur Verfügung zu stellen, gehörig einzurichten und zu unterhalten, sowie mindestens eine halbe Juchart Landes, das entweder unmittelbar an das Gebäude angrenzt, oder in geeigneter Nähe desselben sich befindet, abzutreten;

b) ein dem Bedürfniss entsprechendes Areal zu einem Versuchsfelde von mindestens vier Jucharten in der Nähe der Anstalt
(Strickhof) anzuweisen, in der Meinung, dass dieses Land auf
Verlangen des Bundesrathes jeweilen nach einer Anzahl Jahre
gewechselt werden kann;

c) die Betriebsgüter und die Sammlungen der kantonalen landwirthschaftlichen Schule im Strickhof, sowie die Institute der
Thierarzneischule Behufs praktischer Studien von der Anstalt
unentgeltlich benutzen zu lassen.

Art. 4. *Uebergangsbestimmung:*

Die zuständigen Behörden des Kantons Zürich haben binnen
drei Monaten dem Bundesrathe die Erklärung abzugeben, ob sie die
in dem Artikel 3 genannten Verbindlichkeiten übernehmen wollen
oder nicht.

Art. 5. Dieses Gesetz tritt sofort nach seiner Erlassung in Kraft.

Der Bundesrath wird die zur Vollziehung desselben erforderlichen Massregeln treffen.

Die in dem Gesetze (Art. 4) ausgesprochene Voraussicht, dass
der Entscheid der Regierung von Zürich der Errichtung der höheren
landwirthschaftlichen Schule günstig ausfallen werde, hatte sich zur
Befriedigung aller betheiligten Kreise alsbald verwirklicht.

Es war eine ansehnliche, dankenswerthe Weihnachtsgabe, welche
die eidgenössischen Behörden mit diesem Gesetze der Landwirthschaft
des Landes dargebracht hatten. Aber eine Gabe, noch nicht genuss-
fertig, vielmehr bestimmt dazu, eine Voraussetzung und Grundlage
für weiteres erspriessliches Schaffen im Dienste der Landwirthschaft
zu sein. Sie verlieh nur die Form und die Mittel zur Verfolgung
neuer Bahnen und höherer Aufgaben zur Förderung der Landescultur.
Nunmehr kam es darauf an, den Rohbau zu vollenden, ihn mit geisti-
gem Inhalte zu erfüllen und das zu Stande gebrachte Werk innerlich
auszugestalten zu dauernd erspriesslicher Wirksamkeit. —

II. Aufgabe und Stellung.

Innerhalb der mannigfaltigen Formgestaltungen, welche die wirthschaftliche Thätigkeit umfasst, bildet die *Landwirthschaft* dasjenige Glied, welches durch planmässige Anwendung von Güter- und Arbeitsvermögen auf die Cultur des Bodens die Darstellung von Lebensunterhaltsmitteln — vornehmlich Nahrungs- und Bekleidungsstoffen — betreibt. Seinen Ausgangspunkt nimmt dieser Process in der *Rohstofferzeugung*, d. i. der *Pflanzenproduction.* Regelmässig greift in denselben aber auch die *stoffumformende* Thätigkeit hinein, zu dem Zwecke, um die gewonnenen Roherzeugnisse überhaupt oder in höherem Grade zur Erfüllung ihrer Bestimmung geeignet oder der Wiedererzeugung dienstbar zu machen. Dieselbe ist vertreten in der Darstellung *thierischer* und *gewerblich-technischer* Producte.

Die Landwirthschaft vermag nicht, die Production ihrer selbst willen zu betreiben. Um ihre Zwecke zu erreichen, muss sie *erwerben*. Indem sie materielle Güter producirt, richtet sie den Erwerb auf die Vermehrung des Vermögens und Einkommens. Diese kann aber nur zu Stande kommen, wenn der Werth der erzeugten Güter grösser ist, als der Werth des zur Herstellung derselben aufgewendeten Güter- und Arbeitsvermögens. In dem Betriebe der Landwirthschaft sind daher nur diejenigen Massregeln zweckmässig, welche zum höchsten Ueberschusse über die aufgewendeten Kosten führen.

Vom *privatwirthschaftlichen* Gesichtspunkte betrachtet, besteht also die Aufgabe des Landwirths in der Gewinnung möglichst hoher *Reinerträge* aus den von ihm angewendeten Productionsmitteln. — Mit dem Streben nach *Erwerb* wird die Landwirthschaft zum *Gewerbe*, und jeder einzelne Betrieb derselben zu einer *gewerblichen Unternehmung.*

Nun aber ist die Erfüllung einer jeden Berufsaufgabe nicht denkbar ohne Anschluss an die Gemeinschaft, und je höher die Entwicklungsstufe, welche der Verkehr zwischen den einzelnen Gliedern derselben erklommen, desto mehr wird die Stellung der einzelnen Berufskreise von den gesellschaftlichen Zuständen bedingt, in welche sie eingefügt und auf welche sie angewiesen sind. Somit muss zwischen den verschiedenen Berufsthätigkeiten und der Gesammtheit ein Verhältniss gegenseitiger Abhängigkeit, eine *Wechselwirkung* bestehen, welche in einer Verknüpfung von Ansprüchen und Rücksichten, von Rechten und Pflichten zum Ausdruck kommt. Es wird daher auch kein Glied der Gemeinschaft seine Bestimmung im Leben derselben erfüllen, es sei denn, dass es sich dieser gegenüber nicht blos seiner empfangenden, sondern auch seiner *gebenden* und *dienenden* Stellung bewusst sei und diesem Bewusstsein gemäss handle. Dies gilt insonderheit auch für alle gewerblichen Berufsstände.

Das Endziel des Zusammenwirkens aller Kräfte im Gesellschaftsleben ist die Förderung der *geistig-sittlichen* Cultur. So will es das Gesetz aller menschheitlichen Entwicklung. Daher muss sich jeder Fortschritt in Erwerb und Wohlstand mit diesem Ziele in Einklang setzen. Was aber für die Gesammtheit gilt, das findet folgerichtig auch Anwendung auf jeden einzelnen Beruf, welcher nur ein Glied des grossen Ganzen ist. Und so darf auch der Landwirth den Erwerb, die Mehrung und Sicherung seines Wohlstandes, nur als eine Voraussetzung und Grundlage für seine innere Vervollkommnung und für ein erspriessliches Schaffen im Dienste der Gemeinschaft betrachten, in deren Culturbestrebungen thätig einzugreifen eine Aufgabe bildet, welche mit seinen wirthschaftlichen Obliegenheiten unabtrennbar verbunden ist. Die einzelnen Berufsthätigkeiten sind in der That nur je besondere Formen, in welchen sich eine Allen gemeinsame Wirksamkeit zur Förderung höherer menschlicher Zwecke vollzieht. Wahre und dauernde Befriedigung und Freudigkeit in seinem Wirkungskreise kann der Landwirth nur erlangen, wenn er im Bewusstsein seiner Stellung als Vertreter eines bedeutungsvollen Standes seine geistigen Kräfte in einem Grade entwickelt, welcher ihn in den Stand setzt, selbstthätig Antheil zu nehmen an den Bildungsbestrebungen des Volkes, und wenn er insbesondere den von allen denkenden und gesitteten Menschen anerkannten Pflichten gegen die *Gemeinde*, den *Staat* und die *Gesellschaft* gehorcht und somit die *social-ethische* Seite seiner Berufsaufgabe gewissenhaft würdigt und pflegt. —

Derartige Betrachtungen mögen darthun, welch' eminente Tragweite der gründlichen Bildung der Landwirthe für die allgemeine Wohlfahrt zuerkannt werden muss, und welche hervortretende Bedeutung im Kreise der Anstalten für Erziehung und Unterricht gerade auch die *landwirthschaftliche Schule* beansprucht.

Nach Lage der Verhältnisse und in Rücksicht auf die stark ausgeprägte Verschiedenheit des Besitzes- und Betriebs-Umfanges in der Landwirthschaft haben sich zwar die Bedürfnisse und Anforderungen an den Grad der Ausbildung der Vertreter dieses Faches sehr ungleich gestalten müssen, und thatsächlich verzeichnet die Entwicklung des landwirthschaftlichen Unterrichtswesens auch verschiedene Abstufungen in den Lehr- und Bildungszielen. Unter ihnen behauptet aber die höhere Stufe des landwirthschaftlichen Unterrichtes unter allen Umständen eine sehr gewichtvolle Stellung. Dies ist selbst in denjenigen Ländern der Fall, in denen der grössere Besitz und Betrieb, welchem die Hochschule in erster Linie zu dienen die Bestimmung hat, nicht zahlreich vertreten ist. Denn der Einfluss der höheren Bildung greift über die Bethätigung des Einzelnen in seinem engeren Berufe weit hinaus. Jeder allseitig und gründlich geschulte Fachmann wird, wenn er, wie doch von ihm erwartet und verlangt werden muss, seine Stellung und seine Pflichten begreift, in seiner Wirksamkeit auch die Aufgabe einer Führung auf der Bahn des Fortschritts übernehmen. So bildet das Streben und Schaffen des wissenschaftlich gebildeten Landwirths gewissermassen den Mittelpunkt einer Welle, von welchem aus durch die Macht des Wortes und des Beispieles die Errungenschaften der Zeit in immer weitere Kreise getragen werden. Und wenn die höhere landwirthschaftliche Schule zugleich den Zweck verfolgt, Lehrkräfte für die verschiedenen Fachschul-Stufen heranzubilden, so wird ihr indirecter Einfluss auf die Fortschrittsbewegungen nur um so intensiver und eingreifender werden.

Auf die Frage, welche Aufgabe der höheren landwirthschaftlichen Lehranstalt vorgezeichnet sei, gibt es nur *eine* Antwort. Sie soll die angehenden Landwirthe aufklären über das Wesen und das Zusammenwirken aller in der landwirthschaftlichen Production gegebenen und thätigen Stoffe, Kräfte und Mittel, und sie in den Stand setzen, in jedem ihnen gegebenen Falle zwischen den vorhandenen Grundlagen der Production diejenigen Verbindungsformen herzustellen, welche dem Aufwande an Güter- und Arbeitsvermögen den grössten Erfolg verheissen. Sie soll dieselben aber auch ausrüsten mit allen den Kenntnissen, welche sie befähigen, die Beziehungen ihres Berufes zur Gemeinschaft und ihre Stellung im öffentlichen Leben richtig zu erfassen. Alles das ist nur möglich durch eine *wissenschaftliche* Behandlung des Lehrstoffes, durch Darlegung der Wege, welche zu einer exacten Feststellung der in Betracht kommenden Thatsachen und Vorgänge führen, durch eine methodische Verknüpfung der also gewonnenen Erfahrungen Behufs Nachweises ihres inneren Zusammenhanges, und, hinsichtlich der Handlung, durch Anleitung zur Combination der gegebenen Mittel für bestimmt umschriebene Zwecke. Entwicklung des Beobachtungs-, des Begriffs- und Urtheils-Vermögens, d. h. Anleitung zur *denkenden* Auffassung aller Verhältnisse und Probleme im Berufsleben, steht also im Vordergrunde aller Bildungsziele.

So lange eine landwirthschaftliche Hochschule an diesen Grundsätzen festhält, darf sie sicher sein, dass die Jünger des Faches nicht nur überhaupt für ein tieferes Eindringen in ihre Studienaufgabe empfänglich und in fortgesetzt geistiger Bethätigung für dieselbe sittlich gehoben, sondern auch in den Stand gesetzt werden, ihr Leben lang allen Fortschritten in ihrem Fache zu folgen und somit auch

treue Anhänger und Vertreter der wissenschaftlichen Richtung desselben zu sein.

Die höhere landwirthschaftliche Schule soll aber nicht blos lehren,
nicht blos zeigen, zu welchen Ergebnissen die Forschung jeweils gelangte und auf welchen Wegen sie dieselben erzielte — sie muss
auch ihrerseits durch selbstständiges Eindringen in die Wissenschaft
an deren Fortbildung arbeiten. Diese Forderung liegt schon in der
Bestimmung jeder Hochschule begründet, eine Pflegestätte der Wissenschaft als solcher zu sein, sie ist aber auch unabtrennbar von der Unter-
richtsaufgabe, weil nur die eigene Forschung auf die Höhe nachhaltiger
geistiger Anspannung und der Befähigung zu streng kritischer Behandlung des Lehrstoffes erhebt, welche beide zu den wesentlichsten
Voraussetzungen für eine fruchtbringende Lehrthätigkeit gehören.

Wie aus der Eingangs vorausgesandten Darstellung der Aufgabe des Landwirths hervorgeht, bietet die Ausbildung zum landwirthschaftlichen Berufe eine *zwiefache* Seite dar, insofern sie diesen im
Gesichtspunkte nicht allein des *Gewerbes*, sondern auch der *Zugehörigkeit zu einer Culturgemeinschaft* betrachtet. Darnach giebt es zwei
weite und wichtige Wissensgebiete, auf welchen die Ausbildung des
Landwirths aufzubauen hat. Es sind die Wissenschaften, welche dem
Berufsleben i. e. S., dem Gewerbe als solchem zu dienen bestimmt sind,
und diejenigen, welche eine höhere Auffassung des landwirthschaftlichen
Berufes als eines Gliedes der culturell aufstrebenden Gesellschaft ver-
mitteln. In diesem Sinne lassen sich denn auch die Lehrgebiete, welche
den Studienkreis des Landwirths umfassen, vorab scheiden in die
Wissenschaft des Faches, die Landwirthschaftswissenschaft, und diejenigen Wissenschaften, aus welchen der angehende Landwirth Aufklärung über die Stellung seines Berufes im Staats- und Gesellschaftsleben schöpft. Verweilen wir zunächst bei der ersteren.

Um das Wesen und die Art der Abgrenzung der *Landwirthschaftswissenschaft* zu überblicken, ist es unerlässlich, an einem ganz
bestimmten Aussichtspunkte festzuhalten. Derselbe ist in nachfolgender
Betrachtung gegeben.

Nach der äusseren Wortbezeichnung umfasst die Landwirthschaft
einerseits in den natürlichen Aussenverhältnissen, auf welche sie angewiesen ist, eine objectiv gegebene Grundlage, ein Substrat, andererseits in der Ausübung eine vom Menschen ausgehende Thätigkeit,
eine Reihe von Handlungen. Jene *Grundlage* besteht in allen den
Lebens- und Entwicklungs-Bedingungen der Culturpflanzen und Hausthiere, welche in der Lage und Beschaffenheit des der Benutzung
unterworfenen Erdenraumes, des *Landes*, zur Erscheinung kommen,
diese *Thätigkeit* dagegen in der planmässigen, auf die Zwecke des

Erwerbes gerichteten Anwendung von Güter- und Arbeitsvermögen auf das Land und seine organischen Producte, d. h. in der *Wirthschaft.* Daraus geht hervor, dass die Lehre von der Landwirthschaft die massgebenden Thatsachen und Vorgänge sowohl in der äusseren *Natur,* wie auch im *Wirthschaftsleben* in den Kreis ihrer Erörterungen zu ziehen hat. Das Verhältniss ist hier genau so, wie in anderen Zweigen der Wirthschaft, welche sich mit der Darstellung von Werthgütern befassen, und insbesondere wie in den Gewerben der sog. Urproduction, und die Stellung der Landwirthschaftslehre ist daher auch durchaus analog derjenigen der Forstwirthschafts- und der Bergbaulehre.

Hiernach wird auch ohne Weiteres ersichtlich, dass die gesammte Landwirthschaftslehre in *zwei* Theile zerfällt.

Von diesen verfolgt der *eine* die Entwicklung der Grundsätze für die Production als solche, für die Darstellung von pflanzlichen, thierischen und gewerblich-technischen Erzeugnissen und für eine in quali et quanto ergiebige Durchführung derselben; alles dies wesentlich mit Rücksicht auf die natürliche Beschaffenheit der Objecte und die an ihnen sich vollziehenden natürlichen Process, also auf Grundlage der *Naturgesetze,* und damit kennzeichnet er sich als landwirthschaftliche *Productionslehre,* auch *Technik der Landwirthschaft* oder *specielle Landwirthschaftslehre* genannt. Dieselbe spaltet sich wiederum in die Lehre von der Pflanzenproduction, der Thierproduction und der gewerblich-technischen Production.

Der *zweite* Theil erfasst aber die Landwirthschaft im Lichte ihrer *Zweckbestimmung,* indem er ihre Stellung als Erwerbsunternehmen und ihre Beziehungen zur Gesellschaft in den Vordergrund stellt, zu diesem Behufe die Technik mit dem ökonomischen Principe durchdringt und im Gesichtspunkte der Wirthschaft behandelt. Für ihn ist die hauptsächlichste Grundlage in den *Gesetzen der Volkswirthschaft* gegeben, und seiner Bestimmung entsprechend gab man ihm die Bezeichnung: *Landwirthschaftliche Betriebslehre,* auch *Wirthschaftslehre des Landbau's, Ockonomik der Landwirthschaft* oder *allgemeine Landwirthschaftslehre.* Die Aufgabe dieser Disciplin umfasst nicht allein die Erörterung der ökonomischen Beschaffenheit der Productionsmittel, sondern auch die Anleitung zur Anwendung der Kenntnisse von dem natürlichen *und* ökonomischen Verhalten aller Glieder derselben im Gesichts- und Zielpunkte der Einrichtung und Leitung des Betriebes und der Ermittlung des wirthschaftlichen Erfolges sowohl im retrospectiven wie im prospectiven Sinne (Buchführung und Ertragsanschlag).

Ueber die Stellung und Bedeutung der genannten Zweige der Landwirthschaftslehre innerhalb des Gesammtumfanges der Landwirthschaftswissenschaft kann ein Zweifel nicht bestehen. Beide gehören nothwendig zusammen und ergänzen einander; wenn auch nicht durchweg übereinstimmend in ihren Methoden, steuern sie gemeinsam dem einen grossen Ziele des Erfassens der Gesammtaufgabe des landwirthschaftlichen Betriebslebens zu; dass der eine oder andere eine absolut bevorzugte Tragweite besitze, ist niemals und nirgends ernstlich behauptet worden.

Aus dieser Darstellung folgt aber auch weiter, dass die Landwirthschaftslehre nicht ein Gebilde sein kann, welchem *an sich* der Charakter einer Wissenschaft innewohnt, dass dieselbe vielmehr diese Stufe nur dann erreicht, wenn sie auf Grundlage einerseits der *Natur-*, und andererseits der *Wirthschaftswissenschaften* aufgebaut und behandelt wird. Erst in diesem Zusammenhange erscheint dieselbe als *Landwirthschaftswissenschaft*. Nicht mit Unrecht hat man diese somit in die Reihe der *angewandten* Wissenschaften gestellt, und behauptet, dass sie weder eine *einfache*, noch *reine* Wissenschaft sei.

So gewiss dies alles zutrifft, so seltsam müssen sich die gelegentlich immer wieder auftauchenden Versuche ausnehmen, aus diesem Verhalten der Landwirthschaftslehre die Berechtigung zu dem Schlusse herzuleiten, dass dieselbe überhaupt nicht in den Kreis der Wissenschaften gehöre. Die Unzulässigkeit einer solchen Anschauungsweise ist offenbar.

Wir sehen einmal davon ab, dass die Begriffe einerseits der angewandten, andererseits der einfachen und reinen Wissenschaft verschieden gedeutet werden können, und knüpfen hier an das Verhältniss nur im Sinne jener geläufigen Vorstellung an, inhaltlich deren das Prädicat *»angewandt«* nur denjenigen Wissenschaften zuerkannt wird, welche, den realen Bedürfnissen des Lebens dienstbar, auf Grundlage von solchen Disciplinen aufgebaut sind, welche nur der Erkenntniss, also ihrer selbst willen *(rein)*, daher auch ohne Rücksicht darauf betrieben werden, ob und in welcher Art ausserhalb stehende Kreise von ihnen für praktische Zwecke Gebrauch machen. Wäre nun jene Meinung zutreffend, so müsste sie in durchaus gleicher Weise auf alle Lehren nicht allein der gewerblichen Urproduction, sondern auch der eigentlichen Technik, und selbst auf die Medicin Anwendung finden, würde es also weder eine Forst-, noch eine Ingenieur-, noch eine medicinische Wissenschaft geben, denn alle diese Wissenschaften sind hinsichtlich ihrer Begründung und der Methode des Lehrens und Forschens gerade so situirt, wie die Landwirthschaftswissenschaft. Aber auch innere Gründe bekräftigen unseren Standpunkt.

Es unterliegt keinem Zweifel, dass, wie die reinen Wissenschaften herangezogen werden müssen, um die empirisch gewonnenen Erfah-

rungen in der ausübenden Landwirthschaft auf ihren inneren Zusammenhang zu prüfen, die Verfahrungsweisen in derselben auf ihre letzten
Gründe zurückzuführen und somit zu einer wissenschaftlichen Auffassung und Behandlung der Betriebsaufgaben zu gelangen, so auch
umgekehrt die Beobachtungen und Erfahrungen im landwirthschaftlichen Berufsleben zur Förderung der reinen Wissenschaften in be-
deutsamem Grade beizutragen vermochten. Für diese Thatsachen
liegen mannigfache Belege vor. Beispielsweise mag nur hervorgehoben
werden, dass Männer wie *Ch. Darwin* und *J. v. Liebig* zur Begründung
ihrer Lehren ganz wesentlich aus den Erfahrungen der Landwirthschaft geschöpft haben, und dass ein *J. H. v. Thünen* auf *Tellow*,
welcher durch seine überaus scharfsinnigen, auf Grund objectiver Er-
mittlungen im landwirthschaftlichen Betriebsleben durchgeführten Untersuchungen über Fragen der volkswirthschaftlichen Stellung und Aufgabe der Landwirthschaft die Wissenschaft in eminentem Grade be-
reichert hat, ein praktischer Landwirth war.

Wenn man aber auch diesen Erwägungen eine ausschlaggebende
Bedeutung nicht beilegen will, so erübrigt immer noch eine beweis-
kräftige Erfahrung. Und diese beruht darin, dass die heutige Landwirthschaftslehre, nachdem sie sich zu innerer Einheit und organischer
Gliederung durchgerungen hat, die Grundsätze für den Landwirth-
schaftsbetrieb nach Massgabe der leitenden Gesichtspunkte, welche sie
aus den Natur- und den Wirthschaftswissenschaften empfängt, in
systematischer Ordnung und streng methodisch entwickelt und dadurch
ihren wissenschaftlichen Charakter vollends documentirt. Sie darf und
muss aber diese ihre Stellung wie für ihren Gesammtinhalt, so auch
für jeden ihrer Zweige, daher wie für die naturwissenschaftliche, so
auch für die wirthschaftswissenschaftliche Richtung beanspruchen.

Von den reinen Naturwissenschaften hat man billigerweise nicht
verlangt, dass sie über die Erforschung allgemeiner Wahrheiten hinaus auch noch unmittelbar dem praktischen Berufsleben, dem Principe
der Nützlichkeit unterthan seien. Aber indem die Landwirthschaftslehre nicht allein die von ihnen eruirten Thatsachen und Gesetze der
Begründung landwirthschaftlicher Erfahrungen dienstbar machte, sondern auch ihre Methode der Untersuchung und des Versuches auf die
Processe der landwirthschaftlichen Production übertrug, gestaltete sich
dieselbe zugleich zu einem neuen und in seiner Art selbstständigen
Forschungs- und Wissensgebiete aus. Und durchaus analog verhält
es sich mit den Wirthschaftswissenschaften.

Wie jede andere Berufsthätigkeit, so verdankt auch die Landwirthschaft den Untersuchungen der Nationalökonomie beispielsweise
eine Klärung der fundamentalen Begriffe von Werth und Gut, von

Rente, Zins und Lohn, von Productionskosten, Reinertrag und Ein-
kommen u. a. m. Die gleiche Wissenschaft kann aber nicht zugleich
Anleitung dazu geben, wie der Landwirth im Bereiche seiner Unternehmung mit diesen Begriffen umzugehen, wie er sie anzuwenden und
in den Dienst praktischer Aufgaben zu stellen hat, so wenig wie sie
zugleich dazu berufen ist, auf Grund ihrer im grossen Zusammenhange
mit den Erscheinungen im Gesellschaftsleben entwickelten Lehrsätze
dem Landwirth Anweisung zu ertheilen, wie er seinen Betrieb im
Einzelnen der gegebenen volkswirthschaftlichen Verfassung anzupassen
habe, ganz abgesehen davon, dass eine solche Weisung doch wiederum
ein Eingehen auf die Technik des Faches erfordern würde. In allen
diesen Beziehungen ist daher die Landwirthschaftslehre wiederum
durchaus selbstständig, und das beweist sie durch die Thatsache, dass
sie auf Grund volkswirthschaftlicher Erkenntnisse und im Lichte der
Anforderungen des Faches ein besonderes System für die Lehre von
dem ökonomischen Verhalten der Productionsmittel, von der Betriebs-
organisation und Betriebsleitung und von dem Buchführungs- und
Veranschlagungswesen construirt. Ueber dieses Verhältniss kann
heut zu Tage ernstlich nicht mehr gestritten werden. —

Werfen wir schliesslich noch einen Blick auf die Wissenschaften,
welche über das specielle Fachstudium hinaus einen tieferen Einblick
in die Beziehungen des Berufes nach der socialen und staatsgemein-
schaftlichen Seite verschaffen sollen.

Ueber die Bedeutung der Landwirthschaft für das gesammte
Volks- und Staatsleben hat niemals und nirgends eine Meinungsver-
schiedenheit geherrscht. Der Landbau wurde gefeiert seit den ent-
legensten Perioden der Geschichte bis auf den heutigen Tag, nicht
allein als vornehmster Vermittler und Träger des Volkswohlstandes,
als mächtige Stütze aller übrigen Gewerbe und als beständige Quelle
physischer Krafterneuerung des Volkes, sondern auch im ethischen
Gesichtspunkte, als Pflanz- und Pflegestätte ächten Familiensinnes und
treuer Anhänglichkeit an Heimath und Vaterland, und als Schule für
die Ausbildung starker, von Ordnungsliebe, Kraft- und Pflichtbewusstsein und Selbstständigkeitsgefühl durchdrungener Charaktere. Es
kommt dazu, dass die Landwirthschaft, in deren Händen das festeste,
alle Veränderungen überdauernde Vermögen im Volke ruht, gleich
wie alle diejenigen Stufen der übrigen Gewerbe, welche zum sog.
Mittelstande gehören, wie geschaffen ist für eine *gleichmässige* Wahrnehmung und Vertretung der Interessen der beiden grossen Kate-
gorieen von Productionsmitteln — des Capitales *und* der Arbeit —,
also gleich ferne steht den Strömungen, welche der einseitigen Verfolgung der Interessen dort des Grosscapitals, hier der Lohnarbeit

entspringen und in ihren extremen Forderungen dort gegen das *Recht,* hier gegen die *Freiheit* verstossen.

Fasst man das Alles ins Auge, so erkennt man, wie die geläufige Behauptung, dass der landwirthschaftliche Stand so recht die Grundlage des socialen und nationalen Lebens bilde, keineswegs zu den inhaltlosen Phrasen gehört.

Gerade darum aber ist es eine unabweisbare Aufgabe des landwirthschaftlichen Berufes, Alles aufzubieten, um diesem die Bedingungen zu erfolgreicher Ausübung und zu gedeihlicher Entwicklung zu verschaffen und zu sichern, damit er dauernd seine Bestimmung erfülle, ein hervortretend nützliches Glied im Gemeinwesen zu sein. Dabei handelt es sich nicht etwa um einseitiges Hinarbeiten auf Vermehrung der Production, sondern um Steigerung derselben im Sinne der Wirthschaftlichkeit, um die Dienstbarmachung aller Wohlstandsquellen, um Verbreitung von Einsicht in die Gesammtlage, um das Zusammenfassen der Kräfte zur Selbsthülfe, um gewissenhafte Erfüllung der Pflichten des Besitzes gegenüber der Gesellschaft und insbesondere gegenüber dem Stande der Lohngehülfen, eingedenk der Thatsache, dass die Verhältnisse, in welche der einzelne Betrieb eingeordnet ist, sich doch als ein Product des Zusammenwirkens aller Kräfte der Culturgemeinschaft darstellt, welcher darum ein jeder Wirthschafter Rücksichten schuldet. Sodann müssen aber auch die Anstrengungen der Landwirthe für Förderung ihres Berufes auf eine sachkundige und energische Vertretung der Interessen desselben an sich und gegenüber den Anforderungen der übrigen Berufsstände in Bezug auf die Massregeln der Gesetzgebung und der öffentlichen Verwaltung gerichtet sein. Kaum jemals haben die socialökonomischen Zustände so dringend und zwingend zu einem positiven Eingreifen des Staates in die Geschicke der Landwirthschaft aufgefordert, wie in unseren Tagen, in welchen es sich weniger mehr um die Frage der relativen Kräftigung des Wohlstandes der Landbevölkerung, als geradezu um die Frage der *Existenz,* der *Erhaltung des ganzen landwirthschaftlichen Mittelstandes* handelt.

Unter solchen Verhältnissen bedarf die Landwirthschaft Männer ihres Standes, einsichtig und weitblickend, ausgerüstet mit allen den Kenntnissen, welche sie in den Stand setzen, mit dem Vollgewicht unwiderlegbarer Gründe für die Interessen ihres Berufes im öffentlichen Leben einzustehen. Und solche Kräfte heranzubilden, gehört zu den Aufgaben der landwirthschaftlichen Hochschule. Daraus geht aber hervor, dass der Studirende der Landwirthschaft um keinen Preis die Gelegenheit versäumen darf, auch solche Vorlesungen zu hören, in welchen er sich die für die Wahrnehmung der Stellung seines Be-

rufes in der Oeffentlichkeit erforderlichen Kenntnisse verschaffen kann.
Zu diesen Vorlesungen zählen ausser der Nationalökonomie, einschliesslich der Wirthschaftspolitik, und der Finanzwissenschaft diejenigen
über Wirthschaftsgeschichte, Statistik, Geschichte der socialen Theorieen, über die für den Landwirth vorzugsweise in Betracht kommenden
Partieen des öffentlichen und des Privatrechts u. a. m.

Aber auch mit diesen Aufgaben darf das Studium des Landwirths noch nicht abschliessen. Denn in einem jeden Berufe steht
immer voran der *Mensch* mit seinem Sinnen, Trachten und Handeln,
und es ist darum Pflicht des Trägers eines jeden Berufes, seine Wirksamkeit mit den Ideen der *Menschlichkeit* in Uebereinstimmung zu
bringen. Daraus resultirt die Forderung auch an den Landwirth, inmitten der Vorbereitung für seinen Stand der letzten und höchsten
Ziele allen Menschheitsdaseins eingedenk zu bleiben und sich zu be-
mühen, dasjenige Maass allgemeiner Bildung zu erwerben, welches ihn
befähigt, seine Berufsthätigkeit zu durchdringen mit einer höheren Auffassung aller Lebensverhältnisse, mit einer umfassenderen Geistes- und
einer geläuterten Herzens- und Charakterbildung. Aus diesem Grunde
empfiehlt es sich dringend, dass er seine Studienzeit, soweit es die
Ausdehnung derselben irgend gestattet, benutze, um auch Vorlesungen
aus dem Gebiete der Philosophie, der Ethik und Psychologie, in
Sprachen, in politischer, Litteratur- und Kunstgeschichte u. a. m. zu
hören.

In der bisherigen Erörterung haben wir versucht, in kurzen
Zügen darzuthun, auf welche Wissensgebiete sich das höhere Studium
der Landwirthschaft zu erstrecken hat. Es erübrigt uns noch, ausdrücklich zu bestätigen, dass die landwirthschaftliche Schule des Polytechnikums an dieser Auffassung der Studienaufgabe des Landwirths
grundsätzlich festhielt und dass sie sich damit auch in völliger Uebereinstimmung mit dem Gedanken befand, welcher den Urhebern und
Trägern des Projectes der Gründung einer Schweizer. landwirthschaftlichen Lehranstalt vorgeschwebt hat. Nunmehr wird gezeigt werden
müssen, ob und wie weit die *Stellung* unserer Anstalt dazu angethan
ist, den aus jener Aufgabe resultirenden Anforderungen gerecht zu
werden. Wir knüpfen damit an die Ergebnisse der Vorberathungen
über die Errichtung der Schule an.

Wie unser geschichtlicher Rückblick bewies, hat sich die Frage,
welche äussere Stellung der neuen Bildungsstätte gemäss der ihr
überbundenen Aufgabe zu geben sei, schon frühzeitig in den Vordergrund gedrängt. Indessen löste sich dieses Problem in verhältnissmässig einfacher Weise. Man huldigte nämlich dem Grundsatze, dass
die Schule keine Sonderanstalt bilden, also nicht isolirt werden dürfe;

man wollte sie mit einem Centrum wissenschaftlichen Lebens in engste
Verbindung bringen und sie dadurch in den Stand setzen, sich einen
weiten wissenschaftlichen Gesichtskreis zu eröffnen, einen vielseitigen,
anregenden geistigen Verkehr mit den Vertretern der verschiedensten
Wissensgebiete zu pflegen, und grössere, umfassendere Hülfsmittel zu
benutzen, als sie eine abgetrennte Anstalt gewähren kann. Damit war
zugleich über die Frage der Anlehnung der Anstalt an einen von ihr
zu übernehmenden selbstständigen Gutsbetrieb ein für alle Mal im
verneinenden Sinne entschieden. Indem man bei diesem Standpunkte
beharrte, erklärte man allerdings nicht zugleich, dass die Verfügung
über einen eigenen Gutsbetrieb für die Lehr- und Studienzwecke
durchaus irrelevant sei, wohl aber, dass man die Vorzüge, welche die
Eingliederung der Schule in eine umfassendere höhere Bildungsanstalt
bieten würde, so hoch veranschlagte, um ihnen gegenüber das Opfer
des Verzichtes auf eine Gutswirthschaft, welche in unmittelbarer Hoch-
schulnähe einmal nicht zu erreichen gewesen wäre, vollkommen rechtfertigen zu können.

Darnach hätte es sich schliesslich nur noch um die weitere Frage
handeln können, ob die Einführung des landwirthschaftlichen Studiums
in eine der kantonalen Universitäten, oder in das eidgenössische Polytechnikum vorzuziehen sei. Aber auch über diese Frage war man alsbald im Reinen. Im Grunde genommen hat sie die Vereine und Behörden kaum beschäftigt. Nach dem Grundtone, welcher alle Verhandlungen durchzog, hielt man die Aufnahme der Anstalt in den
Rahmen des eidgen. Polytechnikums in Zürich für selbstverständlich,
durch die Verhältnisse gewissermassen gegeben. Gegenströmungen
sind kaum verlautbart. Dieser Verlauf erklärt sich zunächst aus
äusseren Gründen. Die polytechnische Schule in Zürich ist die einzige
höhere Bildungsanstalt, welche die Eidgenossenschaft besitzt. Dass
bis dahin noch keine der bestehenden Universitäten den Gedanken, in
ihren Organismus auch das landwirthschaftliche Studium einzufügen,
aufgegriffen hat, mag darin beruhen, dass ein einzelner Kanton wohl
kaum in der Lage ist, für diese besondere Aufgabe im Interesse der
gesammten schweizerischen Landwirthschaft bedeutende Opfer zu
bringen. Die Verbindung der Schweizer. höheren landwirthschaftlichen
Schule mit einer der kantonalen Universitäten durch Vermittlung und
mit Unterstützung des Bundes hätte aber voraussichtlich in administrativer Beziehung zu Schwierigkeiten führen und auch den bestehenden
Gleichgewichtszustand in dem Verhältnisse des Bundes zu den kantonalen Hochschulen in empfindsamer Weise stören müssen. Alles das
würde jedoch den Entschluss, für die Aufnahme der landwirthschaftlichen Schule das Polytechnikum auszuersehen, noch nicht zu recht-

fertigen vermocht haben, wenn nicht zugleich *innere* Gründe für diesen Schritt beizubringen gewesen wären. Und diese konnten offenbar nur in der Ueberzeugung wurzeln, dass die Kräfte und Hülfsmittel der polytechnischen Schule für die höhere Ausbildung der Landwirthe gleichwerthig sind mit denjenigen der Universitäten. Damit wirft sich uns eine Frage auf, welche, ob sie zwar für unseren Fall gegenstandslos geworden ist, doch im Gesichtspunkte allgemeiner Bildungsinteressen einer besonderen Aufmerksamkeit gewürdigt zu werden verdient.

Bekanntlich sind in den letzten Jahrzehnten an mehreren Universitäten des Auslandes landwirthschaftliche Lehranstalten errichtet worden, ist man sogar mehrfach so weit gegangen, bestehende landwirthschaftliche Akademieen aufzuheben, um an deren Stelle dem landwirthschaftlichen Studium an den Universitäten eine um so eingehendere Pflege zu Theil werden zu lassen. Um diesen Wandlungsprozess zu verstehen, kann nicht umgangen werden, einen Blick auf die geschichtliche Entwicklung des höheren landwirthschaftlichen Unterrichtes zu werfen.

Die Idee der Aufnahme der Landwirthschaftslehre in die Reihe der Universitätsdisciplinen ist durchaus nicht neueren Datums. Dieselbe wurde schon vor mehr als anderthalb Jahrhunderten an mehreren Universitäten verwirklicht. So vornehmlich nach dem Beispiele Preussens in verschiedenen anderen Staaten Deutschlands und in Oesterreich. Mit jener Einrichtung verfolgte man indessen ganz besondere Zwecke. Unter der Bezeichnung »Cameralwissenschaften« hatte man nämlich ein besonderes Lehrgebiet construirt, welches ausser der Landwirthschafts-, der Forstwirthschafts- und der Bergbaulehre, der Lehre von der Technik, vom Handel und vom Finanzwesen auch die Grundzüge der allgemeinen Wohlfahrtspflege umfasste, also aus mehreren Zweigen der Privatwirthschaftslehre, aus der Staatswirthschaftslehre und in gewissem Sinne einer Wirthschaftspolitik bestand. In dieser Umschreibung bildete dasselbe aber nur eine den Verhältnissen und Bedürfnissen jener Zeit entsprechende, auf praktischen Gründen beruhende Zusammenstellung aller derjenigen Kenntnisse, welche von den Studirenden des Verwaltungsfaches gefordert wurden. So geschah es denn, dass man in Rücksicht auf diesen Dienstzweig für die Vertretung der ökonomischen Fächer besondere *Lehrstühle* an den Universitäten errichtete. Dass hierbei die Landwirthschaft eine bedeutsame Stellung einnahm, war allerdings wesentlich in dem Umstande begründet, dass die Gesetzgebung und Verwaltung den herrschenden agrarischen Zuständen (Grundherrlichkeitsverband, Belastung des Bauernstandes, Gebundenheit des Grundbesitzes) im Gesichtspunkte der Milderung oder Beseitigung der bestehenden Härten ihre besondere Aufmerksamkeit zugewendet hatten. Vergegenwärtigt man sich aber, dass damals von einer eigentlichen Landwirthschaftswissenschaft im Sinne der heutigen Anforderungen noch keine Rede sein konnte, dass ein einzelner Docent der Privatwirthschaftslehre unmöglich im Stande war, alle Zweige derselben eingehend und in mehr als encyclopädischer Form zu behandeln, dass der Unterricht aber auch der wesentlichsten praktischen Hülfsmittel zur Vorweisung und Uebung entbehrte, so begreift sich, dass die ganze Institution *nie* vermocht hat, *Landwirthen von Beruf* eine höhere Ausbildung zu geben. Aus dem vorgeführten Zusammenhange ist aber auch zu ersehen, wie die Thatsache, dass die Landwirthschaftslehre schon frühzeitig Eingang in das Universitätsstudium gefunden hatte, *an sich* noch nicht ein Argument für die Zweckmässigkeit der Massregel bilden kann, die wissenschaftliche Ausbildung der *Landwirthe* fernerweit ausschliesslich den Universitäten zu übertragen.

Mittlerweile und namentlich im Beginne unseres Jahrhunderts, als im Hinblicke auf die fortschreitende Entwicklung einerseits der Natur-, andererseits der Wirthschaftswissenschaften die Erkenntniss sich in weiteren Kreisen Bahn brach, dass die einzelnen Privatwirthschaftslehren eines systematischen Aufbaues und einer methodischen Bearbeitung zugänglich und bedürftig seien, machte sich aber das Verlangen geltend, für dieselben besondere Bildungsinstitute zu errichten, abzielend darauf, den angehenden Vertretern des Faches Gelegenheit zu einem vollständigeren und einlässlicheren Studium desselben zu verschaffen. Und da in dieser Richtung, d. h. im Sinne der Ausgestaltung der Privatwirthschaftslehren zu eigentlichen Gewerbewissenschaften, ein Anschluss an die bestehenden ökonomisch-cameralistischen Lehrstühle nicht zu erzielen war, die Universitäten, unter Berufung darauf, dass sie in der Hauptsache als die Schulen für den öffentlichen Dienst zu betrachten seien, sich gegenüber jedem Ansinnen, welches auf Einführung der gewerblichen Fächer in ihren Lehrplan gerichtet war, spröde und ablehnend verhielten, so lag auch der Gedanke nahe, das fühlbar gewordene Bedürfniss durch Errichtung von Sonderanstalten zu befriedigen. Seine Verwirklichung fand derselbe in der Gründung von Akademieen für die Land- und die Forstwirthschaft, das Montanwesen, das Baufach, den Handel etc. etc. Die ersten Schöpfungen von landwirthschaftlichen Lehranstalten dieser Art waren die Institute von *Hofwyl* im Kanton Bern (1801) unter *E. v. Fellenberg*, von *Möglin* in Preussen (1806) unter *A. Thär*, und von *Hohenheim* in Württemberg (1818) unter *N. v. Schwerz*. Ihnen

schlossen sich im Laufe der Jahrzehnte zahlreiche höhere landwirthschaftliche Specialschulen in fast allen europäischen Staaten an.

Sie, diese Akademieen, ausnahmslos anlehnend an einen praktischen Gutsbetrieb, wirkten im Sinne der Anforderungen ihrer Zeit
auf Grundlage des jeweiligen Standpunktes der Landbauwissenschaft
und unter Anwendung der jeweils erreichbaren Hülfsmittel zur Anschauung, Untersuchung und Uebung, und wenn sie auch weit über-
wiegend, oft einseitig das Studium des speciellen Faches cultivirten,
so ist doch ebenso wahr, und wird es die Landwirthschaft für alle
Zeiten dankbar anerkennen müssen, dass sie die Entwicklung der
Landwirthschaftslehre in hohem Grade gefördert und die Praxis in
der mannigfaltigsten Weise befruchtet haben. Jeder Zweifel an der
Berechtigung dieser Auffassung muss in der That schwinden im Hinblick
auf die schöpferischen Leistungen des grossen *Thär*, des Begründers
der rationellen Landwirthschaft, und auf die bahnbrechenden Arbeiten
der zahlreichen Männer, welche in der gleichen Richtung wie er, in
gleichem Sinne und Geiste, immer aber unter gewissenhafter Beachtung der wissenschaftlichen Fortschritte ihrer Zeit, nachhaltig auf-
bauend in ihrem Fache gewirkt. Wir meinen, man dürfe in dem
stolzen Gefühle der Befriedigung über die neuzeitigen Errungenschaften
der Landwirthschaftswissenschaft denn doch die Frage nicht vornehm
ignoriren, ob denn diese uns unvermittelt zu Theil geworden sind,
und ob es überhaupt möglich gewesen wäre, anders auf die Höhe
derselben zu gelangen, als durch den Process einer stetigen Fortentwicklung, eines stufenmässigen Aufbaues auf den Grundlagen, an
deren Beschaffung die Vorkämpfer jedes zurückgelegten Zeitabschnittes
ihren Antheil haben? Dass übrigens das Vertrauen in das Leistungs-
vermögen der landwirthschaftlichen Akademieen sich in weiten Kreisen
erhalten hat, beweist u. a. die Thatsache, dass das *Hohenheimer*
Institut heute noch vortrefflich gedeiht und sich einer ansehnlichen
Frequenz erfreut.

Gleichwohl haben diese Anstalten auf die Dauer nicht vermocht, in
allen Beziehungen den gesteigerten Anforderungen an die höhere Fachbildung zu genügen. Je länger je mehr wurde gegen sie das Bedenken
erhoben, dass die *Abgeschlossenheit* ihres Standortes einer einseitigen
Zweckmässigkeitstendenz Vorschub leiste, den wissenschaftlichen Blick
einschränke und die Entwicklung eines regen geistigen Verkehrslebens
verhindere. Diese Stimmung machte sich aber um so nachdrücklicher
geltend, als die Einsicht Verbreitung gewann, dass es Aufgabe des
höheren landwirthschaftlichen Unterrichtes sei, die Jünger des Faches
zu befähigen, ihre berufliche Stellung auch im Gesichtspunkte der
höheren Lebensbestimmung und der Rücksichten und Pflichten gegen

die Gemeinschaft zu erfassen, dieses Ziel aber nur erreicht werden könne durch Einführung derselben in das Studium der Staats- und Gesellschaftswissenschaften und durch Förderung ihrer allgemeinen Bildung. Da man nun die Akademieen eben wegen ihrer Isolirung nicht für geeignet hielt, gerade nach dieser Richtung hin den Zwecken höherer Fachbildung ausreichend dienstbar zu sein, so äusserte sich naturgemäss das Verlangen nach der Verlegung des landwirthschaftlichen Studiums an umfassendere wissenschaftliche Lehranstalten, und zwar zunächst an die Universitäten, und thatsächlich sind demselben im Laufe der letzten Jahrzehnte, nachdem die Universitäten sich hinsichtlich der Aufnahme wie der Forst-, so auch der Landwirthschaft entgegenkommend erwiesen, mehrfach dahin zielende Einrichtungen gefolgt.

Die Anordnungen, welche man in diesen Fällen traf, entbehren jedoch der völligen Uebereinstimmung. Während man nämlich einerseits die landwirthschaftlichen Akademieen mit einem eigenen Gutsbetriebe der Universität räumlich nahe legte, um sie dadurch in den Stand zu setzen, bei allerdings selbstständiger Organisation und Verwaltung, mit dieser hinsichtlich der Benutzung von Lehrkräften und Hülfsmitteln in engere Beziehung zu treten, und man später auch bei der Gründung besonderer selbstständiger landwirthschaftlicher Hochschulen in Universitätsstädten ein ähnliches Verhältniss der Anlehnung an die Universitäten schuf, ging man andererseits auf diesem Wege viel weiter, indem man das landwirthschaftliche Studium ganz und gar in den Organismus der Universität einordnete, die früheren Lehrstühle für Landwirthschaft durch Begründung vollständiger landwirthschaftlicher Institute erweiterte und diese zu integrirenden Bestandtheilen der Universität erhob. Alle diese Anstalten verfolgen übrigens ausser der Ausbildung von Landwirthen von Beruf auch noch die Aufgabe, solchen Studirenden, welche in der Wahrnehmung ihrer späteren Lebensstellung der Landwirthschaft Beachtung schenken müssen, insbesondere aber den Studirenden der Staats- und Rechtswissenschaften, Gelegenheit zu geben, sich die hierfür nöthigen Fachkenntnisse zu erwerben.

Doch alle die Impulse, welche zur Errichtung höherer Fachschulen für die Landwirthschaft geführt haben, sind nur Theil-Erscheinungen in einem grossen Processe der Entwicklung des geistigen Lebens. Der Trieb zur Erforschung und Begründung der Bedingungen der Volkswohlfahrt und zur Verallgemeinerung der Bildung hat sich allerwärts auf den verschiedensten Gebieten menschlicher Thätigkeit Bahn gebrochen, und seiner Aeusserung verdankt die Neuzeit die gewaltigen und staunenswerthen Fortschritte in der Erkenntniss der

realen Erscheinungswelt und in der Anwendung dieser Erkenntniss
auf die *verschiedensten Zweige der Technik.* Das Bedürfniss inten-
siverer Bebauung aller einschlagenden Wissensgebiete, wesentlich
gefördert durch die wachsenden Anforderungen der Zeitlage an alle
gewerblichen Berufsstände, führte zu dem Verlangen, die früheren
Sonderanstalten zu erweitern, ihr wissenschaftliches Niveau zu erhöhen
und sie organisch in eine wissenschaftliche Bildungsstätte zusammen-
zufassen. Und dieses Bestreben fand seine Verwirklichung in der
Errichtung von Hochschulen realistischer Richtung, von *polytechnischen
Schulen.* Diese Anstalten, Schöpfungen der neueren Zeit, sind ihrer
inneren Natur nach *wissenschaftliche* Anstalten, und als solche ebenbürtig
den Universitäten. In der That ist beiden die Aufgabe der Lehre und
Forschung in einer Reihe von sog. reinen Wissenschaften gemeinsam,
und auch da, wo die Anwendungsrichtung in Betracht kommt, huldigen beide der gleichen Methode der Stoffbehandlung. Beide ergänzen
einander in vereinter Wirksamkeit für die Culturaufgaben der Zeit.
Und wenn seither der Gedanke nicht ausreifte, die polytechnischen
Schulen mit den Universitäten in je einer Anstalt zu vereinigen, in
letztere also technische Facultäten einzuführen, um die Wissenschaften
aller Richtungen gleichmässig zu pflegen und auszubilden, so kann
der Grund hierfür bei aller Vielseitigkeit des gesammten Gebietes
weder in einer graduellen Verschiedenheit der Strenge der Auffassung,
noch in einer inneren Wesens-Verschiedenheit der betreffenden Wissenschaften, sondern nur in *äusseren* Schwierigkeiten der Durchführung
gefunden werden.

Unter so bewandten Verhältnissen konnte es denn nicht aus-
bleiben, dass die Idee, auch den höheren landwirthschaftlichen Unterricht in die polytechnische Schule einzugliedern, zahlreiche Anhänger
fand. Vorzugsweise massgebend für dieselbe war die Erwägung, dass
die Landwirthschaftslehre nach der technischen Seite hin auf Wissenschaften ruht, welche auch die Grundlage für das Studium anderer, an
der polytechnischen Schule vertretener Gewerbslehren bilden, nach
der ökonomischen Seite hin aber aus den gleichen Erkenntnissquellen
schöpfen muss, auf welche alle wirthschaftlichen Berufsarten angewiesen
sind, indessen in dem Rahmen der polytechnischen Schule doch auch
Gelegenheit gegeben ist, das Studium in denjenigen Fächern zu pflegen,
welche der Förderung der allgemeinen Bildung dienen. So sind denn
in der That im Laufe der jüngsten Jahrzehnte an mehreren polytechnischen Schulen des Auslandes landwirthschaftliche Fachschulen in's
Leben gerufen worden. Sieht man dabei ab von denjenigen verein-
zelten Fällen, in welchen derartige Einrichtungen über die Bedeutung
eines Lehrstuhles für Landwirthschaft nicht hinausgekommen sind, so

ist allerdings richtig, dass diese Anstalten von sehr ungleichen Geschicken betroffen wurden. Einige derselben haben sich eines ungestörten Gedeihens zu erfreuen gehabt und eine erspriessliche Wirksamkeit entfaltet bis auf den heutigen Tag, indessen andere schon nach kurzer Zeit ihres Bestehens wieder eingegangen sind.

Stellt man die Frage, auf welche Gründe die Fälle des Misserfolges zurückzuführen seien, so wird man, so weit es sich eben um die geradezu grundlegenden Fragen der *Aufgabe* und *Stellung* der höheren landwirthschaftlichen Lehranstalt handelt, auf eine *zweifache* Ursache hingelenkt.

Sowohl im Lichte grundsätzlicher Anschauungen, wie an Hand der Erfahrungen, welche in Zürich gesammelt wurden, und welche sich mit denjenigen an den landwirthschaftlichen Instituten der Universitäten decken, darf man es mit der allergrössten Bestimmtheit aussprechen, dass die Aufnahme des landwirthschaftlichen Studiums in den Organismus der polytechnischen Schule niemals Aussicht auf nachhaltigen Erfolg haben kann, wenn nicht an dieser

1. auch diejenigen Wissenschaften eine vielseitige und starke Vertretung haben, welche die Bestimmung tragen, den jungen Landwirthen über das specielle Fachstudium hinaus diejenige allgemeine Bildung zu verschaffen, deren sie für eine den Zeitanforderungen entsprechende Erfüllung ihres Berufes im Staats- und Gesellschaftsleben bedürfen und,

2. für die Landwirthschaft ein besonderes selbstständiges Institut, eine eigene, den übrigen Gliedern des Polytechnikums völlig analoge Abtheilung oder Fachschule geschaffen und mit allen Kräften und Hülfsmitteln, welche für eine fruchtbringende Lehr- und Forschungsthätigkeit unbedingt verlangt werden müssen, ausgerüstet wird.

Die landwirthschaftliche Schule des eidgen. Polytechnikums in Zürich darf mit Befriedigung auf die Thatsache blicken, dass ihren Anforderungen in diesen *beiden* Beziehungen Rechnung getragen wurde. Verweilen wir zunächst bei dem *ersten* Falle.

Es traf sich für unsere landwirthschaftliche Schule ungemein günstig, dass die Mutteranstalt bei ihrer ersten Einrichtung mit einer besonderen, der *philosophischen und staatswirthschaftlichen*, der sog. »Freifächer«-Abtheilung ausgestattet wurde, durch welche das Bedürfniss der Förderung der allgemeinen Bildung der Studirenden in allen wesentlichen Richtungen vollauf befriedigt wird. Dieses glückliche Verhältniss, in welchem sie von keiner anderen polytechnischen Schule übertroffen wird, vielleicht unter den verwandten Anstalten ihres Gleichen sucht, verdankt sie allerdings der Dazwischenkunft eines eigenartigen Umstandes, gewissermassen einem Compromisse, welcher s. Z.

bei den Verhandlungen in der Bundesversammlung über die Errichtung einer eidgen. polytechnischen Schule zu Stande kam.

Als nämlich die eidgen. Räthe im Beginne der 50er Jahre der in der Bundesverfassung vorgesehenen Aufgabe der Gründung einer eidgen. Universität *und* einer eidgen. polytechnischen Schule näher traten, geschah es, dass für eine zwiefache Schöpfung und insbesondere für die Idee der Vereinigung der beiden geplanten Hochschulen eine Mehrheit nicht zu haben war, und nur der Vorschlag, eine polytechnische Schule zu errichten, Zustimmung fand. Und als dann der bei der Berathung über die organischen Bestimmungen für die polytechnische Schule gestellte Antrag, mit dieser eine »Schule für das höhere Studium der exacten, politischen und humanistischen Wissenschaften« in Verbindung zu bringen, auf Bedenken stiess, wurde in der Bundesversammlung zu guter Letzt (1854) der Beschluss gefasst, zwar von der Errichtung jener Schule Umgang zu nehmen, aber an der polytechnischen Schule die »philosophischen und staatswirthschaftlichen Fächer, so weit sie als Hülfswissenschaften für höhere technische Ausbildung Anwendung finden,« lehren zu lassen. (Antrag *Burki* und *Nager*).

Aus diesem Verlaufe ist denn auch ersichtlich, wie die Anhänger des Gedankens der Gründung einer eidgen. Universität *und* polytechnischen Schule schliesslich doch der widerstrebenden Mehrheit gewissermassen als Compensation gegen den Verzicht auf das Vollproject die Zustimmung zur Errichtung einer philosophischen und staatswirthschaftlichen Abtheilung an der polytechnischen Schule abgerungen haben.

Jedenfalls ist der polytechnischen Schule auf diesem Wege von vornherein eine Ausstattung zu Theil geworden, welche ihr ein für alle Mal zur höchsten Zierde gereicht, aber auch eine überaus wichtige Aufgabe in dem Leben und Wirken der Anstalt zu erfüllen berufen ist. Denn es steht ausser allem Zweifel, dass die regelmässige und eingehende Pflege gerade derjenigen Lehrdisciplinen, welche die Bestimmung tragen, das specielle Fachstudium mit einer höheren Lebensauffassung zu durchdringen und die Techniker auf die Höhe der Vertrautheit mit ihren Beziehungen zur Gesellschaft und zur Staatsgemeinschaft zu erheben, wie geschaffen dazu ist, einen gemeinsamen Mittelpunkt für das Studium zu bilden, welcher jeder Einseitigkeit und jeder Neigung der einzelnen technischen Berufszweige, sich gegeneinander abzuschliessen, wehrt, und schliesslich zur Herstellung einer grossen geistigen Gemeinschaft, einer wissenschaftlichen Einheit, und somit erst zur Verwirklichung des Grundgedankens führt, auf welchem die Zusammenfassung aller Zweige des höheren technischen Unterrichtes in eine einzige Anstalt, die polytechnische Schule, beruht. Je mehr die polytechnischen Schulen in dieser Richtung wirklich streben und schaffen, desto sicherer dürfen sie sein, dass sie den jungen Männern, welche sie in's Leben entlassen, auch die Berechtigung zum Anspruche auf eine angesehene und einflussreiche sociale Stellung mitgeben, und es ist daher auch keine Frage, dass dieselben wohlthun, in dem Maasse, wie sich diese Rücksichten aufdrängen, innerhalb des Studienplanes zu Gunsten der allgemeinen Bildung breiten Raum zu gewähren selbst auf Kosten der Zeit und Kraft, welche für das specielle Fachstudium ausgeworfen zu werden pflegt. — Unter allen Umständen darf unsere landwirthschaftliche Schule behaupten, in ihrer Zugehörigkeit zum Polytechnikum nach der erwähnten Richtung hin ebenso günstig situirt zu sein, wie die landwirthschaftlichen Institute an den Universitäten. Und wenn es hierfür noch eines weiteren Beweises bedürfte, so kann darauf hingewiesen werden, dass die regelmässigen Studirenden des Polytechnikums ausnahmslos die Berechtigung geniessen, auch Vorlesungen an der Universität Zürich zu hören.

Wir kommen zum *zweiten* und letzten Falle. Wie der Rückblick auf die Gründungsgeschichte unserer landwirthschaftlichen Schule beweist, waren die eidgenössischen Behörden schon nach kurzen Vorverhandlungen ausser Zweifel darüber, dass diese wesentlich eine Lehranstalt für die Ausbildung von *Landwirthen von Beruf* sein und, mit dieser Aufgabe betraut, eine selbstständige Abtheilung des Polytechnikums bilden solle. Allerdings hat man dabei bis zum Abschlusse der vorbereitenden Maassnahmen dem Gedanken zugeneigt, dieselbe mit der Forstschule in der Weise zu verbinden, dass beide *einem* Vorstande und *einer* Conferenz unterstellt werden. Gegen dieses Vorhaben hat aber Verfasser schon vor dem Antritte seiner Lehrdienststellung ernste Bedenken erhoben. Obwohl derselbe nicht verkannte, dass Gründe vorliegen mögen, welche eine derartige Zusammenfassung beider verwandter Anstalten wünschenswerth erscheinen lassen, glaubte er gegen diese doch im pädagogischen und administrativen Gesichtspunkte recht triftige Einwendungen geltend machen zu müssen. Die in die Hochschule eintretenden jungen Landwirthe stammen gewöhnlich aus sehr verschiedenen Lebensverhältnissen, verfolgen diesen gemäss auch verschiedene Ziele ihrer Bethätigung im späteren Berufsleben, und wenn die Fachschule die Aufgabe hat, nicht blos überhaupt die geistigen Kräfte der Studirenden zu entwickeln, sondern auch vermittelnd einzutreten in der Einführung derselben in die berufliche Laufbahn, so darf sie sich einer individuellen Behandlung ihrer Angehörigen, der Ertheilung von Rath und Auskunft, der Hülfeleistung in der Anbahnung der Wege zum Fortkommen im Leben nicht entziehen. Und alle die Bedingungen hierfür bei den Einzelnen richtig zu erfassen, ist — zugleich in Rücksicht auf seine Beziehungen und Verbindungen nach aussen hin — nur der *Fachmann* im Stande. Verfasser hätte sich niemals zur Uebernahme der verantwortungsreichen Aufgabe entschliessen können, in jenem Sinne eine Specialfürsorge für Studirende der Forstwirthschaft zu üben; es widerstrebte ihm aber auch, dieselbe für die Studirenden der Landwirthschaft einem Vertreter der Forstwissenschaft zuzumuthen. Es kommt aber dazu, dass eine Lehranstalt von der Stellung und Bedeutung, wie sie die landwirthschaftliche Schule beansprucht, bei aller Gemeinsamkeit ihrer Interessen mit denjenigen anderer Fachschulen, doch auch ihre besonderen Bedürfnisse und Einrichtungen hat, deren Eigenart richtig erkannt und gewürdigt sein will, wenn es sich um die unabweisbare Aufgabe handelt, in ihre Entwicklung nachhaltig fördernd einzugreifen. Aus diesem Grunde ist dieselbe aber auch einer besonderen Vertretung bedürftig, und diese kann nur ausschliesslich durch das Collegium ihrer eigenen Docenten und ein mitten in den Verhältnissen stehendes Mitglied desselben als Vorstand der Schule übernommen werden. Die Schulbehörde ist damals unter Billigung der entwickelten Gründe auf unsere Vorstellung eingegangen, und damit war der landwirthschaftlichen Schule vom Tage ihrer Eröffnung an die Selbstständigkeit in jeder Hinsicht vollkommen gewahrt. Sie bildet darnach neben der Forstschule eine Section der V. Abtheilung des Polytechnikums, eigener *Verwaltung*, vollständig *gleichberechtigt* und *gleichverpflichtet* mit allen übrigen Abtheilungen, im Vollgenuss aller Ansprüche auf die Benutzung der allgemeinen Hülfsmittel des Polytechnikums, und ausgestattet mit den für ihre besonderen Zwecke erforderlichen Kräften und Mitteln. Diese ihre Stellung, welche übrigens durchaus derjenigen der landwirthschaftlichen Lehrinstitute an den Universitäten entspricht, ist denn auch vollinhaltlich durch die Bestimmungen des Reglements der polytechnischen Schule und die Regulative für die Aufnahme von Studirenden und für die Diplomprüfungen anerkannt und bestätigt. —

Erst jetzt, da wir die *Aufgabe* und die *Stellung* unserer Anstalt dargelegt haben, ist es thunlich, auch der Frage der inneren Organisation derselben näher zu treten.

—✧—

III. Organisation.

1. Studienordnung.

In seiner anlässlich der Feier der Eröffnung der eidgen. polytechnischen Schule am 15. October 1855 gehaltenen Rede sprach der
Präsident des Schweizer. Schulrathes, Dr. *Kern*, die bedeutungsvollen
Worte aus: »*So gewiss Einfachheit, Fleiss und Thätigkeit einen vor-
herrschenden Charakterzug des schweizerischen Volkes bilden, so gewiss
wird eine eidgenössische Unterrichtsanstalt nur dann seinen Erwar-
tungen entsprechen, wenn sie möglichst dahin zu wirken sucht, dass
ihre Schüler diese gleichen Eigenschaften sich aneignen und aus der
Schule in das praktische Leben mit hinausnehmen.*«

Der Grundsatz, welcher in dieser Erklärung niedergelegt ist,
entspricht vollkommen den Anschauungen, welche in weiten Kreisen
einsichtiger und lebenserfahrener Vertreter des Erziehungs- und
Unterrichtswesens in der Schweiz herrschend sind. Es war daher
eine verständliche Erscheinung, dass derselbe in seiner Anwendung
auf die Organisation der neuen technischen Hochschule zu einer Reihe
von Bestimmungen führte, mit welchen bezweckt wurde, den Erfolg
des Studiums im Sinne jener Anforderungen möglichst sicher zu stellen.
Indem er diesen Gedanken näher ausführte, wies der Schulrathspräsident insbesondere darauf hin, dass die Behörden und die Lehrer
der Anstalt es als ihre *Pflicht* betrachten, sich vor allem Gewissheit zu
verschaffen, ob die aufzunehmenden jungen Männer die für einen
fruchtbringenden höheren technischen Unterricht erforderlichen Vorkenntnisse wirklich besitzen, und dass sie es sich zur *Gewissenssache*
machen, den Bildungsgang, die Fortschritte und die Führung der
ihnen anvertrauten Schüler zu beobachten, sie zu ernsthafter Thätigkeit und zu edlem Wetteifer anzuspornen, und in solcher Weise auch
den Eltern die Beruhigung zu gewähren, dass ihre Söhne des für die
erspriessliche Verfolgung ihrer Aufgabe nützlichen und nothwendigen
Beirathes — einer geeigneten Ueberwachung, Wegleitung und Unterstützung nicht ermangeln.

Ueber die Frage, welche besonderen Anordnungen man zur
Erreichung dieses Zieles für nothwendig erachtete, giebt das Reglement
der polytechnischen Schule, welches, obgleich es im Laufe der Jahrzehnte in mehrfacher Hinsicht Aenderungen und Erweiterungen
erfahren, doch gerade in den hier in Betracht kommenden Bestimmungen an den schon im Jahre 1854 aufgestellten Grundsätzen festgehalten hat, die unzweideutigste Auskunft.

Betrachtet man die einschlagenden Vorschriften näher, so wird man in denselben unschwer ein System von Einzelmassnahmen erkennen, welche einander bedingen und ergänzen, in ihrer Gesammtheit aber immer auf ein und dasselbe Ziel gerichtet sind und füglich unter den Begriff einer »Studienordnung« zusammengefasst werden können.

Für uns besonders wichtig und zum Verständnisse aller weiteren, später zu registrirenden Einrichtungen unentbehrlich ist die Kenntnissnahme von folgenden, hier übrigens nur abgekürzt und im referirenden Sinne, nicht im Wortlaute des Reglements wiedergegebenen Anordnungen:

1. Die Studirenden der polytechnischen Schule sind entweder *Schüler* oder *Zuhörer*. Zu den ersteren zählen alle diejenigen, welche sich an einer der 6 ersten (eigentlichen Fach-) Abtheilungen der Schule eine vollständige Berufsbildung verschaffen wollen. Ihr Verhältniss bildet die Regel. Anders bei den Zuhörern, welchen einzelne Vorlesungen an der Anstalt zu hören gestattet ist. Ihr Verhältniss bildet die Ausnahme (Art. 12).

2. Wer als *regelmässiger Studirender* eintreten will, hat u. a. den Nachweis desjenigen Grades der *Vorbildung* zu erbringen, welcher zum Verständniss der Vorlesungen erforderlich erachtet wird. Dieser Nachweis wird entweder durch die Vorlegung von Reifezeugnissen der Mittelschulen oder durch das Bestehen einer besonderen Aufnahmeprüfung geleistet (Art. 14). Zuhörer, welche Curse der ersten 6 Abtheilungen zu besuchen wünschen, haben ebenfalls den Besitz der nöthigen Vorkenntnisse darzuthun. Ausgenommen hiervon sind Männer von reiferem Alter, welche sich in ihrem Berufe theoretisch noch weiter ausbilden wollen (Art. 19).

3. Für jede der ersten 6 Abtheilungen ist ein Normal-Studienplan aufgestellt. Derselbe bestimmt die Dauer der Studienzeit bezw. die Zahl der Jahrescurse und die Vertheilung der Unterrichtsfächer mit ihrer Stundenzahl auf die einzelnen Curse. Die in diesem Plane aufgeführten Vorlesungen, Repetitorien und Uebungen sind für die regelmässigen Studirenden (Schüler) in der Regel *obligatorisch*. An den Fachschulen ist indessen vom dritten Studienjahre an die Auswahl des Unterrichtsstoffes innerhalb des Rahmens ihrer Jahrescurse frei. (Art. 15)

4. In der Einrichtung der Studienpläne herrscht das Princip eines stufenmässigen Aufbau's. Um daher die Studirenden zu einem geordneten Studiengang zu verhalten, wird das Aufsteigen derselben in höhere Curse von dem Nachweise abhängig gemacht, dass sie sich die genügende Grundlage hierfür durch Absolvirung der je vorhergehenden Curse angeeignet haben. — *Promotionen* — (Art. 45.)

5. Ein Urtheil darüber, ob und in wie weit der Studirende einen
Curs mit derart befriedigendem Erfolge zurückgelegt hat, dass er in
den nächsthöheren Curs befördert werden kann, ist nicht möglich ohne
fortgesetzte directe Beobachtung seiner Leistungen. Diese geschieht
ausser der Feststellung seines Verhaltens bei den Uebungen aller Art,
u. a. auf dem Wege regelmässig wiederkehrender und namentlich am
Schlusse des Schuljahres stattfindender *Repetitorien*. (Art. 45).

6. An allen Fachschulen wird jedem regelmässigen Studirenden
während der Studienzeit je am Schlusse eines Semesters ein *Zeugniss
über seine Leistungen* in den obligatorischen Fächern ausgestellt. Diejenigen Studirenden, welche eine Fachschule bis zum obersten Jahrescurse einschliesslich besucht haben, erhalten ein *Abgangszeugniss.*
Zuhörer können einen Ausweis über die Unterrichtsfächer, welche sie
belegt haben, und, sofern sie an den Repetitorien Theil genommen,
auch Censuren über Fleiss und Fortschritte beanspruchen. (Art. 47.)

Die vorliegende Studienordnung trägt, wie man sieht, allerdings
das Gepräge weitgehender Gebundenheit. Jedenfalls sticht sie augen-
fällig ab gegen die an den Universitäten übliche und stets gefeierte
sog. *Hör-* und *Studienfreiheit.*

Seither ist in engeren und weiteren Kreisen wiederholt die Frage
aufgeworfen worden, ob und in wie weit sich das an der polytechnischen Schule gehandhabte System rechtfertigen lasse. Von einer
Fachschule dieser Anstalt, welche 25 Jahre hindurch den Einfluss
desselben beobachten konnte, darf mit Fug und Recht erwartet werden,
dass sie sich bei dem mit Ablauf dieser Periode gegebenen Anlasse
über das Verhältniss ausspreche.

Wir gehen davon aus, dass die Einrichtungen im Sinne der
Freiheit und der Gebundenheit des Studiums je ihre Licht- und Schatten-
seiten haben, und dass von einer unbedingten Ueberlegenheit der
einen oder anderen keine Rede sein kann. Darnach beurtheilt sich
aber die Frage immer nur im Gesichtspunkte der gegebenen Verhältnisse, und ist die Beantwortung derselben gleichbedeutend mit
einer Entscheidung darüber, welches System unter bestimmt um-
schriebenen Voraussetzungen die relativ günstigsten Erfolge verspricht.
Das ist der rein praktische Standpunkt.

Verfasser bekennt vorab, seither dem Princip der Hör- und Studienfreiheit im Herzensgrunde stets sehr zugeneigt gewesen zu sein. Diese
seine Stimmung wurde hervorgerufen durch die Erwägung, dass der
Genuss freier Bewegung in ihren Einrichtungen die Studirenden mit
dem Bewusstsein der Uebernahme einer Verantwortlichkeit erfülle,
dass dieses zur Entwicklung ihres Selbstständigkeitsgefühles beitrage
und insofern einen wichtigen erzieherischen Einfluss auf sie übe. Auch

schien es ihm unter Berufung auf die Erfahrung im Grossen keineswegs gewagt, zu behaupten, dass die Hör- und Studienfreiheit vornehmlich geeignet sei, den im Drange zu selbstständiger Bethätigung aufstrebenden Talenten die Wege zu eröffnen, um sich in ihrer Eigenart auf die höchsten Stufen der Leistung emporzuschwingen, und dass auch für den Docenten eine Ermunterung in der Gewissheit liege, dass er jederzeit nur mit solchen Studirenden verkehrt, welche sich aus eigenem freien Antriebe um ihn sammeln, also zu ihm hingezogen fühlen. Dieser gewissermassen idealen Auffassung sind nun freilich mancherlei, und zwar den verschiedensten Kreisen entstammende Einwendungen nicht erspart geblieben. Und ihnen hat sich die polytechnische Schule *von ihrem Standpunkte* aus angeschlossen.

Zweifellos würden die erwähnten Argumente für die Studienfreiheit an jeder Hochschule schwer in die Wagschale fallen, wenn, ja wenn *alle* Studirenden denjenigen Grad von Urtheilsreife und Lebensernst besässen, dessen sie bedürfen, um in jedem Falle über die schwierige Frage der Auswahl des Studienganges in zutreffender Weise selbst zu entscheiden und jede Abneigung gegen ein Studium auch in Disciplinen, welche ihnen weniger anziehend und von ihnen weniger leicht zu beherrschen sind, zu überwinden, wenn somit jene offenbaren Vorzüge der Studienfreiheit absolute, und nicht zugleich von der Gefahr begleitet wären, dass eine *verhältnissmässig* grössere Zahl der Studirenden von ihr einen ungeeigneten Gebrauch macht und es in Folge dessen überhaupt nicht zu glücklichen Ergebnissen auch da bringt, wo sonst die Bedingungen hierfür vorhanden sind. Dieser Gesichtspunkt verdient nun allerdings gerade für das Studium der technischen Wissenschaften besonders betont zu werden, da dieses in Folge der Eigenart des Unterrichtsstoffes mehr wie jedes andere ein stufenmässiges Fortschreiten und daher die Befestigung der je vorhergehenden Grundlagen erfordert und, wenn es überhaupt Erfolg haben soll, Lücken, Sprünge, ein Hin- und Hertasten überhaupt nicht verträgt. Es kommt dazu, dass die Anwendung der für alle Schüler geltenden Bestimmungen nicht allein über den Nachweis der erforderlichen geistigen Reife bei der Aufnahme, sondern auch über das Aufsteigen in höhere Curse einen Grad von *Gleichmässigkeit* der Vorbildung bei allen Studirenden gewährleistet, welcher ein für alle Mal der Gefahr vorbeugt, dass der Docent entweder von einem Theile der Zuhörer nicht verstanden wird oder, um von allen verstanden zu werden, das wissenschaftliche Niveau seines Vortrages herabsetzen muss.

Auf den ersten Blick mögen die bestehenden Einrichtungen den Gedanken erwecken, dass dieselben gegen das in der Schweiz so hoch gehaltene Princip der persönlichen Freiheit verstossen. Mit diesem

Einwande kommt man aber am Wenigsten weit bei Denjenigen, welchen es widerstrebt, mit dem Begriffe der Freiheit den der Willkühr zu verbinden, und welche wohl mit vollem Rechte den Grundsatz vertreten, dass die wahre Freiheit, die Freiheit im edelsten Sinne des Wortes, nur in einem ausgeprägten Pflichtbewusstsein wurzeln kann, und dass die jungen Männer, welche zur Freiheit erzogen werden sollen, vor allem und früh gewöhnt werden müssen an treue *Pflicht-erfüllung.*

Man hat gelegentlich auch die Studienordnung an der polytechnischen Schule den Einrichtungen an den Universitäten gegenübergestellt, in der Meinung, dass das, was diesen fromme, jener nicht unzuträglich sein könne. Für einen derartigen Vergleich ist die Frage der Aufnahmebedingungen von vornherein gegenstandslos, da ja die Universitäten bei der Immatriculation nur ausnahmsweise und unter dem Vorbehalt von Rechts-Einschränkungen auf den Nachweis der Maturität zu verzichten pflegen. Sonach kann es sich nur noch um die Bedeutung der Cursordnung und der Zwischenprüfungen handeln. Bei der Beurtheilung dieser Massnahmen wird jedoch meist nicht genügend berücksichtigt, dass in manchen Lehrdisciplinen der Universitäten der Erfolg des Studiums nicht in gleichem Maasse das Einhalten einer gebundenen Marschroute voraussetzt, wie das der Natur der Sache nach in den Gewerbewissenschaften der Fall, dass aber die Universitäten im Uebrigen nicht unterlassen haben, durch Einführung besonderer Institutionen indirect das Ziel zu erreichen, welches eine strengere Studienordnung im Auge hat. Die Einrichtungen in der medicinischen Facultät mit ihren Uebergangsprüfungen (Propädeuticum und Anatomicum) sind beweiskräftig hierfür. Bei der Berufung auf die Verhältnisse an den Universitäten darf aber auch nicht übersehen werden, dass die an diesen studirenden jungen Männer, meist Aspiranten des öffentlichen Dienstes, ihr Studium mit einer strengen Prüfung abzuschliessen haben, von deren Bestehen ihre ganze Zukunft abhängt, hierin aber eine stärkere Triebfeder zu planmässiger Studienarbeit liegt, als sie die Einsicht der Studirenden in ihre Aufgabe allein zu gewähren vermöchte, indessen das Verhältniss bei den Studirenden der Gewerbewissenschaften meistens und wenigstens in so weit anders liegt, als dieselben sich nicht für öffentliche Aemter oder für Stellungen im Dienste des Grossbetriebes der Industrie oder der Landwirthschaft vorzubereiten, vielmehr die Aussicht haben, ihren Beruf als *selbstständige* Unternehmer auszuüben und in dieser Anwartschaft jeden anderen Antriebes als des der eigenen Initiative entbehren.

Von den einzelnen Vorschriften der Studienordnung sind es bekanntlich die von dem Curssysteme einmal unabtrennbaren Repetitorien oder Zwischenprüfungen, welche am meisten Anlass zu Bedenken und Einwendungen geben. In dieser Hinsicht wird aber nicht immer objectiv geurtheilt und nur zu oft die äussere Erscheinungsform gegen das innere Wesen, gegen das Princip in's Feld geführt. Wenn man darauf hinweist, dass die häufigen Repetitorien denn doch allzu sehr an eine schulmässige Behandlung des Unterrichtes anklingen, so ist daran zu erinnern, dass facultative Repetitorien auch an den Universitäten vorkommen, und dass, wo dies der Fall, sich die Studirenden im eigenen Interesse gerne zu denselben einzufinden pflegen, ebenso, dass die in neuerer Zeit an allen Facultäten so sehr in Aufnahme gekommenen Seminare doch auch zugleich dem Charakter der Repetitorien gar nicht so ferne stehen. Wir wollen nicht davon reden, dass der Studirende, welcher pflichtgemäss arbeitet, auch ein obligatorisches Repetitorium absolut nicht zu scheuen braucht, dem pflichtvergessenen Studirenden aber eine Erinnerung, welche doch in jedem Prüfungsergebnisse liegt, niemals schadet — uns auch nicht auf die keineswegs vereinzelt dastehende Erfahrung steifen, dass die Studirenden sich gelegentlich bei dem einen oder anderen Docenten um eine häufigere Veranstaltung von Repetitorien geradezu bewarben. Die Repetitorien bedeuten zugleich regelmässige Rechenschaftsablagen über den Lehrerfolg, aus welchen Studirende und Docenten Nutzen ziehen. Sie geben diesen Gelegenheit, Lücken im Verständnisse der Zuhörer für den Inhalt der Vorlesungen in geeigneter Weise auszufüllen, einzelne wichtige Seiten desselben schärfer hervorzuheben oder weiter auszuführen, auch die Studirenden zu selbstständiger Behandlung der vorgelegten Fragen anzuleiten, und in diesem Sinne fördern sie den geistigen Verkehr zwischen Lehrern und Lernenden. Uebrigens bleibt in jedem Falle zu erwägen, dass der Verpflichtung zum Besuche der Repetitorien auch eine *Berechtigung* in Form des Anspruches auf ein Leistungszeugniss gegenübersteht, diese Berechtigung aber gegenstandslos wird, wenn die Bedingung für sie, die Möglichkeit der Feststellung der Leistung, fortfällt.

Darf man hiernach den erwähnten Institutionen für die Lehraufgabe der polytechnischen Schule in der That eine schwerwiegende Bedeutung zuerkennen, so ist doch gewiss ebenso richtig, dass der schliessliche Erfolg nicht von der Einrichtung an sich, sondern ganz hauptsächlich von der Art ihrer Handhabung bedingt ist. Es bezieht sich das sowohl auf die Cursfolge wie auf die Repetitorien.

Indem sie eine strenge Studienordnung vorschreibt und somit die Studirenden von der Pflicht der Sorge für die Wahl und die Einhaltung eines geeigneten Studienganges entbindet, übernimmt die Schule in dieser Hinsicht allerdings zugleich die alleinige und eine *schwere* Verantwortlichkeit. Da braucht es viele Vorsicht und Umsicht, um die Gefahr zu vermeiden, dass dem einmal gebundenen Studirenden einerseits die Gelegenheit, seine Kräfte in der für ihn geeignetsten und von ihm zu bevorzugenden Richtung mit besonderer Intensität zu entfalten, verkürzt oder vorenthalten, und dass er andererseits mit Aufgaben, welche für die Erreichung seiner Zwecke weniger relevant sind, überbürdet, und dass somit seine Entwicklung auf den für ihn erfolgverheissendsten Bahnen gehemmt und sein Freudgefühl und seine Hingebung für die Studien herabgestimmt oder vollends gestört werde. Es dünkt uns daher ein einleuchtender Grundsatz zu sein, dass die gebundene Studienordnung den Kreis der Studien-*Verpflichtungen*, so weit es mit den Unterrichtszwecken irgend vereinbar, also thunlichst einschränken müsse.

Die Erfahrung lehrt, dass die Studirenden die Gebundenheit an die Repetitorien je nach der Art und Weise, wie diese gehandhabt werden, sehr ungleich empfinden. Auch das ist eine wohl verständliche Erscheinung. Wir sehen hier einmal ab von der Frage der Häufung der Repetitorien in den verschiedenen Fächern, eines Verhältnisses, welches lediglich davon abhängt, wie die einzelnen Docenten über die Tragweite eines öfteren directen Verkehrs mit ihren Studirenden für die Lehr-Erfolge denken, und erinnern hier nur an die Methode der Abhaltung der Repetitorien. Nehmen diese — und darauf sind die Docenten doch wohl regelmässig bedacht — statt eines allzu straffen Frage- und Antwortwechsels, eines gewissermassen katechetischen Verfahrens, mehr die Form von Colloquien oder Conversatorien oder Disputatorien an, gestaltet man sie je nach der Natur des Unterrichtsstoffes gleichsam zu einer seminaristischen Uebung, so lässet sich der Zweck derselben vollends erreichen, ohne dass das Feingefühl der Studirenden für eine ihrer Lebensstellung, ihrer Altersstufe und ihrer geistigen Reife entsprechende Behandlung verletzt und schliesslich gar in ihren Kreisen eine Verstimmung hervorgerufen wird, welche der Bedeutung der Institution selbst Abbruch thut. Beweise dafür, dass Schwierigkeiten und Härten dieser Art völlig überwunden werden können, sind aus den seitherigen Beobachtungen an der polytechnischen Schule leicht zu erbringen.

Wenn man schliesslich die Frage stellt, in welchen Thatsachen der Erfolg der bislang geübten Praxis der Studienordnung zu Tage trete, nun so darf man wohl behaupten, dass das bestehende System vermochte, bei starker Herabminderung der Fälle von Studien-Entgleisungen eine hohe Leistungsstufe im Durchschnitt einer relativ grossen Zahl von Studirenden zu erreichen. — Es mag hier unerörtert bleiben, ob dieses Ergebniss für die Gesammtheit weniger wiege, als

ein Facit mit leuchtenden Erfolgen einer verhältnissmässig geringen
Zahl gegenüber einer Häufung von Fällen, in welchen es die Studirenden überhaupt nicht zu glücklichen Ergebnissen gebracht.

Die landwirthschaftliche Schule des eidgen. Polytechnikums hat
alle Ursache, den Einfluss der bestehenden Studienordnung zu schätzen,
zumal ihr inzwischen einige durch neuere reglementarische Bestimmungen statuirte Einrichtungen zu Statten gekommen sind, welche
dazu dienten, ohne Beeinträchtigung des Grundprincipes den Studirenden
eine freiere Bewegung einzuräumen. Diese Concessionen bestehen
darin, dass an allen Fach-Abtheilungen die Auswahl des Unterrichtsstoffes innerhalb der Jahrescurse vom dritten Studienjahre an freigegeben wurde, und dass speciell an der landwirthschaftlichen Schule
für Ausnahmsfälle Erleichterungen sowohl hinsichtlich des Studienplanes wie selbst der Einhaltung der Jahresfolge gewährt werden
können. Auf letztere, uns besonders angehende Bestimmung werden
wir an späterer Stelle noch näher einzutreten haben.

Indessen drängt sich uns in dem Rückblicke auf diese Erfahrungen doch noch eine besondere Betrachtung auf. An den auswärtigen landwirthschaftlichen Hochschulen, namentlich denjenigen Deutschlands, bestehen meist keine strengen Vorschriften über die Aufnahme
von Studirenden. Entweder ist allda von dem Nachweis einer bestimmten
Vorbildung überhaupt nicht die Rede, oder, wo dies der Fall, sind
die Anforderungen keineswegs weitgehender Art. So z. B. wird von
den landwirthschaftlichen Hochschulen, welche Universitätsinstitute
sind oder an Universitäten anlehnen, behufs der Immatriculation ein
Maturitätszeugniss nicht verlangt und nur die Zurücklegung einer
gewissen Vorbereitungsstufe, wie z. B. derjenigen, welche für den
einjährig-freiwilligen Militärdienst erforderlich ist, vorausgesetzt. Im
Uebrigen huldigen alle diese Anstalten dem Grundsatze der Freiheit
des Studiums. Diese Einrichtungen haben sich in den betheiligten
Kreisen eingelebt, und man denkt allda kaum daran, dass das anders
sein könne. Darnach ist es aber auch erklärlich, dass es den studien-
beflissenen jungen Landwirthen in den Ländern, deren Fach-Hoch-
schulen ihnen Aufnahme-Erleichterungen und Studienfreiheit gewähren,
nicht gerade sehr einladend erscheinen mag, sich behufs ihrer wissenschaftlichen Ausbildung einer fremden Anstalt anzuvertrauen, welche
sie an eine bestimmte Studienordnung bindet, und dass daher die
landwirthschaftliche Schule des eidgen. Polytechnikums auf einen
starken Zuzug von Studirenden aus jenen Ländern verzichten musste.
Verfasser hat in der langen Reihe von Jahren seiner Functionen auch
als Abtheilungsvorstand Gelegenheit gehabt, diese Thatsache und ihre
Gründe durch das negative Ergebniss zahlreicher Correspondenzen

mit jungen Landwirthen zu bestätigen, welche ihm ihre Neigung und
Absicht, in unsere Anstalt einzutreten, zu erkennen gaben und ihn
zu diesem Zwecke um Auskunft über die diesseitigen Einrichtungen
ersuchten. Sodann aber gehört noch eine andere, sehr gewichtvolle
Erfahrung hierher. Wie wir an späterer Stelle sehen werden, darf
die landwirthschaftliche Schule des Polytechnikums es als einen hervortretenden Erfolg verzeichnen, dass eine verhältnissmässig sehr
grosse Zahl ihrer Studirenden den Cursus vollständig absolvirt, d. h.
den Studienzwecken einen hohen Aufwand an Zeit gewidmet, und
dass von denjenigen Studirenden, welche jenes Ziel erreichten, wiederum
ein sehr grosser Theil sich der Diplomprüfung mit Erfolg unterzogen
hat. Für uns steht es ausser allem und jedem Zweifel, dass weder
ein absolut noch relativ gleich günstiges Ergebniss erzielt worden
wäre, wenn die Schule nicht an der bestehenden Studienordnung festgehalten, wenn sie ihre Schleusen nach allen Richtungen geöffnet,
und wenn in Folge dessen auch die Frequenz sich um Vieles, selbst
um das Mehrfache gesteigert hätte.

---

2. Aufnahmebedingungen.

Für das Verfahren bei der Aufnahme von Schülern und Zuhörern
an das eidgen. Polytechnikum sind die Bestimmungen des betreffenden
Regulativs vom 24. November 1881 massgebend. Dieselben finden
auch Anwendung auf die *landwirthschaftliche Schule.*

Indem wir hinsichtlich der Einzelheiten auf die bestehenden
allgemeinen Vorschriften verweisen, beschränken wir uns hier auf eine
kurze Darlegung der für den Landwirth wichtigsten Anordnungen.

Wer als *regelmässiger Studirender* eintreten will, hat eine schriftliche Anmeldung an den Director des Polytechnikums einzusenden,
welche enthält: Name und Heimathsort des Angemeldeten, die Bezeichnung der (landw.) Abtheilung und des Jahrescurses, in welche er aufgenommen zu werden wünscht, die Bewilligung der Eltern oder des
Vormundes und die genaue Adresse derselben.

Der Anmeldung sind beizulegen:

1. Ein Ausweis über das zurückgelegte 18. Altersjahr;

2. ein Maturitätszeugniss oder möglichst vollständige Zeugnisse über die Vorstudien;

3. ein befriedigendes Sittenzeugniss, insofern dasselbe nicht
   in den Studienzeugnissen enthalten ist;

4. ein Heimathschein oder ein mit demselben gleichbedeutender Ausweis über die Heimathzuständigkeit.

Auf Grundlage dieser Anmeldungsschriften entscheidet der Präsident des Schulrathes auf den Antrag des Directors über sofortige Aufnahme des Bewerbers oder dessen Zulassung zur Prüfung.

Zum Eintritt in den ersten Jahrescurs ohne Aufnahmeprüfung berechtigen die Reifezeugnisse derjenigen schweizerischen Mittelschulen (Realschulen und Gymnasien), welche zu diesem Zwecke mit dem schweizerischen Schulrathe Verträge abgeschlossen haben, sowie die durch den Präsidenten des Schulrathes in Verbindung mit dem Director als gleichwerthig anerkannten Zeugnisse auswärtiger Schulen.

Für Aspiranten, welche keine anerkannten Maturitätszeugnisse besitzen, wird unmittelbar vor Beginn des Schuljahres eine Aufnahmeprüfung abgehalten.

Theilweiser Erlass der Aufnahmeprüfung kann solchen Aspiranten, welche Reifezeugnisse von nicht anerkannten Mittelschulen (Realschulen oder Gymnasien) beibringen, und *gänzlicher Erlass* kann Aspiranten reiferen Alters, welche in der Praxis mit Erfolg thätig waren, bewilligt werden.

Zum Eintritt in höhere Curse ist ausser den erforderlichen Fachkenntnissen der Besitz der allgemeinen Bildung nach Massgabe der betr. Bestimmungen des Regulativs durch Zeugnisse oder Prüfung, sowie das entsprechende höhere Alter nachzuweisen. —

In dem Abschnitte über die Gründung unserer landwirthschaftlichen Schule wurde erwähnt, dass die Behörden in dem Entwurfe für die Organisation der Anstalt unter den Bedingungen für die Aufnahme von Studirenden auch den »Ausweis über den Besitz derjenigen praktischen Erfahrungen und Kenntnisse, wie sie an einer der bestehenden Ackerbauschulen oder in einer rationell betriebenen Gutswirthschaft erworben werden können«, aufgeführt haben, und dass eine solche Anordnung schliesslich auch in der bundesräthlichen Botschaft vorgesehen war. Zur Zeit, als die Schule in's Leben trat, mussten auf diese zunächst die bestehenden allgemeinen Vorschriften über die Aufnahme Anwendung finden. In dem Regulativ war aber für keine Abtheilung des Polytechnikums eine Bestimmung erwähnter Art enthalten. Zu einer Nachtrags-Verfügung für die landwirthschaftliche Abtheilung konnte man sich nicht entschliessen, und als das Regulativ im Jahre 1881 revidirt wurde, verzichtete man auf Grund näherer Informationen auf jede Zusatzbestimmung über den Ausweis praktischer Vorschulung für die Aufnahme von Studirenden der Landwirthschaft. Und man that offenbar wohl daran. Die gute Absicht, welche sich in jenem Vorschlage ausdrückte, muss zwar anerkannt werden. Zweckmässig war derselbe gleichwohl nicht. Die Forderung setzt nämlich voraus, dass der Erfolg des landwirthschaftlichen Studiums unter allen Umständen durch die Zurücklegung einer diesem Studium vorausgehenden praktischen Lehrzeit bedingt sei. Das trifft zwar für die grosse Mehrzahl, durchaus aber nicht für alle Fälle zu. Bei gleicher Durchbildung in den grundlegenden Wissenschaften wird allerdings der praktisch tüchtig geschulte Landwirth die Bedeutung der in den Fachdisciplinen entwickelten Lehrsätze leichter und sicherer erfassen, auch im Allgemeinen für deren Inhalt mehr Interesse an den Tag legen, wie der praktisch ganz unvorbereitete. Das ist zweifellos ein sehr wichtiger Gesichtspunkt. Eine unbedingt ausschlaggebende Bedeutung kann demselben jedoch nicht zuerkannt werden. Denn es ist ebenso ausgemacht, dass der Uebergang zu einem intensiven wissenschaftlichen Studium dem unmittelbar von der Vorbereitungsschule kommenden Landwirth leichter wird, als demjenigen, welcher schon längere Zeit in praktischer Richtung thätig und in diese eingewöhnt war, ebenso, dass die praktische Lehre und Uebung um so ergiebiger ausfällt, je mehr der junge Landwirth schon durch ein Studium in den Wissenschaften seines Faches zu richtiger Beobachtung und zur Erkenntniss des inneren Zusammenhanges seiner Wahrnehmungen befähigt wurde. Ob nun der angehende Landwirth richtiger handelt, wenn er von der vorbereitenden Mittelschule direct zum Fachstudium übergeht, oder wenn er vorerst einen praktischen Cursus zurücklegt, das hängt von seiner Altersstufe, seiner ganzen früheren Erziehungsweise, seiner praktischen Beanlagung und insbesondere davon ab, ob er ländlichen, d. i. landwirthschaftlichen oder städtischen, also ausserlandwirthschaftlichen Kreisen entstammt. Auf die Entscheidung passt also keine Schablone.

Aber selbst dann, wenn man Grund hätte, ausnahmslos Werth darauf zu legen, dass dem Studium eine praktische Lehrzeit vorausgehe, so kann man doch der Hochschule nicht zumuthen, im gegebenen Falle den Erfolg einer solchen Praxis festzustellen. Der Nachweis der Zurücklegung einer bestimmten Lehrzeit giebt keinen genügenden Aufschluss hierüber, da die Erlangung einer gehörigen praktischen Uebung in erster Linie von der Tüchtigkeit des Principales abhängt, der gleiche Zweck also in einen Falle schon in kürzerer, im anderen erst in längerer Zeit erreicht wird. Und schwierig wird die Aufgabe immer aus dem Grunde bleiben, weil der Begriff der Praxis verschieden gedeutet, insbesondere die Einübung in gewisse manuelle Handgriffe häufig als massgebend betrachtet zu werden pflegt. In diesem Verhältnisse wurzeln aber viele Irrthümer. Denn die Handfertigkeit in gewissen Arbeiten, so nothwendig wie sie auch ist, bildet doch immer nur ein Theilstück der Praxis der Landwirthschaft, und wenn man diese in ihrem ganzen Umfange betrachtet, dann ist es recht schwer, fast unmöglich, im Einzelfalle über die praktische Durchbildung eines jungen Landwirths ein Urtheil abzugeben, ohne dessen Verhalten im Betriebsleben selbst fortgesetzt beobachtet zu haben.

Alsbald nach Eröffnung der landwirthschaftlichen Schule griff der Schweizer. Schulrath den Gedanken auf, auch mit den bestehenden Ackerbauschulen im Strickhof (Zürich) und auf der Rütti (Bern) zum Zwecke der Regelung der Aufnahme von jungen Landwirthen, welche diese Anstalten absolvirt haben, ein Vertragsverhältniss anzubahnen, wie es zwischen ihm und mehreren schweizerischen Mittelschulen bestand. Dabei ging er in Uebereinstimmung mit den hierüber entwickelten Ansichten der Docenten von der Erwägung aus, dass es diesen Anstalten nicht schwer fallen dürfte, ihren Schülern die von der landwirthschaftlichen Abtheilung des Polytechnikums verlangte Vorbildung dann zu verschaffen, wenn sie den Unterricht in nur einigen Fächern, so insbesondere in Mathematik und Physik, angemessen erweitern. Der hinreichend motivirte Vorschlag wurde in der Verhandlung mit dem damaligen Director des Departements des Innern des Kantons Zürich, Regierungsrath C. *Walder,* von diesem mit dem allerdings nicht ganz unbegründeten Einwande abgelehnt, dass die Ackerbauschule im Strickhof die Bestimmung trage, jungen Landwirthen des bäuerlichen Standes eine abschliessende Fachbildung zu geben, nicht aber ein »Vorcurs für das Polytechnikum« zu sein. Eine entgegenkommendere Haltung nahm der Director des Departements des Innern des Kantons Bern, Regierungsrath C. *Bodenheimer,* ein; indessen führten auch hier die Verhandlungen nicht zu einem positiven Ergebnisse. So geschah es denn, dass man sich, nachdem einige Jahre hindurch eine zuwartende Stellung eingenommen worden, und inzwischen Gelegenheit gegeben war, zu bestätigen, dass die Ackerbauschulen auf eine Ausdehnung des theoretischen Unterrichtes Bedacht genommen hatten, unter Verzicht auf ein besonderes Abkommen dazu verstand, die Absolventen jener Fachschulen, sofern dieselben sich als tüchtig bewährt haben, ohne Vorprüfung aufzunehmen. Selbstverständlich fand dieser Entscheid auch Anwendung auf die später gegründete Ackerbauschule in Cernier (Neuenburg). Die gleiche Frage ist aber bislang gegenüber den inzwischen entstandenen landwirthschaftlichen Winterschulen eine noch offene gebliebene, wiewohl Ausnahms-Fälle zu verzeichnen sind, in denen man sich dazu entschloss, früheren Angehörigen dieser Anstalten in Würdigung ihrer besonderen Verhältnisse — Besitz ausgezeichneter Zeugnisse von der Vorbereitungs- und der Fachschule, vorgerücktes Alter, Zurücklegung einer längeren Praxis — die Aufnahmeprüfung ebenfalls zu erlassen. Sodann aber hat die landwirthschaftliche Schule aus Gründen der Reciprocität kein Bedenken getragen, jungen Männern, welche bereits an auswärtigen landwirthschaftlichen Hochschulen studirt haben, auf Grund genügenden Ausweises hierüber den Eintritt in den ihrer zurückgelegten Studienzeit entsprechenden Curs zu gewähren.

Auf diesen Erwägungen und Erfahrungen beruht die nachfolgende, in das im Jahre 1881 revidirte Aufnahme-Regulativ eingeschaltete Bestimmung:

»Behufs Aufnahme in die landwirthschaftliche Abtheilung wird denjenigen Aspiranten die Prüfung erlassen, welche zufriedenstellende Zeugnisse aus tüchtigen Vorbereitungsschulen (auch Ackerbauschulen) oder genügende Zeugnisse über Studien an anderen höheren landwirthschaftlichen Anstalten vorweisen, oder endlich längere Zeit sich der landwirthschaftlichen Praxis gewidmet haben.«

Die Schlusswendung in dieser Bestimmung ist übrigens, wie ersichtlich, nur eine Wiederholung der unmittelbar vorangegangenen allgemeinen Vorschrift über den »gänzlichen Prüfungserlass«.

Ueber die Anordnung der *Aufnahme-Prüfungen* giebt das mehrerwähnte Regulativ nähere Auskunft. —

Mehrfach geschah es, dass Aspiranten, welche sich Behufs Aufnahme in die landwirthschaftliche Schule der Prüfung zu unterziehen hatten, ihre Anmeldung mit dem Gesuche um Dispens von dem Examen in analytischer und in darstellender Geometrie begleiteten. Verfasser ist in der Lage, bestätigen zu können, dass derartigen Anliegen regelmässig dann, wenn die Bewerber sich im Uebrigen auf günstige Zeugnisse stützen konnten, und überhaupt ihre seitherige Lebensstellung alle Bürgschaft für Bethätigung des nöthigen Studienernstes zu gewähren schien, entsprochen wurde.

Der Besuch der Vorlesungen und Uebungen der Freifächer-Abtheilung ist gegen Entrichtung des Honorars ohne weitere Einschränkung Jedem gestattet, welcher das 18. Altersjahr zurückgelegt hat und ein genügendes Sittenzeugniss vorweisen kann. Ueber Zulassung von Zuhörern, welche einzelne Curse der landwirthschaftlichen Schule zu besuchen wünschen, entscheidet der Director nach Einholung eines Gutachtens des betreffenden Professors im Einverständniss mit dem Präsidenten des schweizerischen Schulrathes.

Wir können uns von dem vorliegenden Gegenstande nicht verabschieden, ohne noch einer sehr bemerkenswerthen Erfahrung zu gedenken. Von den Schweizer. jungen Landwirthen, welche seither in unsere Anstalt aufgenommen wurden, hatte eine grössere Anzahl ihre Vorbildung an inländischen Ackerbauschulen empfangen, in welche sie nach Zurücklegung der Secundar- oder Bezirksschule oder mehrerer Classen der Kantonsschule eingetreten waren. Dieselben standen meist in etwas vorgerückteren Altersstufen und hatten sich fast ohne Ausnahme, abgesehen von der Zwischenbeschäftigung mit praktischen Arbeiten an der Fachschule, bereits einige Zeit in der Ausübung der Landwirthschaft bethätigt. Letzteres gilt namentlich von denjenigen, welche aus dem landwirthschaftlichen Stande hervorgegangen, dessen eigenartige Verhältnisse und Obliegenheiten schon von früher Jugend an durch eigene Anschauung und Uebung kennen gelernt haben. Daneben zählte die Anstalt auch einige Studirende, welche nach Zurücklegung nur einer Secundar- oder Bezirksschule und dann eines mehrjährigen strengen praktischen Dienstes sich die zum Bestehen der Aufnahme-Prüfung nöthige Vorbereitung lediglich auf dem Wege privater Curse verschaffen mussten. Verfasser bekennt hier ausdrücklich, dass unter allen diesen jungen Fachmännern kaum ein einziger war, welcher den Anforderungen unserer höheren Schule nicht durchaus entsprochen hätte, und dass eine stattliche Zahl derselben es geradezu zu hervortretenden Leistungen gebracht hat.

Dieses Ergebniss ist im pädagogischen Gesichtspunkte höchst bemerkenswerth, da ja von vornherein feststeht, dass die allgemeine Vorbildung, welche diese jungen Männer mitbrachten, im Durchschnitte nicht der Stufe gleichkommt, welche die Abiturienten der Mittelschulen (Realschulen und Gymnasien) erreichen. Wir sind freilich keineswegs zu der Behauptung berechtigt, dass jeder Ackerbauschüler, welchem seine Fachschule ein gutes Zeugniss ausstellen konnte, schon um desswillen ein tüchtiger Studirender der Landwirthschaft werde, so wenig, wie ein praktisch geschulter junger Landwirth, welcher die Aufnahmeprüfung bestand, eine solche Aussicht schon aus dem Grunde gewährt, weil er eben ein geübter Praktiker ist. Wenn aber angehende Landwirthe, welche in der einen oder anderen Weise vorbereitet wurden, sich noch im Alter von 19—22 und oft mehr Jahren zu einem 2—3-jährigen Studium des Faches an der Hochschule aufraffen, dann darf man voraussetzen, dass ausser dem erworbenen Kenntnissbesitz noch andere Triebfedern gewirkt haben, um sie zu einem solchen Schritte zu bestimmen. Und diese liegen in ausgeprägten moralischen Qualitäten, in einer ernsten Erfassung der Berufsaufgabe, einem unerschütterlichen Vertrauen in die eigene Leistungskraft, einer unbeugsamen Willensstärke und in einem mächtigen inneren Drange zur Verfolgung höherer Lebensziele. Das sind brave, gefestigte und ausdauernde Naturen, welche auch vor den grössten Schwierigkeiten nicht zurückzuschrecken pflegen und sich ungeachtet dieser zu sehr ansehnlichen Studienerfolgen emporzuarbeiten vermögen. Unsere Schule verzeichnet überraschende Beispiele dieser Art, und sie darf behaupten, dass dieselben als Vorbilder eines gediegenen redlichen Strebens und Schaffens einen durchaus günstigen Einfluss geübt und wesentlich mit dazu beigetragen haben, dass ihr ein guter Geist erhalten blieb. —

3. Lehrplan.

Nachdem der Schweizer. Schulrath im Laufe der Jahre 1870 und 1871 Schritte zur Gewinnung der nach dem vorliegenden Organisations-Entwurfe erforderlichen Lehrkräfte gethan hatte, und diese soweit berufen waren, dass die Eröffnung der landwirthschaftlichen Schule auf den Beginn des Schuljahres 1871/72 festgesetzt werden konnte, drängte sich auch die Aufgabe in den Vordergrund, einen Lehr- und Studienplan für die neue Anstalt aufzustellen. Zu diesem Behufe berief die Behörde im Mai 1871 eine Special-Commission, mit dem Auftrage, den Entwurf zu einem Lehrplane auszuarbeiten. Diese Commission bestand aus den Professoren *E. Landolt, C. Cramer* und *A. Krämer,* von welchen letzterer zugleich als Vorsitzender und Berichterstatter bezeichnet wurde. Dieselbe behandelte ihre Aufgabe in mehreren Sitzungen und gelangte dabei zu einer vollständigen Einigung über alle vorzugsweise in Betracht kommenden Fragen.

Wir lassen nunmehr einen Ueberblick über die Ergebnisse der Berathungen und Anträge folgen, gleich hier beifügend, dass letztere vollinhaltlich vom Schweizer. Schulrathe genehmigt wurden. Dabei erscheint es uns der Sache nur dienlich, wenn wir mit dieser Darstellung zugleich einen Nachweis über die im Laufe der Jahre eingetretene weitere Ausgestaltung des Lehrplanes verbinden.

Die Bildungsziele der neuen Schule waren im Sinne unserer Ausführungen (S. 49 ff.) festgestellt, ebenso, wenigstens in allgemeinen Umrissen, die Lehrgebiete und die Art der Vertretung derselben. Auch musste vorläufig an der Dauerzeit des Cursus von 2 Jahren festgehalten werden. Darnach erschien die Aufgabe der Commission scharf umschrieben.

Zunächst handelte es sich um die Frage der zeitlichen Vertheilung der Grund- und der Fachwissenschaften in dem Rahmen des ganzen Cursus. Hierüber war man ohne Weiteres im Klaren. Von einem Studienerfolge kann gar keine Rede sein, wenn nicht die grundlegenden Disciplinen den eigentlichen Fachgegenständen vorangestellt werden. Es ist beispielsweise ein innerer Widerspruch, den Studirenden

6

zuzumuthen, die Lehre vom Pflanzenbau zu hören, bevor sie sich in der allgemeinen und speciellen Botanik, der Pflanzenphysiologie, der Klimalehre, der Bodenkunde und der Agriculturchemie gründlich unterrichtet haben, und die Pflanzenphysiologie, Klimatologie, Bodenkunde und Agriculturchemie können wiederum nicht anders völlig verstanden werden, als auf Grundlage von Kenntnissen in Physik, allgemeiner Chemie, Petrographie und Geologie. Ebenso muss es als unzulässig bezeichnet werden, ihnen Thierproductionslehre und Gesundheitspflege der Hausthiere vorzutragen, bevor sie Zoologie und Anatomie und Physiologie des Thierkörpers studirt haben, indessen letztere Disciplin wiederum eine ausreichende Schulung in Physik und Chemie voraussetzt. In dem gleichen Bilde stellt sich das Verhältniss der landwirthschaftlichen Betriebslehre zu den Wirthschaftswissenschaften dar. Demgemäss wurde denn auch festgestellt, dass das erste Studienjahr vornehmlich den Grundwissenschaften, das zweite dagegen den Fachwissenschaften gewidmet sein solle. Eine aus pädagogischen Rücksichten zu rechtfertigende Ausnahme liess man nur für eine einleitende Vorlesung über die allgemeinen Grundlagen und die wirthschaftliche Stellung des landwirthschaftlichen Gewerbes zu, da man es zweckmässig fand, dass dem Vorstand der Schule, welchem dieser Lehrgegenstand zugedacht war, Gelegenheit gegeben werde, mit den Studirenden des Faches schon vom Tage ihres Eintrittes in die Anstalt in nähere persönliche Beziehungen zu treten. Diese Anordnung hat sich in der Folge bewährt.

Unter den *Grundwissenschaften* kam zunächst die *Mathematik* in Frage. Sowohl in Würdigung der Bedeutung dieser Disciplin als formales Bildungsmittel, wie in Rücksicht auf die Förderung der Studien in Naturwissenschaften und namentlich in Physik, sodann aber auch auf die unmittelbar praktischen Zwecke des Unterrichtes im Feldmessen und Nivelliren und selbst in der Betriebslehre glaubte man der Mathematik unbedingt eine Vertretung im Normal-Lehrplane einräumen zu sollen. Zu diesem Behufe wurde eine für die land- und forstwirthschaftliche Schule gemeinsame Vorlesung über dieses Fach projectirt und eingeführt. Nachdem dieselbe mehrere Jahre gegeben war, nahm man wieder von ihr Abstand, um sie ganz fallen zu lassen. Es geschah dies wesentlich aus dem Grunde, weil man fand, dass es schwer hielt, ein für *alle* Studirenden beider Abtheilungen gleichgeeignetes und ergiebiges Pensum aus dieser Disciplin herauszuschneiden und den gegebenen Bedürfnissen gemäss zu behandeln, und weil sich bald ergab, dass sich die Studienverpflichtungen der Landwirthe in der von vornherein eng bemessenen Dauer des Cursus in einem Grade häuften, welcher eine besonders eingehende Pflege der mathematischen Fächer nicht mehr gestattete. Darnach wurde es denjenigen Studirenden der Landwirthschaft, welche bei ihrem Eintritte in mathematischer Richtung nicht genügend vorgebildet waren, anheimgestellt, die etwa vorhandenen Lücken durch Benutzung des betreffenden Unterrichtes an dem Vorcurs und, nachdem dieser aufgehoben worden war, an der Freifächer-Abtheilung des Polytechnikums, oder durch private Nachhülfe auszufüllen. Seitdem ist der mathematische Unterricht aus dem Lehrplane der landwirthschaftlichen Schule vollends ausgeschieden worden, also das gleiche Verhältniss eingetreten, welches damals an der chemisch-technischen Schule bestand und heute noch an der pharmaceutischen Section derselben besteht.

Das hier erwähnte Verhältniss legt übrigens den Gedanken nahe, dass unsere Ackerbauschulen, nachdem ihnen die landwirthschaftliche Abtheilung des Polytechnikums schon frühzeitig in liberalster Weise entgegengekommen ist, und nachdem so manche der von ihnen vorgebildeten jungen Landwirthe sich durch den Besuch unserer Anstalt die Wege zur Erlangung einer angesehenen Lebensstellung gebahnt haben, denn doch wohlthun würden, künftighin im Interesse derjenigen ihrer Angehörigen, welche an das Polytechnikum übertreten wollen, und sei es auch nur durch besondere, für diese berechnete und verbindliche Curse, den Unterricht in Mathematik und Physik eingehender zu pflegen, und somit zu erwirken, dass denselben das Studium an unserer Hochschule von vorneherein nicht allzusehr erschwert werde. Wir sind dessen gewiss, dass diese jungen Männer es für immer dankend anerkennen werden, wenn die Ackerbauschulen sich darauf einrichten wollten, ihnen in solcher Weise in der Erfüllung ihrer Studienaufgabe förderlich zu sein.

Ein zweites und sehr hervorragendes Glied in der Reihe der Grunddisciplinen bilden die *Naturwissenschaften*. Was diese für das landwirthschaftliche Studium zu bedeuten haben, soll hier nicht im Einzelnen dargelegt werden. Die ganze Productionslehre ruht auf ihnen, und durch diese schöpft mittelbar auch die Betriebslehre aus ihnen. Von allen Gewerbewissenschaften ist die Landwirthschaftswissenschaft diejenige, welche in ihrer naturgesetzlichen Begründung die grösste Vielseitigkeit beansprucht. Alle Naturerscheinungen, welche die grossen Processe des Kreislaufs der Stoffe und Kräfte zwischen der *Atmosphäre*, dem *Boden*, der *Pflanzen*- und der *Thierwelt* umfassen, und die Beziehungen derselben zu den Bildungsvorgängen in den landwirthschaftlichen Culturpflanzen und Hausthieren gehören in den Bereich ihrer Lehre und Forschung. Es giebt daher auch kaum eine Wissenschaft, welche so sehr darauf angewiesen ist, die Erscheinungen der natürlichen Welt in ihrem grossen Zusammenhange zu betrachten, wie diejenige der Landwirthschaft. Ein solches ausgreifendes Studium ist derart geeignet, den Blick in das Walten der Natur zu erweitern und den Trieb zu fortschreitender Erkenntniss zu entwickeln, dass man sich, selbst wenn die Landwirthschaftswissenschaft ihrem Wesen nach nur auf Specialrichtungen aufzubauen hätte, dennoch aufgefordert fühlen müsste, in dem Studium derselben den verschiedensten Zweigen der Naturwissenschaften eine angemessene Vertretung einzuräumen.

Den (S. 51 ff.) zur Darstellung gebrachten Grundsätzen gemäss mussten von den naturwissenschaftlichen Disciplinen in den Lehrplan aufgenommen werden:

1. *Unorganische und organische Chemie.*
2. *Physik.*
3. *Klimatologie.*
4. *Mineralogie, Petrographie und Geologie.*
5. *Allgemeine Botanik* (Morphologie, Anatomie, Entwicklungsgeschichte.) — *Pflanzenphysiologie.* — *Pflanzenpathologie.* — *Specielle Botanik.*
6. *Allgemeine Zoologie* — Morphologie. Entwicklungsgeschichte. Systematik. —
7. *Anatomie und Physiologie der Haussäugethiere.*
8. *Agriculturchemie* — d. i. eine zusammenfassende Darstellung der Naturgesetze der Pflanzen- und der Thierernährung.

Für die meisten dieser Fächer wurden auch besondere wissenschaftliche Uebungen vorgesehen. Hierher gehören vor Allem die Uebungen in *Mikroskopie*, welche mit dem Unterricht in allgemeiner Botanik verbunden sind und an diesen anschliessen, sodann das *zoologische Praktikum* im Zusammenhange mit dem Unterrichte in allgemeiner Zoologie, und die *praktischen Arbeiten im chemischen Laboratorium.* Unter diese Rubrik fallen auch die *botanischen, zoologischen* und *geologischen Excursionen*, von welchen übrigens an späterer Stelle noch näher die Rede sein wird. —

Schon in den ersten Berathungen über den Antheil der Naturwissenschaften an dem Lehrplan für die landwirthschaftliche Schule tauchte die ungemein wichtige Frage auf, ob und in wie weit die Studirenden hinsichtlich dieser Fächer auf die am Polytechnikum bereits bestehenden, allgemein gehaltenen Vorlesungen angewiesen, oder ob für sie in Rücksicht auf die Bedürfnisse ihres Berufes Special-Vorlesungen eingerichtet werden sollen.

Aus der vorausgesandten Darstellung geht hervor, dass dem naturwissenschaftlichen Gebiete, welches zum Aufbau der landwirthschaftlichen Productionslehre herangezogen werden muss, eine grössere

Zahl von selbstständigen Wissenschaften angehört. Es ist aber ganz und gar in den Verhältnissen begründet, dass die Vertreter der verschiedenen naturwissenschaftlichen Disciplinen, wenn sie in das Gebiet der Landwirthschaft einschlagende Erscheinungen berücksichtigen, hierbei doch immer nur diejenige Seite derselben in's Auge fassen, welche mit der sie beschäftigenden Special-Aufgabe in Beziehung steht. Daraus ist wiederum ersichtlich, dass die Erkenntniss des *Zusammenhanges* der in der Landwirthschaft hervortretenden natürlichen Thatsachen und Vorgänge absolut nicht durch eine einzige der betheiligten reinen Wissenschaften, sondern nur durch die Gesammtheit derselben vermittelt werden kann. Nun lehren die Erfahrungen unserer Zeit, dass gerade die Naturwissenschaften mit Hülfe der erstaunlichen Fortschritte ihrer Methoden der Beobachtung und Untersuchung den Einblick in die Erscheinungen der realen Welt derart zu erweitern und zu vertiefen vermocht haben, dass eine alle ihre Gebiete umfassende Behandlung durch den Einzelnen schon längst unmöglich geworden ist, die Beherrschung eines jeden besonderen Zweiges derselben eine ganze Kraft erfordert, und dass die Entwicklung immer mehr zur Specialisirung und zur Arbeitstheilung hindrängt. Bei diesem Stande der Dinge kann ernstlich gar nicht mehr davon die Rede sein, dass die Studirenden der Landwirthschaft alle die naturwissenschaftlichen Disciplinen, aus welchen die landwirthschaftliche Productionslehre schöpft, als reine Wissenschaften in ihrem ganzen Umfange zu pflegen haben. Darnach ist es ohne Weiteres einleuchtend, dass dem Landwirth der für ihn wichtige und nothwendige naturwissenschaftliche Unterricht nicht anders, als in einer gewissen *Beschränkung* des Stoffs ertheilt werden kann.

In dieser Hinsicht begegnet man allerdings noch vielfach der Vorstellung, dass die Lehrbehandlung einer Disciplin mit der Einschränkung des Stoffinhaltes derselben an Wissenschaftlichkeit einbüsse. Eine solche Anschauung beruht jedoch auf einem Missverständnisse des Wesens der Wissenschaft. Dieses liegt nämlich durchaus nicht in der Summe der Einzelnheiten, in der Fülle des Stoffs, sondern in der Art, wie dieser zur Darstellung gebracht wird. Die Aufgabe des höheren Unterrichtes besteht doch immer in der Anleitung der Studirenden zu selbstständigem Denken in dem sie beschäftigenden Wissensgebiete, und das Kriterium für die Erfüllung seiner Aufgabe, d. i. für seine wissenschaftliche Stufe liegt in dem systematischen Aufbau und in der methodischen Verarbeitung seines Inhaltes. Das hat aber mit dem Stoffumfang, so lange sich derselbe überhaupt auf diejenigen Einzelnheiten erstreckt, welche eine zusammenhängende Darstellung der leitenden Wahrheiten ermöglichen, nichts zu thun.

Da aber nun die wissenschaftliche Behandlung einer jeden Disciplin doch ein gewisses Minimum des Stoffumfanges zur Grundlage haben muss, so wird es auch darauf ankommen, und das ist eine weitere Forderung, dass sie denselben über diese Grenze hinaus mit Rücksichtsnahme auf die Dauerzeit des Studiums bemesse, welche man von den Studirenden der Landwirthschaft billigerweise beanspruchen darf. Die Triftigkeit aller dieser Betrachtungen wird übrigens auch durch die Erfahrungen im Grossen bestätigt. Denn es giebt in der That überhaupt kein auf mehrseitigen wissenschaftlichen Grundlagen beruhendes Fachstudium, weder an den Universitäten, noch an den polytechnischen Schulen, in dessen Einrichtungen man nicht den gleichen Grundsätzen Rechnung trüge.

Eine andere Frage ist aber die, ob es nicht, wiederum unbeschadet des Zweckes, thunlich sei, die naturwissenschaftlichen Disciplinen, statt nur im universellen Gesichtspunkte und nur im Dienste der Wissens-Erweiterung überhaupt, mit Rücksicht auf ihre Beziehungen zu einer bestimmten Berufsrichtung, in unserem Falle zur Landwirthschaft, also mit einer hierauf abzielenden Auswahl des Stoffes zu behandeln.

Versteht man unter einer solchen Anpassung einen Lehrgang, welcher den naturwissenschaftlichen Unterricht in der Weise auf die Bedürfnisse des Faches zuschneidet, dass derselbe den Zuhörern nur das bietet, was so zu sagen für den »Hausgebrauch« nöthig ist, also unmittelbaren Vortheil gewährt, dann müsste freilich der Gedanke von vorneherein rundweg abgewiesen werden. Eine derartige Lehrpraxis, welche beispielsweise an eine landwirthschaftliche Chemie, eine landwirthschaftliche Physik etc. etc. erinnern würde, führt auf dem geradesten Wege zur *Abrichtung*. Gleichwohl kündigt sich in der gestellten Frage doch eine unter Umständen wohl verwerthbare Seite des Gegenstandes an.

Freilich muss jeder höhere naturwissenschaftliche Unterricht, wenn er seiner Aufgabe treu bleiben will, in der Auswahl und Abgrenzung des Lehrstoffs sich grundsätzlich nach der Bedeutung desselben für die Förderung des Verständnisses richten und vor Allem diejenigen Thatsachen und Processe in's Auge fassen, deren Erörterung am sichersten zur Erkenntniss des inneren Zusammenhanges *aller* einschlagenden Erscheinungen und der Gesetzmässigkeit derselben hinführt. Das schliesst aber die Möglichkeit nicht aus, ohne irgendwelche Beeinträchtigung der wissenschaftlichen Methode des Unterrichtes, in der Vorführung des Stoffes gelegentlich oder mehr oder weniger planmässig auf die Anforderungen des Lebens Bezug und Rücksicht zu nehmen und somit auch zugleich beruflichen Zwecken wenigstens indirect dienstbar zu sein. Wird dabei an den leitenden

Grundprincipien festgehalten, so braucht der Unterricht durchaus
nicht eine ausgeprägt fachgewerbliche Richtung zu verfolgen. Jene
Auffassung und Behandlung desselben würde aber zweifellos dazu
beitragen, dass die Fälle sich mehr vereinzeln, in welchen solche
Gebiete des Lehrstoffs, welche an sich für die berufliche Aufgabe
ganz bedeutungslos sind, eine mehr als nöthige Bearbeitung erfahren,
während die hierfür besonders wichtigen Partieen gänzlich übersehen
oder vernachlässigt werden. Jedenfalls steht es ausser Frage, dass
eine Variation des Unterrichtes im Sinne der Berücksichtigung seiner
praktischen Beziehungen sehr dazu angethan ist, das Interesse der
Studirenden für denselben rege zu halten. Indem sie anknüpft an
das Leben, fördert die Wissenschaft ihre Machtstellung und übernimmt
sie eine hohe Mission, und es thut ihrem bildenden Einflusse absolut
keinen Eintrag, wenn sie in der Erfüllung derselben nur nicht ablenkt
von dem unerlässlichen Grundsatze systematischen Aufbau's und
methodischen Verfahrens der Stoffbehandlung.

Und nun die Thatsachen in der Entwicklung des höheren technischen Unterrichtes. Die Organisation der polytechnischen Schulen
mit ihren verschiedenen Abtheilungen bringt in offenbarer Weise das
Princip zum Ausdruck, die Wissenschaften dem Leben dadurch
dienstbar zu machen, dass man sie mit den Anforderungen der einzelnen Berufsrichtungen in nähere Beziehung bringt und denselben
anpasst. An dem Polytechnikum in Zürich wird höhere Mathematik
speciell für die Bedürfnisse der Architecten, der Chemiker und der
Forstwirthe gelehrt, giebt man den Studirenden der mechanisch-technischen Schule eine besondere praktische Geometrie und eine besondere
Chemie, den Chemikern eine besondere Maschinenlehre, den Architecten
wiederum eine besondere Ingenieurkunde u. a. m. Und sicherlich
würden derartige Anordnungen noch häufiger vorkommen, wenn nicht
die finanziellen Rücksichten gewisse Grenzen zögen.

Man hat dem System weitergehender Spaltung des Unterrichtes
nach den beruflichen Zwecken gelegentlich den Vorwurf gemacht, dass
dasselbe der Idee der Zusammenfassung allen höheren technischen
Unterrichtes zu sehr widerstreite, die einzelnen Glieder der technischen
Hochschule in einer engeren particularistischen Stellung ihres Faches
festhalte, und der Verallgemeinerung des wissenschaftlichen Lebens
entgegenwirke. Das ist nur in sehr beschränktem Sinne richtig. Denn
der Schwerpunkt der wechselseitigen Beziehungen der einzelnen Berufsrichtungen an der grossen Anstalt, das eigentliche commercium
literarum, liegt gar nicht in den Wissenschaften des Faches, sondern
in den Wissenschaften, welche der allgemeinen Bildung dienen, denjenigen der philosophischen und staatswirthschaftlichen, der Freifächer-

Abtheilung, und sodann in den reichen wissenschaftlichen Hülfsmitteln des Polytechnikums und in dem wissenschaftlichen Verkehr zwischen den Vertretern der verschiedenen Lehr- und Forschungsgebiete.

In den hier vorgeführten Gesichtspunkten musste denn auch die Frage der Organisation des naturwissenschaftlichen Unterrichtes an der landwirthschaftlichen Schule gegenüber den bestehenden Einrichtungen am Polytechnikum aufgefasst und behandelt werden. Das Endergebniss war, dass die Studirenden der neuen Anstalt *gemeinsam* mit denjenigen mehrerer anderer Abtheilungen den Unterricht geniessen sollten in: Unorganischer Chemie, Experimentalphysik, Petrographie, Geologie, allgemeiner Botanik, Pflanzen-Physiologie und -Pathologie. Diese Anordnung gründete sich auf die Zuversicht, dass in den betreffenden Vorlesungen den jungen Landwirthen der ihnen nothwendige Unterricht in einer ihren Bedürfnissen angemessenen Begrenzung des Stoffes und, wenigstens in einigen der Fächer, auch unter einer gewissen Berücksichtigung der Beziehungen desselben zu den Erscheinungen in der Landwirthschaft geboten werde. Dagegen erachtete man es auf Grund der vorgeführten Erwägungen für zweckmässig, von vorneherein einige besondere Vorlesungen theils für die Studirenden der Land- und Forstwirthschaft gemeinsam, theils nur für diejenigen der Landwirthschaft einzurichten. Zu denselben gehören: Die organische Chemie, die Klimatologie, die specielle Botanik, die Zoologie, die Anatomie und Physiologie der Haussäugethiere und die Agriculturchemie.

An diesen Dispositionen wurde regelmässig und unabhängig von inzwischen eingetretenen Veränderungen im Lehrpersonal festgehalten bis auf den heutigen Tag. Die einzige Ausnahme, zu welcher man sich nach reiflicher Prüfung der Verhältnisse entschloss, bestand darin, dass man im Jahre 1892 für die Studirenden der land- und forstwirthschaftlichen Schule, an Stelle der Vorlesung über unorganische Chemie, welche sie bis dahin gemeinsam mit denjenigen der chemisch-technischen und der Lehramtscandidaten-Abtheilung gehört hatten, ein besonderes 4-stündiges Colleg über unorganische Chemie mit etwas reducirtem Programme einführte. Dasselbe wurde dem gleichen Docenten, welcher über organische und Agriculturchemie und landwirthschaftlich-chemische Technologie zu lehren und das agriculturchemische Laboratorium zu leiten hatte, übertragen.

Allerdings erfuhr der naturwissenschaftliche Unterricht inzwischen auch nach verschiedenen Richtungen noch eine Erweiterung durch Einschaltung von Vorlesungen über einzelne in die Landwirthschaftslehre hineinragende Specialgebiete. Dieselben wurden theils von angestellten Professoren, theils von Privatdocenten gegeben, gingen im Uebrigen aber neben denjenigen des Normal-Studienplanes einher.

Am Schlusse des eben zurückgelegten ersten Abschnittes ihrer Thätigkeit lenkte die landwirthschaftliche Schule ihre Aufmerksamkeit auf ein neues, bis dahin von ihr noch nicht in der Anwendungsrichtung gepflegtes naturwissenschaftliches Gebiet, die *Bakteriologie.* Veranlasst wurde sie hierzu durch die Erfahrung, dass der Aufschwung, welchen dieser junge, inzwischen zu einer selbstständigen Disciplin gediehene Forschungszweig genommen, sich ausser in dem Bereiche der Medicin auch in demjenigen der Landwirthschaft und der landwirthschaftlich-technischen Gewerbe geltend macht. Um die Bedürfnisse des land-wirthschaftlichen Studiums nach dieser Richtung zu befriedigen, be-schloss der Schweizer. Schulrath auf Anregung der Docenten der landwirthschaftlichen Schule, an dieser einen bakteriologischen Cursus einzurichten und hierfür eine besondere Lehrkraft zu berufen. Nach dem bereits entworfenen und genehmigten Special-Programm ist für den Unterricht in Bakteriologie eine zweistündige Vorlesung (je 1 Stunde im 3. und 4. Semester) nebst den erforderlichen Uebungen vorgesehen.

Unter den Grundwissenschaften der Landwirthschaft haben schliess-lich auch die *Rechtslehre* und die *Wirthschaftswissenschaften* in dem Normal-Studienplane Aufnahme gefunden. Die *Rechtslehre* trat schon frühzeitig unter den verbindlichen Fächern an den eigentlich tech-nischen Abtheilungen der polytechnischen Schule auf. Es lag daher auch sehr nahe, die Studirenden der Landwirthschaft, für welche der Unterricht in der gleichen Disciplin mindestens ebenso nothwendig erachtet wurde, wie für diejenigen der übrigen Fachschulen, an der gemeinsamen Vorlesung über dieselbe participiren zu lassen. Diese Einrichtung ist seither unverändert beibehalten worden.

Wesentlich anders lag das Verhältniss bei den *Wirthschaftswissen-schaften.* Obwohl diese an der Freifächer-Abtheilung regelmässig vertreten waren, hatte zur Zeit der Eröffnung der landwirthschaft-lichen Schule noch keine Fach-Abtheilung des Polytechnikums sich zu der Ansicht bekannt, dass die ökonomischen Disciplinen ebenso wohl Anspruch auf Einführung in ihren Normal-Studienplan und daher auf das Obligatorium haben, wie die Grund- und Hauptwissenschaften der Technik. Ueber die Nothwendigkeit einer gründlichen Schulung der angehenden Landwirthe auch nach jener Richtung hin haben wir uns an früherer Stelle (S. 51 u. 55) des Näheren ausgesprochen. Verfasser hat den Standpunkt, zu welchen ihn die dort niedergelegten Anschauungen und Grundsätze geführt haben, vom Tage des Antritts seiner Lehramtsstellung in Zürich und speciell in der vorberathenden Commission mit allem Nachdruck vertreten, und demgemäss die Gleich-stellung der Wirthschaftswissenschaften mit den Naturwissenschaften in dem Studienplane der landwirthschaftlichen Schule, und eventuell, wenn jene freigegeben werden sollen, das gleiche Verhältniss für diese des Bestimmtesten verlangt. Die Bedenken, welche damals der Vertreter der Forstschule hiergegen äusserte, liess dieser schliesslich fallen, und so geschah es denn, dass der Präsident des Schulrathes auch in dieser Frage den Vorschlägen der Commission zustimmte. Die landwirthschaftliche Schule stand mit dieser ihrer Einrichtung in jenen Tagen *allein auf weiter Flur*. Nach und nach folgte aber auch die Forstschule, und nach wenigen Jahren hatte auch sie sich ganz und gar die Anordnungen zu eigen gemacht, welche die landwirthschaftliche Schule zuerst getroffen hatte. Thatsache ist aber, dass bis jetzt nur diese beiden Fachschulen auf die Aufnahme der Wirthschaftswissenschaften im Sinne eines Bestandtheiles ihrer Normal-Lehrpläne bezw. der Hör-Verpflichtung eingegangen sind.

Schon mehrfach ist Verfasser der Einwendung gegen die von der landwirthschaftlichen Schule eingeführte Einrichtung begegnet, dass die Studirenden für die Nationalökonomie dann, wenn sie dieselbe, wie es unser Studienplan ausdrücklich verlangt, schon in den ersten Semestern hören sollen, kaum genügend vorgebildet seien und darum auch nicht den nöthigen Studienerfolg erzielen. Richtig ist an dieser Anschauung nur so viel, dass die meisten jungen Landwirthe vor ihrem Eintritte in die höhere Lehranstalt noch keine Gelegenheit haben, sich mit Fragen des Wirthschaftslebens näher zu beschäftigen, und dass somit die Gedankenrichtung derselben diesem Gebiete noch gänzlich ferne steht, ebenso, dass der Studirende erst mit fortschreitender Durchbildung an der Befähigung gewinnt, den Inhalt der Wirthschaftsdisciplinen gründlich zu erfassen. Daraus aber den Schluss zu ziehen, dass die neu eintretenden jungen Fachmänner überhaupt nicht in der Lage seien, das Studium in diesen Fächern mit Erfolg zu betreiben, ist durchaus unrichtig. Hierüber belehrt schon die Erfahrung im Grossen, da ja das gleiche Verhältniss, welches hier beanstandet wird, sich in dem Studium aller Hochschulfächer, für welche die Mittelschule nicht unmittelbar vorbereiten konnte, wiederholt, und man überall beobachten kann, dass das Studienergebniss nicht von einer speciellen Vorschulung für die einzelne Wissenschaft, sondern von der allgemein geistigen Reife, von der Entwicklung des Denkvermögens der Zuhörer abhängt. Und wenn die Studirenden der Wirthschaftswissenschaften auf Grund dessen nur gewinnen an Klarheit der Begriffe und des Urtheils in denselben, so ist es keinem Zweifel unterworfen, dass sie auch ebenmässig im Leben fortschreiten in der Erkenntniss der wirthschaftlichen und socialen Aufgaben ihrer Zeit. Unsere landwirthschaftliche Schule kann übrigens den directen

Beweis für die Richtigkeit ihrer Anordnungen auch hinsichtlich der ökonomischen Fächer führen. Sie ist nämlich, gestützt auf das Urtheil des derzeitigen Docenten der Wirthschaftswissenschaften in der Lage, bestätigen zu können, dass die jungen Landwirthe dem Studium dieser Disciplinen sowohl Interesse wie Verständniss entgegenbrachten, und die Semestral-Zeugnisse wie die Ergebnisse der Diplomprüfungen lassen keinen Zweifel darüber, dass die Durchschnittsleistungen der Studirenden der Landwirthschaft in den Wirthschaftswissenschaften gegen diejenigen in den Naturwissenschaften durchaus nicht zurückstehen. Und beweiskräftig für das Verhältniss dürfte insbesondere auch die Thatsache sein, dass unter den 8 jungen Landwirthen, welche sich nach Absolvirung ihrer Studien an unserer Schule an inländischen und deutschen Universitäten den Doctorgrad erwarben, ihrer 3 sind, welche Themata nationalökonomischen Inhaltes zum Gegenstande ihrer Dissertation gemacht haben.

Werfen wir nun auch noch einen Blick auf die *Fachwissenschaften* in dem Lehrplane der landwirthschaftlichen Schule.

Der an früherer Stelle (S. 51) vorgeführten Uebersicht gemäss musste es sich in dieser Gruppe von Lehrgegenständen um eine angemessene Vertretung einerseits der speciellen Landwirthschafts- (Productions-), und andererseits der allgemeinen Landwirthschafts- (Betriebs-) Lehre handeln.

Die *erstere* umfasst die Lehren von der Pflanzen-, der Thier- und der gewerblich-technischen Production. In Bezug auf sie wurde an unserer Anstalt in allen Richtungen ausreichend gesorgt.

In der *Pflanzenbaulehre* besteht die in der Natur des Lehrstoffs begründete, durchaus zweckmässige Einrichtung, dass der Behandlung der Specialien, zu welchen unter unseren Verhältnissen auch der Obst- und Weinbau gehören, ein allgemeiner Theil, welcher die Bodenkunde, die Lehre von der Ent- und Bewässerung, der Beackerung und Düngung umfasst, vorausgesandt wird. Der Vorlesungs-Unterricht in diesen Fächern findet eine überaus wichtige Ergänzung durch die sog. agronomischen Uebungen, welche planmässig, also auch an je bestimmten Wochenstunden, abgehalten werden, sich auf die Untersuchung der Bodenarten und Bodenproducte, insbesondere auch der Sämereien, darunter vornehmlich der Klee- und Grassamen, auf die Beurtheilung des Pflanzenbestandes der Natur- und Kunstwiesen u. a. m. erstrecken und je nach der Art der vorliegenden Aufgabe in den Laboratorien oder im Freien stattfinden.

Analog liegt das Verhältniss in der *Thierproductionslehre*. Dieselbe zerfällt ebenfalls in einen allgemeinen und in einen speciellen Theil, welch' letzterer sich wiederum in die Lehren von der Zucht der

einzelnen landwirthchaftlichen Hausthierarten spaltet. Auch für dieses
Gebiet wurden besondere Uebungen eingeführt, so z. B. in der Untersuchung der Milch, des Wollhaares, in der Beurtheilung der Körper-
beschaffenheit der Thiere, nebst der Handhabung des Messungs- und
Punktirverfahrens.

Ein der Thierproductionslehre angehörendes unentbehrliches Fach
bildet ferner die Lehre von der Gesundheitspflege der Hausthiere.
Demselben wurde aber auch ein specieller Unterricht über Krankheiten
der Hausthiere, insbesondere in Seuchenkunde, sodann über Geburts-
hülfe und Hufbeschlag angeschlossen. Es ist selbstverständlich, dass
es sich mit der Einführung dieser letzteren Disciplinen nicht darum
handeln konnte, den Landwirthen ein irgendwie eingehenderes Studium
in den Veterinairwissenschaften anzusinnen. Wohl aber rechtfertigte
sich die Aufnahme derselben aus dem Grunde, weil der Landwirth doch
die Aufgabe hat, eintretende Erkrankungserscheinungen an seinen
Hausthieren genau zu beobachten und daher vorkommenden Falles
zu beurtheilen, ob die thierärztliche Hülfe anzurufen ist, eventuell,
wenn Gefahr im Verzuge und es sich um einfache und leicht an-
wendbare Massregeln handelt, auch selbst einzugreifen — sodann aber
namentlich auch aus dem Grunde, weil es zu dem Pflichtenkreise des
unterrichteten Landwirths gehört, die Behörden in der Anwendung
der seuchenpolizeilichen Vorschriften zu unterstützen, eine wirksame
und zweckbewusste Beihülfe dieser Art aber nur von Demjenigen
erwartet werden kann, welcher das Wesen der Seuchen und daher
auch die Bedeutung der gegen sie zu ergreifenden Massnahmen kennt.

In der *Lehre von den landwirthschaftlich-technischen Gewerben*
mussten vor Allem diejenigen Betriebszweige berücksichtigt werden,
welche für die Landwirthschaft unserer Zone eine hervortretende
Wichtigkeit beanspruchen. Das sind: Die Brennerei, die Zucker-
fabrication und — in besonderer Bedachtnahme auf die Verhältnisse
der Schweiz — vornehmlich das Molkereiwesen.

Hinsichtlich der Milchwirthschaft hat sich die landwirthschaftliche Schule schon frühzeitig bemüht, eine Einrichtung zu treffen,
welche es ihr ermöglicht, angehenden Molkereitechnikern eine gründliche wissenschaftliche Ausbildung zu verschaffen, und zu diesem Behufe einen besonderen Cursus für das Studium dieses Gewerbes in
den Rahmen ihres Lehrplanes einzuführen. Nachdem Verfasser diesem
Gedanken bereits im Jahre 1882 in dem von ihm an die Bundesbehörde erstatteten Enquête-Berichte über Massregeln zur Förderung
der Landwirthschaft (S. 145), freilich ohne damals einen directen Erfolg zu erzielen, näher getreten war, wurde bald darauf der Conferenz
der landwirthschaftlichen Schule Anlass gegeben, sich mit dem glei-

chen Gegenstande zu befassen. Es geschah dies in Erledigung eines
Auftrages des Schweizer. Schulrathes, welcher von ihr ein Gutachten
über die in Folge einer von Nationalrath *Baldinger* in der Wintersession 1881/82 der Bundesversammlung gestellten Motion in Fluss
gebrachte Frage verlangte, »ob und wie die landwirthschaftliche
Schule der vaterländischen Landwirthschaft nutzbarer gemacht werden
könne«. Die Conferenz beantragte in ihrem Berichte vom 7. Februar
1883 u. a. die eingehendere Berücksichtigung der Milch- und Alpwirthschaft in dem Lehrplan der Schule und die Creïrung einer besonderen Professur für die betreffenden Fachdisciplinen, Dieser Vorschlag fand aber nicht die Zustimmung der Behörde. Ende der 80er
Jahre wurden erneute Anläufe in jener Richtung genommen, und als
dann der Docent für landwirthschaftliche Maschinenkunde, Professor
H. Fritz, sich dazu entschloss, eine besondere Vorlesung über »die mechanischen Hülfsmittel der Milchwirthschaft« zu geben, war es möglich
geworden, den Plan zu verwirklichen. In der That fanden sich denn auch
mehrere Studirende ein, welche sich wesentlich im Molkereiwesen auszubilden suchten und schliesslich auch ihren Zweck an unserer Anstalt erreichten. Nach dem leider allzu früh erfolgten Hinschiede des Professor
Fritz trat wiederum ein Stillstand in der Entwicklung dieser Institution ein.
Doch hat seither das Verhältniss sich abermals geändert. In allerjüngster
Zeit ist nämlich eine äusserst günstige Wendung erfolgt, durch welche
die Einrichtung zu einem in jeder Hinsicht befriedigenden und Dauer
verheissenden Abschluss gedieh. Die Anstalt hat inzwischen für
Molkereitechnik und für milchwirthschaftliche Betriebslehre je einen
besonderen Docenten gewonnen, und durch die bereits erfolgte Berufung eines Bakteriologen ist es gelungen, eine je länger je mehr
empfundene Lücke im Lehrplane in einer Weise auszufüllen, welche
auch dem Studium der Milchwirthschaft in hohem Grade zu Statten
kommt. Da nun der Unterricht in allgemeiner und in Agricultur-Chemie,
einschliesslich der Uebungen im agriculturchemischen Laboratorium,
an unserer Schule eine das Bedürfnis : vollauf befriedigende Vertretung
hat, an derselben auch speciell über die Chemie der Milch, sodann
über Futterbau und Thierproduction und andere einschlagende Fächer
auf breiter Grundlage gelehrt wird, so ist thatsächlich auch an ihr
ein vollständiges Institut für die wissenschaftliche Ausbildung von
Molkereitechnikern geschaffen worden. Die Wirksamkeit desselben
beginnt mit dem Schuljahre 1896/97.

Dass die landwirthschaftliche Schule eine Vorlesung über *landwirthschaftliche Maschinen und Geräthe* einführte, rechtfertigt sich
durch ein ausgesprochenes Bedürfniss. Die Einrichtung bezweckt be-
greiflich nicht die Heranbildung von Technikern dieser Branche, wohl

aber die durchaus nothwendige Schulung der Landwirthe in derselben
so weit, dass sie auf Grund der in Betracht kommenden Principien
der Mechanik die Construction, die Ausführung und die Wirkungsweise
der in der Landwirthschaft gebräuchlichen Apparate und Werkzeuge
kennen lernen und in den Stand gesetzt werden, die Anforderungen
ihres Gewerbes an die specielle Technik richtig zu formuliren.

Eine diesem Unterrichte entsprechende Einrichtung wurde s. Z.
ferner für das *landwirthschaftliche Bauwesen* getroffen. Dieselbe trat
auch in's Leben, musste aber schon Anfangs der 80er Jahre wieder
aufgegeben werden, weil der betreffende Docent aus Gründen der
Dienstüberhäufung von der Aufgabe zurücktrat, und inzwischen eine
für diese geeignete und geneigte Kraft nicht zu gewinnen war. Es
ist aber Aussicht vorhanden, dass die schon von der Eröffnung der
Schule an in's Auge gefasste Vorlesung in nicht ferner Zeit wieder
aufgenommen werde.

Ausser den hier genannten, der speciellen Landwirthschaftslehre
angehörenden Fächern fanden auch noch einige, zum Theil für die
Landwirthe besonders eingerichtete Vorlesungen und Uebungen Aufnahme in den Lehrplan, welche zwar als facultativ bezeichnet, aber
schon in der Art der Aufführung im Jahresprogramme der Studirenden besonders empfohlen wurden. Dazu gehörten: *Feldmessen und
Nivelliren, Planzeichnen, Forstwirthschaft für Landwirthe und Alpwirthschaft.*

In dem oben erwähnten Gutachten des Lehrercollegiums hatte
dieses in Zustimmung zu den Ausführungen des Verfassers in dessen
ebenfalls bereits citirtem Enquête-Bericht (S. 153) die Errichtung einer
Culturingenieur-Schule am Polytechnikum beantragt. Dieser Vorschlag
hat bei den eidgen. Behörden eine günstige Aufnahme gefunden, und ist
derselbe auch alsbald verwirklicht worden, so zwar, dass diese Anstalt bereits im Jahre 1888 eröffnet werden konnte. Dieselbe steht
in mehrfacher Hinsicht mit der landwirthschaftlichen Schule in Contact,
in so fern von dort aus durch einen Fachdocenten wenigstens der
Unterricht im Feldmessen und Nivelliren an der landwirthschaftlichen Schule übernommen werden konnte, und die Culturtechniker
Gelegenheit haben, auch Vorlesungen an der landwirthschaftlichen
Schule zu hören. Im Uebrigen ist die Culturingenieur-Schule in ihrer
Art ebenso selbstständig gestellt wie die landwirthschaftliche Schule.

Allen diesen Unterrichtsfächern, welche der Technik der Landwirthschaft angehören, stehen nun noch, sie ergänzend und vervoll-
ständigend, diejenigen der *landwirthschaftlichen Betriebslehre* gegenüber, welche der Natur der Sache nach sich in die Lehren von der
wirthschaftlichen Stellung des landwirthschaftlichen Gewerbes, von dem

ökonomischen Verhalten der Productionsmittel desselben, von der *Einrichtung und Leitung des Wirthschaftsbetriebes* und von der *Buchführung* und dem *Ertragsanschlage* gliedert. In dieser Hinsicht wurde der Umfang und die Eintheilung des Lehrgebietes schon in dem ersten Entwurfe des Studienplanes genau festgestellt. Dabei musste freilich auch schon Rücksicht darauf genommen werden, dass sich dem Lehrvortrage gewisse Uebungen, so namentlich in der Buchführung und im Veranschlagungs- bezw. Berechnungswesen, anzuschliessen haben. Die ebenfalls in dem ersten Programme bereits in Aussicht genommene Vorlesung über *Geschichte und Litteratur der Landwirthschaft* mag — wenn auch nur aus bedingt zu rechtfertigenden Gründen — diesem Gebiete angereiht werden.

Wie die nachfolgende Zusammenstellung darthut, nimmt die landwirthschaftliche Betriebslehre gegenüber der landwirthschaftlichen Productionslehre in dem Studienplane hinsichtlich der für sie ausgeworfenen Zeit eine recht zurücktretende Stellung ein. Und doch wird dieselbe an unserer Anstalt in verhältnissmässig weit stärkerer Ausdehnung behandelt, wie es an den meisten auswärtigen landwirthschaftlichen Hochschulen der Fall.

Es hat eine eigene Bewandtniss mit der seitherigen Vertretung der Betriebslehre an den landwirthschaftlichen Unterrichtsanstalten. Das Verhältniss ist gewissermassen ein Bild von der Richtung, welche die Entwicklung des landwirthschaftlichen Gewerbes im Laufe dieses Jahrhunderts genommen hat.

Geht man davon aus, dass das Studium der Betriebslehre die Bestimmung trägt, den Landwirth zu befähigen, seiner Oekonomie in dem Rahmen der für sie technisch überhaupt anwendbaren Operationen nach Massgabe der allgemeinen Wirthschaftslage diejenige Gestaltung zu geben, welche zu dem höchsten Reinertrage aus den in Wirksamkeit gesetzten Productionsmitteln führt, so ist doch leicht einzusehen, dass eben die Kenntniss jener Technik, und sei sie noch so umfassend und gründlich, an sich nicht geeignet sein kann, um mit ihrer Hülfe den privatwirthschaftlichen Endzweck des landwirthschaftlichen Betriebes zu erreichen. Die rationellst durchgeführte, die reichlichste und qualitativ ausgezeichnetste Production nützt eben einmal nicht, wenn sie nicht rentirt, und um die Technik wirklich ergiebig zu machen, ist absolut erforderlich, dass man sie im Sinne der Wirthschaftlichkeit anordnet und leitet.

Seit dem zweiten Viertel unseres Jahrhunderts bis in die 60er Jahre hinein erfreute sich die westeuropäische Landwirthschaft einer günstigen Marktlage, der Thatsache eines anhaltenden Steigens der Preise ihrer Erzeugnisse und in Folge dessen, bei einem nicht eben-

mässigen Anwachsen der Productionskosten, auch eines Steigens der
Grundrente und der Güterwerthe. Ueber die Richtung der landwirth-
schaftlichen Production entschied wesentlich das Bedürfniss des localen
Marktes. Es kann daher auch nicht auffallen, dass unter solchen Ver-
hältnissen der Steigerung des naturalen Rohertrages in jedweder
Kategorie der vom Markte begünstigten Production im Grossen und
Ganzen eine Steigerung des Reinertrages, der Rente entsprach. Und
als in der gleichen Zeit die Ergebnisse der naturwissenschaftlichen
Forschung die Wege finden lehrten, die Technik zu befruchten und
deren Leistungen in überraschendem Grade zu erhöhen, da lag in der
That die Aufforderung nahe, der Entwicklung der Dinge vornehmlich
durch Vermehrung der Production Rechnung zu tragen. Es schien
eine Periode gekommen zu sein, in welcher man den Erwerbszweck
lediglich dadurch erreichen zu können glaubte, dass man nur »d'rauf
los producire«. Kein Wunder daher, dass auch die Landwirthschaftslehre um so eifriger der Pflege der Technik zuneigte, als sich dieser
ein fortschreitend wachsender Reichthum von Hülfsmitteln zu ihrer
Ausgestaltung zu Gebote stellte. Unter dieser Strömung ist aber die
landwirthschaftliche Betriebslehre in unverdientem und ungebührlichem
Grade in den Hintergrund gedrängt worden. Die Erfahrungen der
jüngsten Jahrzehnte belehren hierüber in unzweideutiger Weise.

In Folge der neuzeitigen Entwicklung der allgemein wirthschaftlichen, insbesondere der Verkehrslage (Handel in landwirthschaftlichen Producten, Capital- und Arbeits-Miethverkehr etc. etc.) und
der Steigerung der Bedürfnisse im privaten und öffentlichen Haushalte
musste sich das Verhältniss zwischen Rohertrag und Aufwand, welches
sich in der gewohnten Richtung der Production herausgebildet hatte,
gründlich verschieben. Daraus erklärt sich in greifbarster Weise die
Häufung der Schwierigkeiten, mit welchen die Landwirthschaft in
unseren Tagen zu kämpfen hat, aber auch die zwingende Nothwendigkeit, dass sie Alles aufbiete, um ihren Betrieb der veränderten Situation
anzupassen und somit, soweit es unter der beengenden und bedrückenden
Gestaltung der Dinge überhaupt geschehen kann, ihre Leistungsfähig-
keit zu behaupten. Und so stehen wir heute vor einer eigenartigen
Physiognomie der landwirthschaftlich-gewerblichen Verfassung.
Während die Production als solche die bedeutendsten Fortschritte
verzeichnet, die naturalen Erträge des Pflanzenbau's und der Thier-
haltung so zu sagen vor unseren Augen sich in erstaunlichen Verhältnissen mehren, ringen die Landwirthe mit den grössten Beschwerden,
um nur die bescheidensten Anforderungen an Rente und Lohn zu
befriedigen, und muss man leider erfahren, dass manches ihrer Gewerbe unter der Ungunst der Zeitlage ökonomisch zusammenbricht.

Beherrscht von dem Einflusse der aufsteigenden Bewegung hat man das Trug- und Scheingebilde eines Verkehrswerthes des Grund und Bodens entstehen lassen, in Folge dessen den Landerwerb mit übermässigen Capitalwerth-Einsätzen betrieben und mit Schulden überhäuft. Mit der aus der Ueberschätzung der wirthschaftlichen Bedeutung des passiven Elementes der landwirthschaftlichen Production — des Grund und Bodens — hervorgegangenen einseitigen und hohen Belastung desselben untergrub man zugleich die Quellen der Entwicklung des für den Landwirth ausserordentlich wichtigen Betriebs-credites. Vielfach hat man den Grundbesitz mit einem übertrieben hohen Aufwande für unproductive Gebäude-Anlagen beschwert. Im Bezuge von Productionsmaterialien und im Verkaufe von Producten wurde ein über den Bedarf weit hinausgreifender Zwischenhandel grossgezogen, indessen man in der Beschaffung der Lohnarbeitskräfte der inzwischen eingetretenen ungünstigen Wendung der Dinge nicht rechtzeitig in's Auge sah. Und im Allgemeinen liegt die Praxis des Buchführungs- und Veranschlagungswesens, des plangerechten Berechnens, wie allerseits bestätigt wird, noch durchaus im Argen, fehlt es also auch an der Anwendung exacter Methoden des zahlenmässigen Erfassens der Oekonomie für die Zwecke des Landerwerbes, der Ausstattung der Landgüter mit Betriebsmitteln, der Darstellung der Wirthschafts-Erfolge und der Gewinnung einer sicheren Richtschnur für die Betriebs-Einrichtungen. Wie sehr das speciell für die Buchführung zutrifft, beweist die regelmässig wiederkehrende Erfahrung, dass, wenn irgendwo ein Einkommensteuer-Gesetz erscheint, welches die Declarationspflicht vorschreibt, die Landwirthe es sind, welche alle Mal in die ärgste Verlegenheit darüber gerathen, wie sie zum Zwecke des Einkommens-Nachweises ihre Buchführung einzurichten haben. Es kann denn auch keinem Zweifel unterliegen, dass die harten Geschicke, von welchen die heutige Landwirthschaft betroffen wurde — abgesehen von den Einflüssen mancher ihr allerdings ungünstiger Massregeln der Wirthschaftspolitik — zum nicht geringen Theile ihren Sitz in der Vernachlässigung der ökonomischen Principien ihrer Einrichtung haben, und dass beispielsweise von einer Ueberschuldung des Grundbesitzes, ob ihr auch die agrarpolitischen Institutionen leider Thür und Thor geöffnet haben, kaum die Rede sein könnte, wenn jeder Bewerber um Land im Stande wäre, auch nur einen richtigen Ertragsanschlag zu machen. So ist es denn gekommen, dass die Verhältnisse in zahlreichen Fällen in Folge des einseitigen Strebens nach Vervollkommnung der Technik über den gewohnten Ideen- und Schaffenskreis der Landwirthe hinausgewachsen sind.

Darnach sollte es aber auch ohne Weiteres einleuchten, dass es
mehr wie je noth thut, der landwirthschaftlichen Betriebslehre in dem
Lehrplane der Unterrichtsanstalten des Faches zu einer ihrer Tragweite entsprechenden Stellung zu verhelfen. Jeder Schritt auf diesem
Wege bedeutet im Grunde genommen nichts weiter, als eine Wieder-
anknüpfung an die Richtung, welche die hervorragenden Landwirth-
schafts-Lehrer und -Schriftsteller der classischen Periode aus der ersten
Hälfte unseres Jahrhunderts — *A. Thär, J. H. v. Thünen, J. G. Koppe,
F. G. Schulze, M. de Dombasle, H. W. v. Pabst, A. Block, C. Klee-
mann* u. a. m. — verfolgten. Denn es ist ausgemacht, dass diese der
Ausbildung der Betriebslehre verhältnissmässig viel mehr Aufmerksamkeit und Sorgfalt zugewendet haben, als die Vertreter der Landwirthschaftslehre der späteren Jahrzehnte, unter welchen, wie es scheint,
der Gedanke, dass die Landwirthschaftswissenschaft ihrem wesentlichen
Inhalte nach als die »Physiologie oder Biologie der Culturorganismen«
bezeichnet werden könne, immer noch manche Anhänger zählt. Indessen muss doch constatirt werden, dass die Strömungen in der
Gegenwart einen Ausgleich zu vollziehen begonnen, da man reichlich
Gelegenheit hat, zu beobachten, wie die Bemühungen der Lehrer des
Faches und selbst der landwirthschaftlichen Vereine, letztere hauptsächlich in Bezug auf das Buchführungswesen, neuerdings wieder mehr
auf die intensivere Pflege und damit zugleich auf eine Rehabilitation
der Oekonomik der Landwirthschaft gerichtet sind.

Einer solchen durchaus berechtigten Wendung der Dinge wohnt
übrigens auch noch eine besondere praktische Bedeutung mit Rücksicht
auf die Fortbildung des Landwirths inne. Diesem stehen nämlich
hinsichtlich der Technik des Faches, ausser der eigenen Versuchsthätigkeit und der fortgesetzt eifrigen Benutzung der Litteratur, im
Leben selbst die mannigfaltigsten Hülfsmittel zu Gebote, um sich im
Wissen und Können auf der Höhe der Zeitanforderungen zu erhalten.
Der Grund und Boden liegt mit Allem, was er hervorbringt, vor
Jedermanns Augen, und auch die Leistungen in der Thier- und in
der gewerblich-technischen Production sind der Wahrnehmung Dritter
überall und jederzeit zugänglich. Kein landwirthschaftlicher Betrieb
kann seine Productionsstätte mit einer hohen Mauer umgeben, an
deren Pforte die Worte »Verbotener Eingang« stehen. Die öffentlichen Ausstellungen von Thieren, Producten und Productions-Hülfs-
mitteln, die öffentlichen Leistungs-Prüfungen von Thieren, Apparaten
und Werkzeugen etc. etc., sie bilden reiche, in immer grösserer Zahl
sich wiederholende Gelegenheiten zu ergiebigem, veranschaulichendem
Unterrichte, wie auch durch die Verhandlungen der landwirthschaftlichen Vereine alle Neuerungen auf dem Gebiete der Technik des

Faches in einer leicht greifbaren Form in weitere Kreise getragen werden. Und von allen diesen Bildungsmitteln wird der Fachmann um so vortheilhafteren Gebrauch machen, je umfassender und eingreifender seine Schulung in den betreffenden Wissenschaften ist. In den ökonomischen Aufgaben des Landwirths fehlen aber solche Nachhülfen. Hier muss Jeder ein für alle Mal selbst das gründlich erfasst und zu seinem geistigen Eigenthum gemacht haben, was er in der Praxis ausprägen soll. Alle wirthschaftlichen Processe im Landgutsbetriebe spielen sich im engsten Kreise ab; ihr Verlauf und ihr Ergebniss dringt nicht hinaus in die Oeffentlichkeit; sie bilden nicht Objecte der Anschauung für Dritte; in Bezug auf sie ist Jeder im späteren Leben nur auf sich selbst angewiesen. Daraus geht aber hervor, wie eminent wichtig es ist, dass jeder Einzelne schon in der Studienzeit die Grundsätze für die Oekonomie des Faches sich vollinhaltlich zu eigen macht.

Angesichts aller dieser Verhältnisse erübrigt nur der Ausdruck der zuversichtlichen Hoffnung, dass unsere landwirthschaftliche Schule dem schon bei ihrer ersten Einrichtung aufgestellten Grundsatze der vollen Ebenbürtigkeit der Betriebslehre mit den übrigen Fachdisciplinen für alle Zeiten treu bleiben werde.

Wir kehren zu unserem Lehrplane zurück. Zur Zeit der Eröffnung der landwirthschaftlichen Schule war, wie wir sahen, ein 2-jähriger Cursus vorgesehen. Damit befand sich die Anstalt in Uebereinstimmung mit den Einrichtungen, welche damals noch an der chemischtechnischen und an der Forstschule bestanden. Aber schon nach wenigen Jahren zeigte sich, dass die also abgegrenzte Dauerzeit des Studiums eine zu enge, in Folge dessen eine Belastung der Studirenden eingetreten war, welche befürchten liess, dass dieselben ausser Stand gesetzt werden, die zur geistig selbstthätigen Verarbeitung des Lehrstoffes absolut nothwendige ruhige Sammlung der Kräfte zu gewinnen und insbesondere auch noch Zeit zu ausgiebiger Benutzung der Vorlesungen an der Freifächer-Abtheilung zu erübrigen. Aus diesem Grunde wurde denn der Cursus schon im Jahre 1875 auf 2^1/$_2$ Jahre (5 Semester) erweitert.

Das nachfolgende Tableau (s. S. 100) giebt eine Uebersicht über den Normal-Studienplan in dessen gegenwärtiger Gestalt und unter vorläufiger Weglassung derjenigen facultativen Fächer, welche zugleich für das Studium der Landwirthschaft von unmittelbarer Bedeutung sind. Derselbe entspricht — abgesehen von mehrfachen Erweiterungen, welche in der fortschreitenden Entwicklung der Landwirthschaftslehre begründet, und von einigen unbedeutenden Verschiebungen, welche auf Rücksichten lediglich äusserer Natur zurückzuführen sind — in

Laufende Nro.	Lehrgegenstände:	I W.	II S.	III W.	IV S.	V W.
		Vorlesungen und bezw. Uebungen: Stunden per Woche				
	A. Grundwissenschaften.					
1	Anorganische Chemie	4	–	–	–	–
2	Organische Chemie	–	3	–	–	–
3	Experimentalphysik	4	4	–	–	–
4	Klimatologie	1	–	–	–	–
5	Petrographie	–	3	–	–	–
6	Allgemeine Geologie	–	–	4	–	–
7	Allgemeine Botanik	3	–	–	–	–
8	Spezielle Botanik (für Land- und Forstwirthe)	–	4	–	–	–
9	Pflanzenphysiologie mit Experimenten	–	3	–	–	–
10	Mikroskopische Uebungen	–	2	2	2	–
11	Pflanzenpathologie	–	–	1	–	–
12	Allgemeine Zoologie, mit Berücksichtigung der land- und forstwirthschaftlich wichtigen Thiere	4	–	–	–	–
13	Anatomie und Physiologie der Haussäugethiere	–	3	–	–	–
14	Agriculturchemie I (Naturgesetze der Pflanzenernährung) . . .	–	–	2	–	–
15	Agriculturchemie II (Naturgesetze der Thierernährung) . . .	–	–	–	2	–
16	Uebungen im agriculturchemischen Laboratorium	–	–	–	Je 8 Wochen.	
17	Botanische Excursionen	–	'/2T.	–	–	–
18	Grundlehren der Nationalökonomie) Ueber die gleichen Fächer wird	3	–	–	–	–
19	Finanzwissenschaft . . . . . .) auch in französ. Sprache gelesen	–	–	2	–	–
20	Rechtslehre	–	–	–	3	3
	B. Fachwissenschaften.					
1	Bodenkunde	–	–	2	–	–
2	Ent- und Bewässerung	–	–	–	–	2
3	Beackerung und Düngung	–	–	2	–	–
4	Spezieller Pflanzenbau (Futtergewächs-, Knollen- und Wurzelgewächs-, Getreide- und Handelsgewächsbau) . . .	–	–	–	5	–
5	Obstbau- und Obstkunde	–	–	1	1	–
6	Weinbau und Weinbehandlung	–	–	–	1	1
7	Agronomische Uebungen	–	–	–	3	4
8	Allgemeine Thierproductionslehre	–	–	2	–	–
9	Gesundheitspflege der Hausthiere	–	–	2	–	–
10	Krankheiten d. Hausthiere, insb. Seuchenkunde, Physiol. d. Geburt	–	–	–	2	–
11	Rindviehzucht	–	–	–	3	2
12	Exterieur des Pferdes, Hufbeschlag und Pferdezucht	–	–	–	2	–
13	Schaf- und Schweinezucht	–	–	–	–	2
14	Die naturgesetzlichen Grundlagen des Molkereiwesens	–	–	–	–	2
15	Molkereitechnik	–	–	–	–	2
16	Betriebslehre der Milchwirthschaft	–	–	–	2	–
17	Zucker- und Spiritusfabrikation	–	–	–	–	1
18	Landwirthschaftliche Maschinen- und Gerätekunde	–	–	2	2	–
19	Die ökonomischen Grundlagen der Landwirthschaft	2	–	–	–	–
20	Landwirthschaftliche Betriebslehre	–	3	3	3	–
21	Landwirthschaftliche Buchführung und Ertragsanschläge . . .	–	–	–	–	3
22	Geschichte und Litteratur der Landwirthschaft	–	1	–	–	–

allen wesentlichen Beziehungen genau der Anordnung, welche schon
zur Zeit der Gründung der Anstalt getroffen wurde.

Am Schlusse dieses Abschnittes angekommen, erübrigt uns noch
die Mittheilung einer, wie uns dünkt, belangreichen Erfahrung und
Anregung gerade in Bezug auf den Studienplan. Die Einrichtung,
zu welcher die Schule gelangt ist, hat sich im Allgemeinen *bewährt*.
Gleichwohl sind noch Wünsche offen geblieben. Und diese beziehen
sich immer wieder auf die Bestimmung der Dauer des Cursus.

Es giebt kaum einen Docenten an unserer Anstalt, welcher in
der starken Beanspruchung der Kräfte der Studirenden nicht eine
Unzuträglichkeit erkannt hätte. Diese Stimmung hat sich in den Con-
ferenzen wiederholt und immer nachdrücklicher geltend gemacht, so
zwar, dass die sog. »Entlastungsfrage« ein fast stehendes Tractandum
derselben gebildet hat. Bis jetzt erzielte die Schule in dieser Hinsicht
allerdings mehrfache Erleichterungen. Als solche können betrachtet
werden :

1. Die in Art. 15 des Reglements der polytechnischen Schule
vom Jahre 1881 aufgenommene Bestimmung, also lautend:

*»Betreffend den Besuch der landwirthschaftlichen Abthei-
lung können Landwirthe von reiferem Alter, welche, ohne an die
Jahresfolge gebunden zu sein, eine individuelle Studienrichtung an
dieser Abtheilung verfolgen wollen, von strikter Einhaltung der
Jahresfolge dispensirt, und es kann denselben eine individuelle Auswahl der Vorlesungen gestattet werden«;*
mehr aber noch

2. eine seither alljährlich im Programme der polytechnischen
Schule aufgeführte, den Bestimmungen für die Lehramtscandidaten-
Abtheilung entsprechende Verfügung des Schweizer. Schulrathes, des
Inhaltes:

*»Der Vorstand (der landwirthschaftlichen Schule) ist ermäch-
tigt, für Studirende, die sich in besonderer Richtung ausbilden
wollen (z. B. für Molkereitechniker), anschliessend an die Jahresfolge
im Programme, individuelle Studienpläne festzusetzen. Für die
Diplomexamen bleiben immerhin die Bestimmungen des § 41 des
allgemeinen Reglements und von § 1 des Diplom-Regulativs in Kraft.«*

Aber auch diese Anordnungen erwiesen sich in so fern nicht
ausreichend, als von den so gewährten Erleichterungen füglich nur
diejenigen Studirenden Gebrauch machen konnten, welche von vornherein nicht beabsichtigten, sich der Diplomprüfung zu unterziehen,
indessen die Diplom-Candidaten nach wie vor an das Studium der für
die betreffende Prüfung vorgesehenen Fächer gebunden waren. Es
musste deshalb dankend anerkannt werden, dass der Schweizer. Schul-

rath auf eine Vorstellung der Conferenz einging, welche darauf abzielte, die Zahl der Diplomprüfungsfächer herabzusetzen und insbesondere für die Schluss-Diplomprüfung neben einer beschränkten Zahl von verbindlichen Fächern noch eine Reihe von solchen aufzuführen, aus welchen der Bewerber je zwei auszuwählen hat. Wir kommen auf diesen Fall an späterer Stelle zurück.

Im Uebrigen kann Verfasser nicht umhin, an dieser Stelle die Hoffnung und den Wunsch auszusprechen, dass der landwirthschaftlichen Schule, welche zur Zeit von allen Abtheilungen des Polytechnikums, mit Ausnahme nur der pharmaceutischen Section der chemischtechnischen Schule sowie der Culturingenieur-Schule, die engst bemessene Cursdauer hat, im Interesse des Studienerfolges schon im Beginne des zweiten Vierteljahrhunderts ihres Bestehens der 3-jährige Cursus zu Theil werden möge. —

4. Lehrkräfte.

Die landwirthschaftliche Schule des Polytechnikums hat im Laufe der Jahre sowohl hinsichtlich der Lehrstellen wie des Personales ihrer Lehrer manche Aenderungen erfahren müssen. Indem wir nachstehend eine Uebersicht über dieselben und über den gegenwärtigen Bestand darbieten, erfüllt es uns zugleich mit innigem Bedauern, die Erfahrung verzeichnen zu müssen, dass während des Bestehens der Anstalt eine Reihe vorzüglicher Lehrkräfte derselben aus dem Leben geschieden ist. Wir glauben aber nur im Sinne der noch unter uns weilenden Collegen und Studirenden, welche unserer Schule angehörten oder noch angehören, zu handeln, wenn wir hier bekennen, dass wir allesammt die Erinnerung an das Zusammenwirken mit den lieben Heimgegangenen dankbaren Herzens pflegen immerdar.

Das hier anschliessende Tableau bezieht sich auf die Fächer des Normal-Studienplanes, mit Einschluss einiger Vorlesungen und Uebungen, welche zwar facultativ geblieben, aber entweder zum Lehrplane anderer Fach-Abtheilungen gehören, oder speciell für die landwirthschaftliche und bezw. auch für die forstwirthschaftliche Schule auf Grund von besonderen Lehraufträgen eingeführt sind und ohne nähere Declaration über diese ihre Stellung regelmässig im Jahresprogramm einzeln verzeichnet werden.

Laufende Nr.	Lehrgegenstände:	Gegenwärtige Lehrer:	Frühere Lehrer:
1	Mathematik	—	Prof. G. Stocker — bis 1882 (†).
2	Unorganische Chemie	Professor Dr. E. Schulze. Seit 1892.	Prof. Dr. J. Wislicenus, später Professor an der Universität Würzburg, gegenwärtig Professor an der Universität Leipzig, — bis 1872. Prof. Dr. V. Meyer, später Professor an der Universität Göttingen, gegenwärtig Professor an der Universität Heidelberg, — bis 1885. Prof. Dr. A. Hantzsch, gegenwärtig Professor an der Universität Würzburg, — bis 1892.
3	Organische u. Agricultur-Chemie. Landwirthschaftlich-chemische Technologie. Uebungen im agricultur-chemischen Laboratorium.	Derselbe. Seit 1872.	—
4	Experimental-Physik.	Professor Dr. J. Pernet. Seit 1890.	Prof. Dr. A. Mousson — bis 1879. Prof. Dr. H. Schneebeli, — bis 1890 (†).
5	Allgemeine Botanik. Pflanzenphysiologie. Pflanzenpathologie. Mikroskopische Uebungen.	Professor Dr. C. Cramer. Seit 1871.	—
6	Specielle Botanik, mit botanischen Excursionen.	Professor Dr. C. Schröter. Seit 1883.	Prof. Dr. C. Cramer, — bis 1883.
7	Mitwirkung bei den botanischen Excursionen.	Dr. F. v. Tavel, Conservator des botanischen Museums. Seit 1894.	J. Jäggi, Conservator des botanischen Museums, – bis 1894 (†).
8	Allgemeine Zoologie, mit besonderer Berücksichtigung der land- und forstwirthschaftlich wichtigen Thiere.	Professor Dr. C. Keller. Seit 1876.	Prof. Dr. O. Bollinger, gegenwärtig Professor an der Universität München, — bis 1874. Dr. A. Guillebeau, gegenwärtig Professor an der Thierarzneischule in Bern, — bis 1876.
9	Anatomie und Physiologie der Haussäugethiere.	Derselbe. Seit 1884.	Prof. Dr. O. Bollinger, gegenwärtig Professor an der Universität München, — bis 1874. Prof. Dr. H. Berdez, gegenwärtig Director der Thierarzneischule in Bern, — bis 1877. Prof. Dr. L. Hermann, gegenwärtig Professor an der Universität Königsberg, — bis 1884.
10	Petrographie.	Prof. Dr. U. Grubenmann. Seit 1893.	Prof. Dr. A. Kenngott, — bis 1893.
11	Allgemeine Geologie.	Professor Dr. A. Heim. Seit 1873.	Prof. Dr. A. Escher v. der Linth, — bis 1873 (†)
12	Nationalökonomie und Finanzwissenschaft.	Professor Dr. J. Platter. Seit 1884.	Prof. Dr. V. Boehmert, gegenwärtig Director des Königl. Sächs. statistischen Bureau's in Dresden, — bis 1875. Prof. Dr. G. Cohn, gegenwärtig Professor an der Universität Göttingen, — bis 1884.

Laufende Nr.	Lehrgegenstände:	Gegenwärtige Lehrer:	Frühere Lehrer:
13	Nationalökonomie und Finanzwissenschaft, in französ. Sprache.	Professor **A. P. Charton.** Seit 1888.	—
14	Allgemeine Rechtslehre. Ausgewählte Capitel aus dem Sachenrechte und Obligationenrechte. Verwaltungsrecht.	Professor Dr. **H. Rölli.** Seit 1895.	Prof. Dr. **J. J. Rüttimann,**— bis 1876 (†). Prof. Dr. **J. J. Treichler,** -- bis 1895.
15	Klimatologie und Bodenkunde. Ent- und Bewässerung. Allgemeiner u. specieller Pflanzenbau. Agronomische Uebungen. Geschichte und Litteratur der Landwirthschaft.	Professor Dr. **A. Nowacki.** Seit 1871. Seit dem Jahre 1893 Vorstand der landwirthschaftlichen Schule.	—
16	Obstbau und Obstkunde.	Docent **E. Mertens.** Seit 1886.	Prof. **J. M. Kohler,** ·· bis 1884 (†). Director **J. Frick** im Strickof,— bis 1886 (†).
17	Weinbau und Weinbehandlung.	Docent **H. Krauer.** Seit 1884.	Prof. **J. M. Kohler,** — bis 1884 (†).
18	Gesundheitspflege d. Hausthiere. Krankheiten der Hausthiere, insbesondere Seuchenkunde. Physiologie der Geburt. Exterieur d. Pferdes, Hufbeschlag und Pferdezucht.	Professor Dr. **E. Zschokke,** Director der Thierarzneischule in Zürich. Seit 1894.	Prof. Dr. **O. Bollinger,** gegenwärtig Professor an der Universität München, · bis 1874. Prof. **H. Berdez,** gegenwärtig Director an der Thierarzneischule in Bern, — bis 1877. Prof. **J. Meyer,** Director der Thierarzneischule in Zürich, — bis 1894 (†).
19	Landwirthschaftliche Buchführung. Schaf- und Schweinezucht. Agronom. Uebungen.	Docent **H. Schneebeli.** Seit 1887.	Prof. Dr. **A. Kraemer,** bis 1887.
20	Landwirthschaftliche Betriebslehre und Ertragsanschlag. Allgemeine Thierproductionslehre und Rindviehzucht.	Professor Dr. **A. Kraemer.** Seit 1871. In den Jahren 1871--1893 Vorstand der landwirthschaftlichen Schule.	—
21	Molkereitechnik.	Docent **C. Bächler.** Seit 1895.	—
22	Milchwirthschaftl. Betriebslehre.	Docent **H. Schneebeli.** Seit 1892.	—
23	Landwirthschaftliche Maschinen- und Geräthekunde.	Docent **A. Nachtweh.** Seit 1895.	Prof. **H. Fritz,** — bis 1893 (†). Ingenieur **D. Uehlinger,** — bis 1895.
24	Landwirthschaftliche Baukunde.	—	Prof. **G. Lasius,** -- bis 1881.
25	Feldmessen und Nivelliren.	Professor **C. Zwicky.** Seit 1888.	Assistent **A. Valat,** -- bis 1878. Prof. Dr. **A. Kraemer,** -- bis 1888.
26	Planzeichnen.	Professor **F. Becker.** Seit 1890.	Prof. **J. Wild,** · - bis 1890 (†).
27	Forstwirthschaft für Landwirthe.	Professor **Th. Felber.** Seit 1895.	Prof. **E. Landolt,** — bis 1893 (†).
28	Alpwirthschaft.	Dr. **F. G. Stebler,** Vorstand der Schweizer. Samencontrolstation. Seit 1887.	

Zur Uebernahme des Unterrichtes in *Bakteriologie für Landwirthe* nebst den zugehörigen Uebungen wurde berufen: Dr. *R. Burri*, früher Assistent an der landwirthschaftlichen Versuchsstation in Bonn, zur Zeit in gleicher Stellung an der Schweizer. agriculturchemischen Untersuchungsstation in Zürich. Derselbe beginnt seine Lehrthätigkeit an unserer Anstalt mit dem Schuljahr 1896/97.

An Stelle des Docenten *F. v. Tavel*, welcher im Herbste 1896 sein Amt als Conservator des botanischen Museums niedergelegt hat, tritt Dr. *M. Rikli*. Derselbe wird gleich wie sein Amtsvorgänger bei den botanischen Excursionen mitwirken.

Nachfolgend reihen wir nun noch eine Zusammenstellung derjenigen anderweitigen facultativen Vorlesungen und Uebungen nebst Angabe der betreffenden Lehrkräfte an, welche, meist der Freifächer-Abtheilung angehörend, zugleich für das Studium der *Landwirthschaft* von unmittelbarer Bedeutung sind und theils von ordinirten Lehrern, theils von Privatdocenten zur Zeit gegeben werden. Das Verzeichniss erhebt übrigens keinen Anspruch auf Vollständigkeit. Wir nennen hier u. a.:

Professor Dr. *A. Weilenmann:* Meteorologie und Klimatologie.

Dr. *E. A. Grete*, Vorstand der Schweizer. agriculturchemischen Untersuchungstation: Agriculturchemische Untersuchungsmethoden. — Düngerlehre und Düngerfabrikation.

Dr. *E. Winterstein*, z. Z. Assistent am agriculturchemischen Laboratorium: Analytische Chemie für Land- und Forstwirthe. Untersuchung landwirthschaftlich wichtiger Producte. Chemisches Colloquium.

Professor Dr. *C. Schröter:* Pflanzengeographie. Alpenflora.

»   »   *C. Keller:* Abstammung und Geschichte der Hausthiere. Zoologisches Praktikum.

»   »   *G. Schoch:* Fische der Schweiz. Fischerei und Fischzucht.

Dr. *M. Standfuss*, Conservator der entomologischen Sammlung: Praktische Entomologie. Systematik der Insecten. Excursionen.

Professor Dr. *A. Kraemer:* Landwirthschaftl. Rechnen mit Uebungen.

Derselbe, unter Mitwirkung von Docent *H. Schneebeli,:* Landwirthschaftlich-seminaristische Uebungen.

Professor Dr. *O. Decher:* Praktische Geometrie mit Uebungen. (Mechanisch-technische Schule).

Professor *C. Zwicky:* Planzeichnen. Vermessungskunde. Strassen- und Wasserbau (Forstschule).

Während des Bestehens der landwirthschaftlichen Abtheilung fanden am Polytechnikum folgende Habilitationen für Fächer, welche mit der Landwirthschaftslehre zusammenhängen, statt:

H. Krauer, von Zürich. 1872.

Dr. *A. Platzmann,* von Leipzig. 1876. (Rücktritt 1880.)

Dr. *F. G. Stebler,* von Nidau, Kt. Bern. 1876.

Dr. *E. A. Grete,* von Celle, Hannover. 1878.

Dr. *J. Barbieri,* von Zürich, gegenwärtig Professor am eidgen. Polytechnikum. 1879.

E. Mertens, von Zürich. 1885.

Dr. *E. Steiger,* von Schlierbach, Kt. Luzern, gegenwärtig Professor an der Kantonsschule in St. Gallen. 1888.

Dr. *E. Bosshard,* von Zürich, Professor am Technikum in Winterthur. 1891.

Dr. *R. Pfister,* von Luzern. 1894 (Rücktritt 1896).

Dr. *E. Winterstein,* von Ernsthal, Sachsen. 1894.

Wie die Grunddisciplinen der Landwirthschaftswissenschaft, so sind auch deren Fachdisciplinen vielfach gegliedert. Das liegt, wie wir sahen, in der Natur der Dinge. Von wirklicher Ergiebigkeit einer zusammenfassenden Behandlung dieser verschiedenen Wissenszweige durch je eine Kraft ist schon längst keine Rede mehr. Beispielsweise tritt dies in den Fachlehrgegenständen der Art hervor, dass es für einen Docenten heute schon eine kaum zu bewältigende Aufgabe bildet, in den beiden Hauptzweigen der landwirthschaftlichen Productionslehre (Pflanzenbau und Thierproduction) oder in einem derselben und der ganzen Betriebslehre zu unterrichten, ganz abgesehen davon, dass einzelne Specialitäten der Technik regelmässig eine gesonderte Vertretung unbedingt erfordern. Daraus resultirt aber das Bedürfniss, für den höheren landwirthschaftlichen Unterricht eine relativ grosse Zahl von Lehrkräften heranzuziehen.

Stellt man dieses Verhältniss in Vergleich mit demjenigen der eigentlich technischen Fach-Abtheilungen, an welchen eine derartige Vielgliedrigkeit der Lehrgebiete nicht besteht, so mag dasselbe auf den ersten Blick allerdings auffallen. Gleichwohl muss die Landwirthschaft an der Eigenart ihrer Anforderungen festhalten und immer wieder betonen, dass sie Grund hat, der Consequenz, welche sich aus der Verfassung ihres Lehrgebietes ergiebt, ob dieselbe auch einzelnen, in diese Beziehungen nicht eingeweihten Kreisen befremdend vorkommen mag, doch auch manche wirklich gute Seite zuzuerkennen. Zu diesen gehört vor Allem, dass das durch die Natur des Faches bedingte gleichmässige Eindringen in verschiedene Wissenssphären den Blick in die grossen Zusammenhänge der Erscheinungen im Berufsleben erweitert und jeder Einseitigkeit der Auffassung derselben entgegenwirkt.

An einer der bedeutendsten höheren landwirthschaftlichen Lehranstalten des Auslandes, welche in eine Universität eingegliedert ist, wirken allein für die landwirthschaftlichen Fach-Disciplinen, einschliesslich der Meliorationslehre, des Feldmessens und Nivellirens, der land-

wirthschaftlichen Maschinen- und Geräthekunde und des Bauwesens,
zur Zeit nicht weniger als 12 besondere Docenten, indessen allda von
6 Universitätsprofessoren, welche sonst nur die reinen Wissenschaften
pflegen, noch Special-Vorlesungen in Rücksicht auf die Bedürfnisse
der Landwirthschaft gegeben werden.

Wir mussten das schliesslich noch anfügen, um zu beweisen, dass
die landwirthschaftliche Schule mit einer verhältnissmässig starken
Lehr-Vertretung der Einzelrichtungen ihres Faches nicht mehr beansprucht, als was sie ihrem inneren Wesen nach bedarf.

---

5. Das Gebäude der land- und forstwirthschaftlichen Schule.

Dasselbe wurde gemäss dem zwischen der Regierung von Zürich
und dem Schweizer. Schulrathe vereinbarten Programme im Beginne
der 70 er Jahre in unmittelbarer Nähe des Hauptgebäudes der polytechnischen Schule auf einem östlich der Universitätsstrasse und nörd-
lich der in diese einmündenden Schmelzbergstrasse gelegenen Grund-
stücke erstellt und im Jahre 1874 von der land- und forstwirthschaftlichen Schule, welche bis dahin in den Räumen des Hauptgebäudes
der polytechnischen Schule untergebracht war, bezogen. Eine Ansicht
von dem Bau liefert die Tafel I (Titelbild), indessen die Grundpläne
in der Tafel II zur Darstellung gebracht sind. Die Lage des Gebäudes,
des dasselbe umgebenden ökonomisch-botanischen Gartens und des
an diesen anschliessenden Obst-Versuchsgartens veranschaulicht die
Tafel VIII.

In Nachfolgendem geben wir zunächst einen allgemeinen Ueberblick über die innere Eintheilung des Gebäuderaumes unter Bezugnahme auf die Tafel II. Das Verhältniss hat sich also gestaltet:

Souterrain.

1—5. Wohnung des Hauswarts.	10. Raum für zoolog. Uebungen
6 u. 7. Heiz- und Kohlenraum.	und zootom. Demonstrationen.
8. Waschküche.	11. Raum für chemisch. Arbeiten.
9. Vorrathsraum des agricul-	12. Destillir- und Schmelzraum.
turchem. Laboratoriums.	13. Vorrathsraum wie No. 9.

14. Eiskeller.

Erdgeschoss.
(Räume für die chemischen Fächer.)

1 u. 2. Laboratorium. — Dasselbe	3. Spülraum.
umfasst zwei Arbeitsräume	4. Waagenzimmer.
für die Praktikanten.	5. Assistenten-Zimmer.

6. Vorrathszimmer des agriculturchemischen Laboratoriums.
7. Auditorium.
8. Sammlungszimmer.

9. (Getheilt) *a*. Professorenzimmer. *b*. Privat-Laboratorium
des Professors für Zoologie.
10. Kleiner Arbeitsraum.

Erste Etage.
(Räume für die land- und forstwirthschaftlichen Fächer.)

1 u. 2. Auditorien.
3. Raum für die naturkund-
liche Handsammlung.
4. Professoren-Zimmer.
5. Auditorium.

6. Raum für die landwirthschaftliche Sammlung.
7. Ebenso für die forstwirthschaftliche Sammlung.
8 u. 9. Professoren-Zimmer.

Zweite Etage.
(Räume für die botanischen Fächer.)

1. Mikroskopir-Saal.
2. Auditorium.
3 u. 4. Professoren-Zimmer.
5. Raum für die botanischen
Sammlungen.
6. Physiolog. Laboratorium.

7. Raum für Luftpumpen,
Waagen etc.
8 u. 9. Arbeitszimmer d. Directors
d. pflanzenphysiologischen
Institutes u. d. Assistenten.

Obwohl nicht verkannt werden darf, dass die Anlage und die
Einrichtung unseres Gebäudes im Allgemeinen dem Zwecke wohl ent-
sprachen, so machte sich im Laufe der Jahre doch in so fern eine
Schwierigkeit fühlbar, als die Bemessung des Rauminhaltes sich als
unzureichend erwies. Ganz besonders traf dies die I. Etage (land-
und forstwirthschaftliche Fächer) und die dort befindlichen Localitäten
für die Sammlungen. Thatsächlich führte beispielsweise die Raum-
Beengung für die landwirthschaftlichen Sammlungen so weit, dass
diese nicht mehr systematisch aufgestellt werden konnten, und ein
Theil derselben, in abgelegenen Mansarden-Räumen untergebracht
werden musste.

---

6. Hülfsmittel für Lehre und Forschung.

In Folge ihrer Eingliederung in die polytechnische Schule nahm
die landwirthschaftliche Abtheilung von vornherein die Vorzugsstellung
ein, dass sie in den Mitgenuss der umfassenden Hülfsmittel für das
Studium trat, über welche das Polytechnikum verfügt. Denn die überaus reichen naturwissenschaftlichen Sammlungen, die verschiedenen
Institute für wissenschaftliche Uebungen und die Bibliothek, welche

dasselbe besitzt, sind auch den Studirenden der Landwirthschaft zugänglich. Es würde den Rahmen unserer Aufgabe weit überschreiten, wenn hier versucht werden wollte, ein Bild von dem Gesammtumfange der Ausrüstung zu entwerfen, welche der technischen Hochschule in allen diesen Richtungen zu Theil geworden ist. Selbst in Bezug auf die Institutionen, welche dem allgemein naturwissenschaftlichen Unterrichte auch für die landwirthschaftliche Schule dienstbar sind, müssen wir uns eine Einschränkung in so weit auferlegen, als wir von denjenigen Hülfsmitteln absehen, bei welchen der Schwerpunkt der Benutzung gemäss der numerischen Betheiligung der Studirenden in die anderweiten Abtheilungen fällt, und als die betreffenden Localitäten mit unserer Anstalt nicht räumlich verbunden sind. Dies trifft unbedingt für den Unterricht in Physik, Petrographie und Geologie zu. Darüber hinaus besitzt die polytechnische Schule aber Einrichtungen für den naturwissenschaftlichen Unterricht, welche in mehrfacher Beziehung dem Studium der Landwirthschaft bezw. der Land- und Forstwirthschaft innerlich und äusserlich näher stehen, so zwar, dass sie und mittelst ihrer die einschlägigen Vorlesungen und Uebungen die besonderen Bedürfnisse dieser Berufszweige schon mehr in Berücksichtigung ziehen, als es in den übrigen naturwissenschaftlichen Disciplinen geschehen kann, indessen sie zum grossen Theile auch räumlich an die speciell fachliche Ausstattung der land- und forstwirthschaftlichen Schule anschliessen und mit dieser sich unter einem Dache befinden. Fasst man hiernach die innerhalb dieser Grenzen liegenden Einrichtungen für das naturwissenschaftliche und das landwirthschaftlich-fachwissenschaftliche Gebiet zusammen, so ergiebt sich für uns folgende Uebersicht:

1. Naturwissenschaften.

a) Chemie (Referent: Professor Dr. *E. Schulze*). »Für den Unterricht in der Chemie dient das agriculturchemische Laboratorium. Es ist im Erdgeschoss des Instituts-Gebäudes untergebracht, doch stehen ihm auch im Souterrain dieses Gebäudes noch einige Räume zur Verfügung. Im Erdgeschoss befinden sich links vom Haupteingang zwei grosse Arbeitsräume mit zusammen 36 Arbeitsplätzen (Vgl. die Taf. III); neben dem einen dieser Arbeitsräume liegen das Waagenzimmer und das Assistentenzimmer, neben dem zweiten der Spülraum und ein kleines Arbeitszimmer. Rechts vom Haupteingang finden sich das ungefähr 80 Zuhörer fassende Auditorium und der mit letzterem durch eine Thüre verbundene Sammlungsraum (Vgl. die Tafel IV). Neben dem Sammlungsraum liegt das Professorenzimmer, neben dem Auditorium ein Vorrathszimmer. Von den im Souterrain dem agricultur-

chemischen Laboratorium gehörenden Räumen ist Nro. 11 ein grosser
Raum für chemische Arbeiten; in Nro. 12 sind ein grosser Destillir-
apparat und ein Trockenschrank aufgestellt; Nro. 9 und 13 sind
Vorrathsräume.

Für die Vorlesungen über anorganische und organische Chemie
sind ausser den zur Ausführung der Vorlesungsversuche erforderlichen
Apparaten zwei Sammlungen von anorganischen und organischen
Präparaten, für die Vorlesung über landwirthschaftlich-chemische Tech-
nologie eine Sammlung von technischen Producten, sowie 40 Stück
Wandtafeln vorhanden. Zur Demonstration in der Vorlesung über
Agriculturchemie dienen einige Wandtafeln und eine Anzahl von
Apparaten. Ferner findet sich eine Sammlung von Mineralien und
Gesteinsarten vor, welche in den Vorlesungen über anorganische
Chemie und Agriculturchemie zur Demonstration verwendet wird. Zu
erwähnen ist sodann noch das Vorhandensein einer Handbibliothek
von ca. 200 Bänden. Auch besitzt das Laboratorium selbstverständlich
die zur Ausführung chemischer Untersuchungen erforderlichen Apparate
und Geräthschaften in ausreichender Zahl.«

b) Botanik (Referent: Professor Dr. *C. Cramer*). »Der botanische
Unterricht an der Schweizer. landwirthschaftlichen Schule wird fast
ausschliesslich ertheilt in dem bei Gründung derselben mit dem Neu-
bau für die land- und forstwirthschaftliche Abtheilung des eidgenössischen Polytechnikums verbundenen pflanzenphysiologischen Institut.

Dieses enthält ausser einem *Auditorium* (Tafel II, Etage II,2)
für gegen 100 Zuhörer, das übrigens auch für andere Vorlesungen
benutzt wird, einen Mikroskopirsaal mit 20 bis 25 Arbeitsplätzen
(Tafel II, Etage II,1 und Tafel V), einen *Sammlungssaal* (l. c. 5), einen
Saal für *Pflanzenphysiologie* (6), und 3 kleinere Zimmer (7, 8, 9) für
Luftpumpe, Waagen etc., für den Director des Institutes, und für den
Assistenten.

Es verfügt über 38 *Mikroskope* nebst den nöthigen Hülfsapparaten
zum Messen und Zeichnen mikroskopischer Objecte etc., über eine
Reihe *pflanzenphysiologischer Apparate* (Luftpumpe, Waagen, Klinostat
zu Versuchen über den Einfluss der Schwere und des Lichtes auf das
Pflanzenwachsthum, Apparate zur Demonstration der Kohlensäure-
Assimilation, zur Erläuterung der Saftsteigung, der Transpiration etc.),
über eine Sammlung von 5600 mikroskopischen Dauerpräparaten, über
reiche, dem Unterricht in allgemeiner und ökonomischer Botanik, in
Pflanzenphysiologie und Pflanzenpathologie dienende *Demonstrations-
herbarien*, sowie Sammlungen anderer pflanzlicher Trockenobjecte
(Hölzer, Pflanzenfasern, Früchte, Samen, dabei eine Specialsammlung

von 160 Getreide-Varietäten) und von Spiritusobjecten, auch von
Modellen verschiedener Art; weiterhin über eine Sammlung von
vielen Hunderten Demonstrations-Wandtafeln und Pflanzenbildern auf
Carton zum Herumbieten während der Vorlesungen, und über eine
kleine Handbibliothek aus ca. 100 Bänden.

Ein wichtiger Bestandtheil des pflanzenphysiologischen Institutes
ist endlich auch der das Gebäude für die Schweizer. land- und forstwirthschaftliche Schule umgebende, 3244 m² (Gebäude 360 m² abge-
rechnet) einnehmende ökonomisch-botanische Garten (Tafel VIII und IX),
welcher aus folgenden Partieen besteht: 1) dem Arboretum mit 142
Nummern von Bäumen und Sträuchern, 2) dem Staudenquartier mit
151 Nummern ausdauernder Kräuter, 3) dem Quartier für die 1- und
2-jährigen Gewächse mit 166 Nummern, 4) der Alpenanlage (hinter
dem Gebäude) mit 109 Nummern, 5) den Wasserbassins (links) mit
24 Nummern, 6) dem Gewächshaus mit 105 Species Kalthaus- und
195 Species Warmhauspflanzen, 7) 4 Rasenplätzen vor dem Gebäude
mit ca. 29 in Beeten und als Solitärpflanzen zur Decoration cultivirten
Pflanzen.

Ausser dem pflanzenphysiologischen Institut dient auch das im
Züricher botanischen Garten untergebrachte *botanische Museum* des
Schweizer. Polytechnikums, sowie der *Züricher botanische Garten* selbst
vielfach dem botanischen Unterricht an der Schweizer. landwirthschaftlichen Schule, und zwar hauptsächlich dem Unterricht der ökonomischen Botanik. Auch das über 1000 Arten von landwirthschaftlichen
Nutzpflanzen und Unkräutern enthaltende Versuchsfeld der eidgenössischen Samencontrolstation liefert ein reiches Unterrichtsmaterial.

Genaueren Aufschluss über die Sammlungen des pflanzenphysio-
logischen Institutes des Schweizer. Polytechnikums, sowie über das im
Züricher botanischen Garten untergebrachte botanische Museum des
Polytechnikums giebt das im August 1896 bei Anlass des 150-jährigen
Jubiläums der Züricher naturforschenden Gesellschaft erschienene
Schriftchen: ‚Die Einrichtungen und Sammlungen für Botanik am
eidgenössischen Polytechnikum in Zürich'‹.

c) Zoologie (Referent: Professor Dr. *C. Keller*). ‚Für Demonstra-
tionszwecke steht die allgemeine zoologische Sammlung dem Unterricht in vollem Umgange zur Verfügung und leistet in erster Linie
für Demonstration der höheren Wirbelthiere unentbehrliche Dienste.
Daran schliesst sich eine neben dem Hörsaal gelegene Handsammlung
für systematische Zoologie, welche seit einem Jahre neues Mobiliar
zur Verfügung erhielt und damit übersichtlich und planmässig aus-
gebaut werden kann. Sie enthält die zur Demonstration unentbehrlichen
Objecte, namentlich auch mit Rücksicht auf biologische und entwick-

lungsgeschichtliche Verhältnisse in der Thierwelt. Beide Sammlungen dienen zur Unterstützung der Hauptvorlesung über Zoologie für Land- und Forstwirthe, welcher ausserdem noch grössere bildliche Darstellungen sowie sämmtliche Lieferungen von *Leuckart*'s zoologischem Atlas zur Verfügung stehen.

Für specielle landwirthschaftlich-zoologische Zwecke besitzt die landwirthschaftliche Sammlung handliche Schaukästen mit biologischen Präparaten und Frassstücken der schädlichen Insecten, ebenso gut ausgewählte Darstellungen nützlicher Thiere. Die forstlichen Sammlungen mit ihrem reichen Material ergänzen diese Partieen der angewandten Zoologie.

Ein Hauptaugenmerk wurde auf den Ausbau der Schädelsammlung unserer wichtigsten Hausthiere gerichtet, und diese ist nunmehr soweit vervollständigt, dass sie einer Specialvorlesung über Geschichte und Abstammung der Hausthiere als Grundlage dienen kann, andererseits aber auch der Vorlesung über Anatomie und der Racenkunde dienstbar wird.

Die Vorlesung über Anatomie und Physiologie verfügt über eine Serie anatomischer Präparate und Modelle, über eine Skeletsammlung, über Apparate zu physiologischen Zwecken, Bilderwerke und speciell für anatomische Bedürfnisse hergestellte Demonstrationstafeln.

Für zukünftige Landwirthschaftslehrer ist auch dafür gesorgt, dass die ihnen unentbehrlichen Uebungen in landwirthschaftlich-zoologischer Richtung geboten werden können. Freilich fehlt es noch an einem passend eingerichteten Laboratorium für angewandte Zoologie im Dienste der Landwirthe. Immerhin ist ein Präparirzimmer (Tafel II. Souterrain Nr. 10) vorhanden, in welchem bisher praktische Curse abgehalten wurden. Die instrumentale Ausrüstung besteht vorwiegend in einer ausreichenden Zahl guter Mikroskope und den nöthigsten Präparirinstrumenten; an Untersuchungsmaterial ist ein genügender Vorrath vorhanden.

Dem Docenten für Zoologie steht endlich ein kleines Privat-Laboratorium (Tafel II. Erdgeschoss Nr. 9 b) zur Verfügung, welches zur Vorbereitung der Vorlesungs-Demonstrationen und zu wissenschaftlichen Untersuchungen dient.« —

Den hier genannten, gewissermassen internen Hülfsmitteln für das naturwissenschaftliche Studium tritt aber noch in einzelnen Gebieten die Anleitung zur Beobachtung und die Uebung im Freien ergänzend zur Seite. Diesem Zwecke dienen die regelmässig stattfindenden naturwissenschaftlichen Excursionen, welche insbesondere in dem Unterrichte in Botanik, Zoologie und Geologie eine überaus wichtige Bestimmung erfüllen. Wie die betreffenden Docenten diese

Aufgabe behandeln, und wie dieselben bei den Ausflügen die Gelegenheit wahrnehmen, in der Beobachtung und der Darlegung der Erscheinungen auch auf deren Beziehungen zur Landwirthschaft einzugehen, zeigen die nachfolgenden Berichte:

a) Specielle Botanik (Referent: Prof. Dr. *C. Schröter*). »Botanische Excursionen, meist gemeinschaftlich mit den zoologischen, werden in der Regel alle Samstag Nachmittage ausgeführt; dazu kommen einige ganztägige und zwei mehrtägige (Pfingst- und Schlussexcursion); durchschnittlich sind es 10—12 pro Sommer. Es betheiligen sich an denselben ausser den Landwirthen auch die Forstwirthe, sowie Pharmaceuten und Studirende der Naturwissenschaft; diese bunte Gesellschaft bringt es mit sich, dass die Flora nach den verschiedensten Richtungen studirt wird. Den speciellen Bedürfnissen der Landwirthe wird durch Betonung namentlich folgender Punkte gerecht zu werden gesucht: Kennenlernen der Futterpflanzen, Streupflanzen und Unkräuter der Ebene und der Alpen, bodenbestimmende Eigenschaften der Gewächse, Zusammensetzung der Wiesen in ihrer Abhängigkeit von Klima, Standort und Culturmassregeln, landwirthschaftliche Regionen und Culturgrenzen, Studium der Alpweiden und Alpmatten. Allgemeinere Gesichtspunkte werden erörtert bei der Beobachtung biologischer Erscheinungen (Blüthenbiologie, Anpassungserscheinungen an Klima und Standort, Schutzmittel der Pflanzen).

Die Mannigfaltigkeit der naturhistorischen Verhältnisse unseres Landes ermöglicht es, den Studirenden die verschiedenartigsten Vegetationen vorzuführen. Die Umgebung von Zürich (Uto, Zürichberg, Katzensee, Robenhauser-Moor) bietet Wiesen, Aecker, Wald und Sumpf in reichem Wechsel; die Alpenflora wird am Vierwaldstätter-See (Rigi, Pilatus), im Glarnerland (Sandalp, Sandgrat, Murgthal, Mürtschenstock) und Graubünden (St. Antönien, Avers, Bergell, Engadin) studirt; dabei wird auch alpwirthschaftlicher Verhältnisse gedacht. Den Süden unseres Landes mit seinen so stark abweichenden floristischen und landwirthschaftlichen Verhältnissen lernen wir auf den Pfingst-Excursionen in's Tessin und Wallis kennen.

Die meisten Studirenden legen sich Herbarien an; die Resultate der grösseren Excursionen werden in nachträglichen Besprechungen noch näher fixirt.«

b) Zoologie (Referent: Prof. Dr. *C. Keller*). »Den Studirenden der landwirthschaftlichen Abtheilung ist Gelegenheit geboten, jeden Samstag Nachmittag sich an den zoologischen Excursionen zu betheiligen, wobei die biologischen Verhältnisse der heimischen Thierwelt in der freien Natur demonstrirt werden. Im Vorsommer werden einzelne Excursionen speciell den thierischen Obstbaufeinden und Weinbaufeinden gewidmet; im Verein mit den Forstcandidaten sind weitere Excursionen den für den Waldbau wichtigen Thieren gewidmet. Auf einer grösseren Sommer-Excursion erlangen jeweilen auch die schweizerischen Hausthierracen besondere Berücksichtigung, ebenso ein in der Nähe von Zürich gelegener Wildpark.«

c) *Geologie* (Referent: Professor Dr. *A. Heim*). »Auf den 6—10 geologischen Excursionen, die allsommerlich stattfinden, werden neben den stratigraphischen, palæontologischen und tectonischen Verhältnissen der Excursionsgebiete auch eine Reihe von Verhältnissen besprochen, die für den Landwirth von directem Interesse sind. Der Boden wird mit Bezug auf seine Entstehung, seine Fruchtbarkeit, seine Durchfeuchtung, seine Quellbildung beurtheilt; es wird auf den Zusammenhang zwischen Untergrund und Vegetation aufmerksam gemacht, es werden Rutschgebiete und deren Melioration, Wildbäche und deren Verbauung, Steinschläge und deren Verhinderung studirt. In der Umgebung Zürichs lernt man das Erraticum und seinen günstigen Einfluss auf die Fruchtbarkeit des Bodens kennen, im Jura studirt man die Kalkformationen, in den Alpen neben den gewaltigen tectonischen Verschiebungen die Alpengesteine, im Höhgau die vulcanischen Erscheinungen, und auf einer grossen alpinen Schluss-Excursion die Gletscherverhältnisse, die Verwitterung im Hochgebirge, die Erscheinungen der Thalbildung u. a. m.«

II. Landwirthschaftswissenschaft.

Unter diesem Titel können für vorliegenden Zweck die Hauptglieder der Fachdisciplinen zusammengefasst werden, und ordnen sich demgemäss auch die Hülfsmittel für dieselben nach anderen Gesichtspunkten, wie diejenigen für die naturwissenschaftlichen Disciplinen.

a. Die landwirthschaftliche Bibliothek.

Dieselbe bildet einen Theilbestand der umfangreichen Bibliothek des eidgen. Polytechnikums und steht mit allen deren übrigen Gliedern unter einheitlicher Verwaltung. Von den 36 818 Bänden, welche die Gesammt-Bibliothek enthält, gehören nach der neuesten Zusammenstellung nicht weniger als 2496, also nahezu 7%, dem Wissensgebiete der Land- und Forstwirthschaft an. Daraus ist zu ersehen, dass die Litteratur der Bodenculturgewerbe in der centralen Sammlung eine verhältnissmässig reiche Vertretung hat. In dieser behauptet aber wiederum die Landwirthschaft eine sehr vortheilhafte Stellung, ein Ergebniss, welches wesentlich darauf zurückzuführen ist, dass dem Polytechnikum schon vor der Gründung der landwirthschaftlichen Schule mehrere Special-Sammlungen über Landwirthschaft als Geschenke zugeflossen, dann aber seither wohl alle beachtenswerthen neueren litterarischen Erscheinungen des Faches regelmässig erworben worden sind.

Ausser jenem Antheile verfügt die landwirthschaftliche Schule zum Gebrauche für die Fach-Docenten noch über eine Handbibliothek, welche in dem Lehrgebäude der Anstalt aufgestellt ist und von der Direction der Sammlungen verwaltet wird.

Mit der Bibliothek des Polytechnikums steht ein für alle Angehörigen desselben benutzbares Lesezimmer in Verbindung, in welchem eine grosse Zahl nach den einzelnen Wissensgebieten geordneter Zeitschriften ausgelegt ist. Unter diesen sind auch alle bedeutenderen landwirthschaftlichen Fachjournale der Schweiz und der Nachbarländer vertreten.

b. Die landwirthschaftlichen Sammlungen.

Dieselben befinden sich in der I. Etage des Lehrgebäudes in dem grossen Ecksaale Nr. 6 an der West- und Südfront. (Vgl. Tafel II und Tafel VI), unmittelbar anschliessend an den Hörsaal Nro. 5, von dessen Innerem die Tafel VII eine Anschauung giebt.

Die Einrichtung und die Verwaltung der Sammlungen wurde schon zur Zeit der Eröffnung der Schule dem Verfasser übertragen, welcher diese Aufgabe bis zum Jahre 1891, also volle 20 Jahre, beibehielt. Den Bemühungen, die Collectionen zu begründen, auszustatten und aus den allerbescheidensten Anfängen heraus auf die Höhe ihrer Reichhaltigkeit zu erheben, kam es allerdings vortheilhaft zu Statten, dass die Schulbehörde in Anerkennung der Tragweite dieses Lehrhülfsmittels schon in den ersten Jahren unterstützend eintrat und mehrfach ausserordentliche Zuschüsse bewilligte, um eine breite Grundlage schaffen zu helfen. In der allmählichen Erweiterung des Bestandes hat Verfasser so viel nur immer möglich die jeweiligen Vorschläge und Anträge der betheiligten Docenten berücksichtigt, wodurch es gelang, den verschiedenen Lehrgebieten eine gleichmässige Vertretung zu sichern.

Im Jahre 1891 ging die Verwaltung der Sammlungen in Folge Rücktritts des Verfassers an den Docenten *H. Schneebeli* über, welcher dieselbe in gleichem Sinne weiterführt.

Nachstehend folgt ein Verzeichniss des Inhaltes der Sammlungen in Ordnungsgruppen, wie sie schon zur Zeit der ersten Einrichtung gebildet worden sind. Dabei ist aber zu bemerken, dass die Nummern sich nicht ausnahmslos auf Einzelobjecte, sondern mehrfach wiederum auf je besondere Collectionen beziehen.

Das Bild ist folgendes:

Laufende Nro.	Gruppen:	Zahl der Objecte bezw. Einzel-Collectionen.
1.	Modelle von Spann-Werkzeugen für die Bodenbearbeitung	122
2.	» » Geräthen und Maschinen für die Saat, Erndte und Entkörnung und für die Düngervertheilung	24
3.	» » Geräthen und Maschinen für die Sortirung und Verarbeitung der Bodenerzeugnisse	25
4.	» » technischen Anlagen (Dungstätten, Stallungen, Selbsttränker, Raufen, Hopfen-Drahtanlagen, Hopfen-Trockenapparate, Feimengestelle, Futter-Pressfeimen, Einfriedigungen, Ent- und Bewässerungen), Pläne von Güter-Zusammenlegungen .	44
5.	» » Fuhrgeräthen und Motoren	3
6.	» » Geräthen und Maschinen für das Molkereiwesen	20
7.	Geräthe und Maschinen in voller Ausführung . .	101
8.	Apparate für landwirthschaftliche Untersuchungen	133
9.	Hülfsmaterialien für den landwirthschaftlichen Betrieb (je besondere Collectionen)	8
10.	Erzeugnisse der Landwirthschaft im rohen und verarbeiteten Zustande	65
11.	Samen- und Aehren-Sammlungen — Herbarien —	15
12.	Landwirthschaftlich nützliche und schädliche Thiere	153
13.	Landwirthschaftliche Erzeugnisse und Werkzeuge aus den Pfahlbauten	43
14.	Schädel und vollständige Skelete von Hausthieren, anatomische Präparate. — Wandtafeln für den Unterricht in Anatomie des Hausthierkörpers und in Zootechnik .	239
15.	Thierärztliche Instrumente. — Apparate zum Markiren der Thiere	75
16.	Sammlungen von pflanzenpathologischen Präparaten und von Unkrautsamen	12
17.	Geräthe und Apparate für Weinbau und Weinbehandlung und für Obstcultur . . .	167
18.	Verschiedenes — darunter eine Handbibliothek und eine Sammlung von Feldmess- und Nivellir-Instrumenten	286
	Summa:	1535

Der Sammlungen für die landwirthschaftlich-chemische Technologie ist bereits unter den Hülfsmitteln für den Unterricht in Chemie
gedacht worden.

c. Das landwirthschaftliche Versuchswesen.

Hält man an dem Seite 50 entwickelten Grundsatze fest, dass
die höhere landwirthschaftliche Schule auch die Aufgabe hat, für die
Fortentwicklung der Wissenschaft ihres Faches thätig zu sein, und
zieht man in Betracht, dass diese, weil ihr Gebiet der realen Erscheinungswelt angehört, absolut ausser Stande ist, ihr System aus selbst-
geschaffenen Begriffen zu construiren, also nothgedrungen aus der
directen Beobachtung und Erfahrung schöpfen muss, so leuchtet ohne
Weiteres ein, wie der Lehrer derselben auch beanspruchen muss, dass
ihm die Gelegenheiten und die Mittel zu selbstständiger Beobachtung
und Untersuchung zu Theil werden. Diesen Standpunkt hat auch
unsere landwirthschaftliche Schule seither immer eingenommen. Nun
ist zwar richtig, dass jeder Docent schon in den internen Hülfsmitteln
des Institutes gewissermassen einen Apparat besitzt, mittelst dessen
er in seiner speciellen Richtung arbeiten und forschen kann. Und
thatsächlich ist in dieser Hinsicht an unserer Anstalt im Laufe der
Jahre Vieles, jedenfalls alles das geschehen, was mit den gegebenen
Einrichtungen zu erzielen möglich war. Das schliesst aber nicht aus,
dass derartige Hülfsmittel mit besonderer Bezugnahme auf die Anforderungen des Faches einer Ergänzung bedürfen, und zwar auf dem
Wege der Durchführung von landwirthschaftlichen *Versuchen*. Das
ist übrigens schon in dem Gründungsgesetze der landwirthschaftlichen
Schule anerkannt worden, indem dasselbe der Anstalt wenigstens die
Verfügung über ein Versuchsfeld sicherte. Gleichwohl hat unsere
Schule seither wiederholt und immer wieder betont, wie sehr es ihrer
Entwicklung zu Statten kommen müsste, wenn sie in den Stand gesetzt
würde, ihre Versuchsthätigkeit zu erweitern. Dabei handelte es sich
ihr nicht etwa um solche vergleichend praktische Versuche, wie sie
jeder einigermassen unterrichtete Landwirth in seinem eigenen Betriebe
zu dem Zwecke anstellen und ausführen kann, um unter den ihm
gegebenen Verhältnissen gewisse in Frage stehende Verfahrungsweisen
auf ihre Ergiebigkeit zu prüfen. Derartige Operationen, so nützlich
und wichtig sie für die je vorliegenden Fälle auch sind, gestatten
eben doch nicht eine Verallgemeinerung der gewonnenen Ergebnisse.
Im Gegensatze zu ihnen stehen die wissenschaftlich angelegten und
durchgeführten Versuche, welche bezwecken, Thatsachen allgemeiner
Bedeutung aufzuschliessen, über die Gesetzmässigkeit der Vorgänge
aufzuklären, und zu zeigen, in welcher Weise die Ergebnisse einer

praktischen Verwerthung fähig sind. Solche Versuche in der Pflanzen-, der Thier- und der gewerblich-technischen Production mögen unter Umständen, je nach der Art der gestellten Frage, von dem Vertreter einer speciellen Richtung allein inscenirt werden. Sobald aber in ihnen ein Complex von Erscheinungen zur Geltung kommt, deren Erforschung Gegenstand je besonderer wissenschaftlicher Disciplinen ist, dann bedarf es auch einer gewissen Cooperation je mehrerer Vertreter dieser Wissensgebiete. Und da die Hochschule in dieser Hinsicht über Kräfte verschiedener Richtungen verfügt, so steht es auch ausser allem Zweifel, dass sich dieselbe in bevorzugter Weise dazu eignet, zugleich eine Stätte für landwirthschaftliches Versuchswesen zu sein.

Diesem Gesichtspunkte folgend, hat die landwirthschaftliche Schule des Polytechnikums seit ihrem Bestehen jeden Anlass benutzt, um ihre Wünsche auf Erweiterung der Versuchs-Gelegenheiten zur Geltung zu bringen. Leider geschah das nicht durchweg mit dem erhofften Erfolge.

Alsbald nach Eröffnung der landwirthschaftlichen Schule wurde auch das ihr überwiesene Versuchsfeld im Strickhof eingerichtet und seinem Zwecke dienstbar gemacht. Dasselbe bildete den Grundstock des Versuchswesens der Schule und auf Jahre hinaus die einzige Anlage dieser Art. Näheres über den seitherigen Betrieb des Versuchsfeldes findet der Leser an späterer Stelle.

Schon im Jahre 1873 beantragte Verfasser die Einrichtung zu analogen Versuchen in der Thierproduction und zu diesem Behufe die Anlage eines Versuchsstalles, für dessen Erstellung er zugleich einen detaillirten Plan-Entwurf nach dem Vorbilde der bezüglichen Bauten an der landwirthschaftlichen Versuchsstation in München eingereicht hatte. Es lag dabei zunächst die Absicht vor, auf dem Wege des Versuches den Fragen der Aufzucht junger Thiere, der Ernährung des Milchviehes, der Futterverwerthung durch Milch- und Fleischproduction u. a. m., sodann aber auch denjenigen der Vererbung näher zu treten. Der Schweizer. Schulrath war grundsätzlich dem Vorschlage zugeneigt, wie insbesondere die Thatsache beweist, dass er es gestattete, einer Beschreibung der den Zwecken des Institutes dienenden Bauanlagen, welche dem Programm der polytechnischen Schule vom Jahre 1873 beigegeben war, die Bemerkung zuzufügen, dass die Verwirklichung des angeregten Projectes in Aussicht stehe. Gleichwohl sollten sich unsere Hoffnungen nicht erfüllen, da die Behörde den damaligen Zeitpunkt für die Verfolgung des Planes nicht für geeignet hielt, mittlerweile aber, wie wir sehen werden, sich anderweite Probleme dazwischendrängten, vor welchen die ursprüngliche Idee zurücktreten musste.

Zur Zeit der Eröffnung unserer Schule war von einer planmässigen Controle des Handels in concentrirten Dünge- und Futtermitteln in der Schweiz noch keine Rede. Das Einzige, was hierin geschah, bestand in der sog. »Lagercontrole«, im Gegensatze zu der Controle der gegen Garantie für gewisse Gehalte verkauften Waare. Jene Lagercontrole wurde s. Z. durch Vermittlung des Schweizer. landwirthschaftlichen Vereins geübt, und als unsere Anstalt in's Leben getreten war, wurde die Ausführung der nöthigen Untersuchungen dem neu berufenen Professor für Agriculturchemie, *E. Schulze*, übertragen. Indessen zeigte sich, dass die Erfahrung, welche man anderwärts bereits über die Lagercontrolen gemacht hatte, auch hier zutraf, die Erfahrung nämlich, dass dieselben dem Abnehmer absolut keinen ausreichenden Schutz gegen Uebervortheilung ·gewähren, also im Grunde genommen ihr Ziel verfehlen. Auf Grund einer Vereinbarung mit Professor *Schulze* erörterte daraufhin Verfasser den Gegenstand in der Direction des Schweizer. landwirthschaftlichen Vereins mit dem Vorschlage, dass dieser sich für das System der Controle der verkauften Waare entscheiden und zu diesem Behufe bei den Behörden für die Etablirung einer amtlichen Untersuchungsstation mit Anlehnung an die landwirthschaftliche Schule des Polytechnikums verwenden möge. Die Anregung wurde in durchaus zustimmendem Sinne aufgenommen. Aber bevor noch das mit dem Referate über diese Frage beauftragte Mitglied der Direction, Professor *E. Landolt*, seinen Bericht erstattet hatte, brachte der Vereinspräsident in seiner Eigenschaft als Mitglied des Nationalrathes den Gegenstand schon in der Wintersession 1874/75 der Bundesversammlung zur Sprache, indem er in einer auf die Förderung der Landwirthschaft bezüglichen, von noch mehreren anderen Rathsmitgliedern unterzeichneten Motion u. a. auch zur Gründung einer agriculturchemischen Untersuchungsstation am Polytechnikum Anregung gab. Nachdem der Bundesrath den Schweizer. Schulrath zur Aeusserung über die Frage eingeladen, beauftragte dieser den Verfasser mit Erstattung eines Gutachtens. Dasselbe ist s. Z. mit dem schulräthlichen Berichte im Bundesblatte veröffentlicht worden. Das Schlussergebniss war, dass die eidgen. Räthe dem Projecte zustimmten. In Folge dessen trat dann die agriculturchemische Untersuchungsstation bereits im Jahre 1878 in's Leben, gleichzeitig aber auch die Samencontrolstation, welche bis dahin der zu ihrer Leitung berufene Dr. *F. G. Stebler* bereits als Privatunternehmen in Bern eingerichtet hatte. Ueber die weitere Entwicklung dieser Anstalten geben die unten folgenden Berichte Auskunft.

Das Jahr 1882 brachte eine abermalige Anregung im Sinne der Erweiterung des landwirthschaftlichen Versuchswesens an der landwirthschaftlichen Schule des Polytechnikums. Dieselbe erfolgte in dem mehrfach erwähnten, an den Schweizer. Bundesrath erstatteten amtlichen Enquête-Berichte des Verfassers über »Massregeln zur Förderung der Landwirthschaft«, und zielte darauf ab, an unserer Anstalt eine eigentliche *Versuchsstation* zu etabliren. Von den übrigens in voller Uebereinstimmung mit den Ansichten seiner Collegen gelieferten Darlegungen des Verfassers mögen hier auszugsweise nur folgende Sätze (S. 142 ff.) reproducirt werden.

»Schon bei den amtlichen Verhandlungen über die Frage der Gründung dieser (Control-)Stationen wurde darauf hingewiesen, dass dieselben das Interesse der schweizerischen Landwirthschaft nicht erschöpfen, dass sie gewissermassen nur als Uebergangsstufe zu einer weiteren Ausgestaltung des landwirthschaftlichen Versuchswesens anzusehen seien, und dass dieses erst einen gewissen Abschluss durch Erweiterung der Untersuchungsstation in eine Forschungs-, d. h. eine eigentliche Versuchsstation finden könne. Referent bezieht sich hinsichtlich der Einzelheiten auf den Inhalt des s. Z. an den Schweizer. Schulrath zu Handen des Schweizer. Bundesrathes erstatteten Gutachtens, welches diesen Entwicklungsgang ausdrücklich vorgesehen hat. Mittlerweile haben sich aber die Aufgaben der Landwirthe im Bereiche der Pflanzencultur, insbesondere der Düngung, sodann der Viehhaltung, noch erweitert und verschärft, wie gerade die Thatsache beweist, dass dieselben, so weit überhaupt Fragen der Technik des Faches in Betracht kommen, in dem mündlichen und schriftlichen Austausch der Ansichten und Erfahrungen der Landwirthe stets im Vordergrunde stehen. Auch der wachsende Verbrauch von Handels-Dünge- und -Futtermitteln bestätigt das. Unter solchen Umständen ist in den Kreisen der Praktiker das Bedürfniss nach einer Anstalt, welche sich planmässig den in dieses Gebiet einschlagenden Forschungsaufgaben widmet, von Tag zu Tag lebhafter und dringender empfunden, und ist demselben auch schon verschiedentlich bestimmter Ausdruck gegeben worden. Es handelt sich hierbei um ein Institut, welches in der Art der Auswahl, der Anlage und Durchführung von Versuchen im Pflanzenbau und in der Viehhaltung, unter Berücksichtigung der vielfach eigenartigen landwirthschaftlichen Betriebsweise in der Schweiz, sich den unmittelbaren Bedürfnissen der Praxis anschliesst, d. h. nur Probleme aufgreift, deren Lösung eine Nutzanwendung und Verwerthung in den nächstliegenden Operationen des Betriebes verspricht. Damit erstrebt unsere Landwirthschaft nicht mehr und nicht weniger, als diejenige anderer Länder, welchen solche Anstalten, Dank dem Beistande ihrer Behörden, schon längst zu Theil geworden sind. — Die Richtung, in welcher eine solche Station zu arbeiten hätte, ist die chemisch-physiologische, und um ihr einen ergiebigen Wirkungskreis zu eröffnen, würde es erfordern, dass sie ihren Ausgangspunkt an der agricultur-chemischen Controlstation in dem Sinne nehme, dass diese mit dem erforderlichen Apparate — Versuchsland und Versuchsstall mit allem Zubehör — ausgestattet werde, analog dem Verfahren, welches in der Ausrüstung auch der Samencontrolstation mit einem Forschungsfelde eingeschlagen, und mit welchem diese zugleich zu einer Versuchsstation für Futter-, insbesondere für Gräserbau erhoben ward. Die chemische Controle würde der agriculturchemischen Versuchsstation verbleiben und eine unter der oberen Leitung des Vorstehers der letzteren auf Grund der bestehenden Reglemente fortzuführende besondere Abtheilung derselben bilden.

Für die auszuführenden *Düngungs*-Versuche bedarf es ausgedehnter Flächen. Dem in unmittelbarer Nähe der Stadt immer beschwerlichen und kostspieligen Betriebe eines solchen Versuchsfeldes in Eigenregie wird die Anlehnung an die Domaine Strickhof, eventuell eine Verbindung mit dem dort schon eingerichteten, von der landwirthschaftlichen Schule des Polytechnikums bewirthschafteten Versuchslande vorzuziehen sein. Dabei wären aber noch Düngungsversuche an verschiedenen Betriebsstellen des Landes, organisirt nach einem einheitlichen Plane, und durchgeführt unter dem Beistande der praktischen Landwirthe, von der Versuchsstation zu veranstalten. Eine solche Massregel ist nicht etwa ein Nothbehelf, sondern geradezu Bedingung einer ausgiebigen Forschung im Gebiete der Anwendung der Grundsätze der Düngerlehre. — Für die Zwecke der *Fütterungs*-Versuche, welche im Hinblick auf die hervortretende Bedeutung der Viehhaltung für unser Land besonderer Beachtung empfohlen sein sollen, bedarf es aber eines angemessen eingerichteten Versuchsstalles mit entsprechenden Vorrathsräumen. . . . . .« »Zur Empfehlung des Vorschlages darf schliesslich noch bemerkt werden, dass ein Institut dieser Art ein überaus werthvolles Hülfsmittel der Unterweisung und Uebung für die landwirthschaftliche Schule des eidgenössischen Polytechnikums bilden und deren Wirksamkeit wesentlich erweitern würde, eine Voraussicht, welche durch die Erfahrungen an den in dieser Hinsicht reichlich ausgestatteten landwirthschaftlichen Hochschulen überall bestätigt wird. Andererseits wirkt aber diese Anlehnung der Versuchsanstalt an die landwirthschaftliche Schule des Polytechnikums, an welcher für alle Zweige der einschlagenden Grund- und Fachwissenschaften besondere Lehrer thätig sind, durch deren gelegentliche oder planmässige Betheiligung an dem Versuchswesen auch auf dieses befruchtend zurück.

Es liegt der Gedanke nahe, eine solche Versuchsanstalt auch den Aufgaben der Weinbehandlung, und dann namentlich der *Milchwirth-*

schaft dienstbar zu machen, da sich bekanntlich auf diesen Gebieten ein weites Feld naturwissenschaftlicher Forschung aufgethan hat. Der Berichterstatter theilt diese Ansicht und schlägt daher vor, derartige Arbeiten in das Programm einer solchen Anstalt, wie er sie dem Lande wünscht, aufzunehmen.«

Im Anschlusse hieran wurden dann noch mehrere Wege besprochen, auf welchen eine geeignete Verbindung des milchwirthschaftlichen Versuchs- und Unterrichtswesens an der landwirthschaftlichen Schule zu erzielen wäre.

Alle diese Anregungen und Vorschläge blieben leider ohne Erfolg. Und zwar keineswegs desshalb, weil die vorberathenden Commissionen und die Behörden die Tragweite derselben nicht gewürdigt und nicht anerkannt haben, sondern lediglich aus dem Grunde, weil eben gleichzeitig zahlreiche Anträge auf Massregeln zur Förderung der Landwirthschaft vorlagen und bei der Prüfung derselben sich immer diejenigen in den Vordergrund drängten, welche als die dringlichsten und leichtest realisirbaren erachtet wurden.

Nach Ablauf eines weiteren Jahres (1883), als die oben bereits erwähnte Motion des Nationalrathes *Baldinger* zur Verhandlung kam, benutzte die zu einem Gutachten hierüber aufgeforderte Conferenz der landwirthschaftlichen Schule den Anlass, u. a. die Einrichtung je eines *Versuchs- und Demonstrations-Feldes für Obst- und Weinbau,* welche unserer Anstalt als Forschungs- und Lehrobject in den einschlagenden Fächern dienen sollten, vorzuschlagen. Der in jeder Richtung ausreichend begründete Antrag fand bei den Behörden eine durchaus geneigte Aufnahme. Nach Genehmigung desselben erfolgten sofort die erforderlichen Einrichtungen, und gediehen diese auch alsbald so weit, dass beide Gärten schon in den Jahren 1887 und 1888 in Betrieb gesetzt werden konnten. Ueber die seitherigen Ergebnisse desselben finden sich nähere Angaben in den unten folgenden Referaten.

Das Jahr 1886 brachte eine neue Anregung, indem der Schweizer. landwirthschaftliche Verein bei den Bundesbehörden die Errichtung einer »milchwirthschaftlichen Centralstelle« an der landwirthschaftlichen Schule in Vorschlag brachte und zugleich ein von seinen Mitgliedern *Anderegg* und *Büchi* entworfenes Programm für die gewünschte Anstalt vorlegte. Mit einem Gutachten hierüber beauftragt, erklärte die Conferenz der landwirthschaftlichen Schule, sich mit der *Form,* in welcher das Institut errichtet werden solle, nicht befreunden zu können, und beantragte sie mit guten Gründen die Verwirklichung des Gedankens zunächst durch eine andere, den gegebenen Verhältnissen besser anschliessende Organisation im Sinne der Einrichtung einer besonderen Abtheilung des agriculturchemischen Laboratoriums.

Dabei betonte sie ausdrücklich, dass die geplante Milchversuchsstation
»an das Polytechnikum in Zürich gehöre«, fügte sie aber hinzu, dass
die Errichtung »eines grossen, mit eigenem Sennereibetrieb verbundenen milchwirthschaftlichen Institutes« in Zürich allerdings auf kaum
überwindliche Schwierigkeiten stossen werde. — Das Gutachten der
Lehrerschaft wurde später in No. 50 d. J. 1887 des Schweizer. landwirthschaftlichen Centralblattes veröffentlicht, und ist somit jedem
Interessenten Gelegenheit gegeben, sich durch Einsicht in dieses Actenstück von der Stellung, welche die Docenten unserer Schule in dieser,
mittlerweile übrigens von den Behörden nicht weiter verfolgten Frage
eingenommen haben, ein richtiges Bild zu verschaffen.

Unser Enquête-Bericht hatte sich auch mit der Errichtung einer
landwirthschaftlichen *Maschinenprüfungsstation* beschäftigt und dieselbe
mit einlässlicher Begründung empfohlen. Der Gedanke wurde damals
abgelehnt, später aber (1890) von der Gesellschaft schweizerischer Landwirthe wieder aufgegriffen. Der erneuten Anregung wurde eine günstige
Aufnahme zu Theil, indem insbesondere der Schweizer. Schulrath, an
welchen die Eingabe jener Gesellschaft gerichtet war, auf dieselbe einging und die nöthigen Verhandlungen einleitete. Leider konnte das
Project in Folge Hinscheidens des Professor *Fritz*, welcher für die
Leitung des Instituts, dessen Sitz die landwirthschaftliche Schule *Strickhof* bilden sollte, in Aussicht genommen war, nicht fortgeführt werden.
Statuten, Reglemente, Verträge waren schon vollständig entworfen
und den Behörden zur Genehmigung unterbreitet.

In Folge einer in der Bundesversammlung (1887) erheblich erklärten, auf die Gründung einer Schweizer. Milchversuchsstation abzielenden Motion des Nationalraths *Häni* hat der Bundesrath bekanntlich der Bundesversammlung ein von seinem Landwirthschafts-Depar-
tement entworfenes Project für eine in der Nähe von Bern zu etablirende
land- und milchwirthschaftliche Versuchs- und Untersuchungsanstalt
zur Beschlussfassung vorgelegt. Ebenso bekannt ist, dass die Lehrerschaft unserer Anstalt inzwischen bei der Schulbehörde dahin vorstellig
geworden ist, dass das in's Auge gefasste Institut in der Nähe von
Zürich errichtet und mit der landwirthschaftlichen Schule in Verbindung
gebracht, eventuell aber das Project in der Weise getheilt werden
möge, dass die *milchwirthschaftliche* Versuchsstation in der Nähe von
Bern, die *landwirthschaftliche* dagegen in der Nähe von Zürich erstellt
werde. — Nach Lage der Verhältnisse, und da die Verhandlungen
über den Gegenstand noch nicht abgeschlossen sind, muss hier von
einer näheren Erörterung desselben Umgang genommen werden. —

Wie aus diesen Darlegungen ersehen werden wolle, hat die landwirthschaftliche Schule des Polytechnikums sich seit langer Zeit eifrig

bemüht, in den Besitz von landwirthschaftlichen Versuchsanstalten zu
gelangen. Sie that das ihrer selbst und der guten Sache willen, und
mit schwerwiegenden Gründen. Und wenn sie auch nur Einiges, nicht
Alles erreichte, so wird sie gleichwohl auch ferner bei den Grundsätzen,
welche sie seither als richtig erkannt und vertreten hat, beharren.
In dieser ihr einmal durch ihre Aufgabe zugewiesenen Stellung darf
sie aber auch erhoffen, dass alle von Rechts- und Billigkeitsgefühl durch-
drungenen Kreise in den Anstrengungen unserer Schule für eine
Erweiterung ihrer Hülfsmittel zur Versuchsthätigkeit wie überhaupt
für die Befestigung der Bedingungen ihrer gedeihlichen Wirksamkeit
nichts Anderes erblicken werden, als den Ausdruck ausgeprägten
Pflichtbewusstseins.

Wir lassen nunmehr noch die Berichte über die Anlage und den
Betrieb unserer Versuchsfelder folgen.

aa) Der Versuchs-Obstgarten.
(Referent: Docent *E. Mertens.*)

Dieser Garten ist in erster Linie ein Demonstrationsfeld; die im
Hörsaal besprochenen Culturverfahren werden hier in Gegenwart der
Studirenden ausgeführt, und wird ihre Wirkung im Verlauf der Vege-
tationszeit verfolgt.

Der Obstgarten lehnt sich östlich an das lange Viereck, den
botanischen Garten, welcher das Lehrgebäude umgiebt. (Siehe Taf. VIII.)
Er misst 15 Are und ist in Beete eingetheilt, die von Norden nach
Süden laufen. Die Einfriedigung besteht nach Westen, Süden und
Osten aus einer Staketenhecke, nach Norden aus einer 3 m hohen,
reichlich mit Luftkammern versehenen Backsteinmauer.

Betreten wir das Demonstrationsfeld durch den Haupteingang
westlich, und verfolgen wir den quer durch dasselbe führenden Weg,
so bietet sich uns nachstehende Anordnung in der Bepflanzung.

1. Rabatte, längs der Westgrenze:
   rechts, Stachelbeersträucher, als Spaliere gezogen,
   links, Brombeeren-Sortiment.
2. » , an doppelten Spaliergestellen:
   rechts, doppelt veredelte schiefe Cordons von Aepfeln
   und Birnen,
   links, Palmetten von Pflaumen, Zwetschgen, Reine-
   Clauden, Mirabellen und Aepfeln.
3. » , *rechts u. links,* Birnbäume in Spindel-Pyramidenform.
4. » , » verschied. Kern- und Steinobstbäume,
   in Pyramiden-, Busch- u. Becherform.

5. Rabatte, an doppelten Spaliergestellen:
rechts, einfach veredelte schiefe Cordons von Aepfeln
und Birnen,
links, Palmetten von Kern- und Steinobstbäumen.

6. » , ein Feld, enthaltend:
rechts, Aepfel als wagrechte Cordons, hochstämmige
Stachelbeerbäume, Birnbäume, ächte u. hochstämmige Pyramiden und Spiralcordons,
links, Aepfel, wagrechte Cordons, hochstämmige
Stachelbeerbäume, Birnbäume, ächte Pyramiden und Spiralcordons.

In der Axe des Weges befindet sich hier ein kreisförmiges
Beet mit einer Flügelpyramide (Birnbaum) bepflanzt.

Auf dem letzten Felde *rechts* stehen schwarze Maulbeeren, Cor-
nelkirschen, Mispeln und die zu Unterlagen für Obstgattungen gebräuchlichen Wildlinge.

Das letzte Feld *links* wird als kleine Baumschule benutzt und
beherbergt noch einige Haselnusssträucher und eine Edelkastanie.

Längs der südlichen Einfriedigung steht ein kleines Himbeer-
sortiment, der Ostgrenze nach sind Kirschen- und Weichselspaliere
angebracht, und die nach Norden den Garten abschliessende Mauer ist
mit Tafelreben-, Pfirsich- und Aprikosenspalieren besetzt. Erdbeer-
pflanzungen bilden die Einfassung der Wege.

Der Sortenzahl nach sind die Gattungen wie folgt vertreten:

Aepfel	93	Sorten	Kirschen u. Weichseln	20	Sorten
Aprikosen	3	»	Schw. Maulbeeren	1	»
Birnen	130	»	Mispel	1	»
Brombeeren	17	»	Pflaumen	14	»
Erdbeeren	41	»	Pfirsiche	20	»
Haselnuss	3	»	Quitten	4	»
Himbeeren	9	»	Reben	12	»
Johannisbeeren	22	»	Stachelbeeren	40	»
Kastanie	1	»			

Wie Eingangs betont, dient der Garten vornehmlich der Demonstration; zu einem Versuchsfeld ist dessen Fläche zu sehr beschränkt;
sind doch die meisten Obstsorten hier nur durch ein Exemplar vertreten, und aus dem Verhalten eines einzigen Individuums lassen sich
keine unanfechtbaren Schlüsse ziehen. Immerhin wird das Versuchswesen gepflegt, soweit die Umstände es gestatten, und zwar in folgenden Richtungen:

1. Ueber jede Pflanze wird Buch geführt; Blüthezeit, Stärke des
Triebes, Schnitt, Ertrag quantitativ und qualitativ, etwa vorkommende

Krankheitserscheinungen etc. werden regelmässig vermerkt. Nach einer Reihe von Jahren wird aus der Zusammenstellung dieser Notizen der wahrscheinliche Werth der einzelnen Sorten unter unseren klimatischen und Bodenverhältnissen ersichtlich. Um den absoluten Werth kennen zu lernen, müsste man je 10—12 Exemplare der gleichen Art neben einander beobachten können.

2. Der Prüfung des Einflusses der doppelten Veredelung sind zwei Rabatten, mit 256 Stück Birn- und Aepfelbäumchen, gewidmet.

3. Eine Anzahl von Birnpyramiden, aus rauher Gegend bezogen, steht neben einer Reihe eben solcher Bäumchen aus einer warmen geschützten Baumschule. Die Zeit wird lehren, ob die Bezugsquelle einen wesentlichen Einfluss auf das spätere Gedeihen der Bäume hat.

Alle diese Versuche können erst nach langjähriger Durchführung brauchbare Ergebnisse liefern.

bb) Der Versuchs-Weinberg.
(Referent: Docent *H. Krauer.*)

Der Weinberg liegt an der Schmelzbergstrasse oberhalb der Sternwarte in Fluntern (Siehe Tafel X), 474—480 m über Meer, ist nach Süd-Südwesten abgedacht und hat einen Flächeninhalt von 25,14 Are. Der Boden gehört der Molasseformation an und ist von mittlerer Bindigkeit.

1. Anlage und Zweck.

In erster Linie dient der Weinberg dazu, den Studirenden die hauptsächlichsten der in unserem Vaterlande üblichen Erziehungsarten, sowie die wichtigsten Rebensorten der Schweiz vor Augen zu führen.

Von letzteren ist den vier Hauptsorten, welche sich der grössten Verbreitung erfreuen — Gutedel (Chasselat oder Fendant), Elbling, grosser Räuschling und schwarzer Burgunder (Pineau noir) — die grösste Fläche eingeräumt; dann kommen in weniger Exemplaren die Sorten mit kleineren Verbreitungsbezirken. Besondere Aufmerksamkeit wird verschiedenen frühreifenden Sorten geschenkt, die bis anhin fast ausschliesslich als Tafeltrauben am Spalier gezogen wurden, von denen aber wahrscheinlich einige auch für den freien Weinberg sich eignen würden.

In zweiter Linie soll der Weinberg als Versuchsfeld in den verschiedensten Richtungen dienen.

Das betreffende Areal wurde im Jahre 1887 erworben und mit Neujahr 1888 angetreten. Es war bereits mit Reben bepflanzt; diese befanden sich aber in sehr schlechtem Zustande, so dass, um die oben angeführten Zwecke zu erreichen, eine successive Rodung und Neubepflanzung sich als nothwendig herausstellte. Diese Arbeiten gelangten in den Jahren 1888 bis und mit 1891 zur Ausführung.

Das Areal wurde in 5 gleich grosse Parcellen eingetheilt. In jeder derselben sind die Distancen so gewählt, dass die Weinstöcke auf Zapfen, Rundbogen und Streckbogen geschnitten werden können. Die Distanz zwischen den Reihen beträgt 90 cm, diejenige der Stöcke innerhalb der Reihen je nach der Erziehungsart 75, 90 und 120 cm.

In Parcelle I, welche das Sortenversuchsfeld im eigentlichsten Sinne bildet, sind von den wichtigsten der dem Kanton Wallis angehörenden Sorten je einige Exemplare angepflanzt. Daneben finden sich die oben berührten frühreifenden Sorten, und sodann solche, welchen nur locale Bedeutung zukommt, oder die auch anderwärts nur versuchsweise cultivirt werden.

Parcelle II enthält ebenfalls derartige Versuchsreben, und ferner schwarze und rothe Burgunder in verschiedenen Varietäten, und Parcelle III ist der Müllerrebe und verschiedenen Spielarten des schwarzen Burgunders gewidmet.

Parcelle IV enthält Gutedel, und Parcelle V Elbling und Räuschling.

2. Versuchswesen.

Versuche im Weinberge müssen bekanntlich, sollen sie sichere Resultate ergeben, Jahre lang vorgenommen werden. Auch braucht es zur Vergleichung eine grössere Anzahl von gleichaltrigen, im Ertrage stehenden Stöcken. Es fehlten also, wenn man das jugendliche Alter der ganzen Anlage berücksichtigt, von vorneherein die Grundbedingungen für eine ganz exacte Durchführung der Versuche, und daraus ergiebt sich, dass in Bezug auf die Mehrzahl der letzteren, mit Ausnahme der Veredlungsversuche, von welchen unten die Rede sein wird, noch nicht von positiven Resultaten gesprochen werden kann. Gleichwohl soll gezeigt werden, was angestrebt wird.

I. Vergleichende Düngungsversuche

konnten wegen des erwähnten Mangels an tragbaren Reben von gleichem Alter noch nicht vorgenommen werden. Von diesem Jahre an aber sollen solche zur Ausführung gelangen. Die Möglichkeit dazu ist nunmehr vorhanden, da nahezu alle Stöcke genügend erstarkt sind, und da ferner der Schweizer. Schulrath das neu erworbene Rebland oberhalb des Physikgebäudes, circa 40 Are, zum Versuchsfelde geschlagen hat.

II. Neue Erziehungsarten.

Es sind zwei solche in Aussicht genommen, welche beide in Bezug auf Unterstützungsmaterial und Laubarbeiten eine Ersparniss gewähren sollten. Positive Resultate haben sich noch nicht ergeben, weshalb die Versuche fortgesetzt werden.

III. Ringelschnitt.

Während mehrerer Jahre wurden eine Anzahl von Reben geringelt, und zwar nicht an den grünen Trieben, wie dies bei den Gärtnern zumeist üblich ist, sondern an dem einjährigen Tragholze. Im Durchschnitte kamen die Trauben besser durch die Blüthe, reiften früher und wurden grösser und voller, als bei ungeringelten Stöcken, so dass sich ein etwelcher Mehrertrag herausstellte. Das Mostgewicht war bei geringelten und ungeringelten so ziemlich gleich, während nach französischen Angaben die geringelten Stöcke zuckerreichere, nach deutschen umgekehrt zuckerärmere Trauben bringen sollen. Als Schattenseite muss hervorgehoben werden, dass die Trauben im Herbste leichter faulen. Es kann daher noch kein bestimmtes Urtheil über den wirklichen Werth dieses Verfahrens abgegeben werden.

IV. Erzeugung neuer Sorten durch Kreuzung und Variation.

Bei diesen Versuchen waltet die Absicht ob, neue, möglichst frühreifende und den Witterungseinflüssen, sowie verschiedenen Krankheiten besser widerstehende Traubensorten zu züchten.

Die durch die Aussaat erhaltenen Pflänzchen gedeihen gut, haben jedoch bis zur Stunde noch keine Früchte gebracht. Stünde ein Warmhaus zur Verfügung, so wäre die Sache weiter gediehen.

V. Veredlung.

In den von der Reblaus am schwersten heimgesuchten Gegenden, wie z. B. in Frankreich und Ungarn, seit einigen Jahren auch in den Kantonen Genf und Neuenburg, spielt die Wiederherstellung der zerstörten Weingärten durch Pfropfen der bewährten einheimischen Sorten auf der Reblaus Widerstand leistende und den betreffenden Bodenarten angepasste amerikanische Arten, resp. Hybriden, eine hervorragende Rolle. Mit Rücksicht hierauf wurde die Anlage einer amerikanischen Rebschule in Aussicht genommen; der Plan scheiterte jedoch an dem Widerspruche der zürcher. Kantonsregierung.

Da amerikanische Typen also nicht verwendet werden durften, wurden Pfropfversuche mit einheimischem Material gemacht, zunächst um Uebung in der Technik des Propfens zu gewinnen, dann aber ganz besonders zum Zwecke der raschen Ersetzung schwächlicher oder unächter Stöcke durch eine Sorte von gewünschtem Charakter.

In den ersten Jahren hielt man sich ausschliesslich an die englische Copulation, welche ordentliche Resultate aufwies. Seit einigen

Jahren wurde das Hauptaugenmerk auf eine andere Veredlungsmethode — die sog. Lyonerveredlung — gerichtet, und es verdient dieselbe alle Berücksichtigung. Sie ist von jedem geübten Weinbergsarbeiter leicht auszuführen und liefert ausgezeichnete Resultate.

Ebenso kam die in Steiermark übliche Grünveredlung zur Anwendung. Dieselbe weist viele Vorzüge auf; ihr Gelingen ist aber durchaus von der Witterung abhängig, die zur Zeit der Ausführung herrscht. Bei trockenem, warmem Wetter gedeihen — technisch richtige Behandlung vorausgesetzt — alle veredelten Reben, bei nasser, kalter Witterung dagegen fehlt fast Alles.

VI. Schutzmassregeln gegen Spätfröste.

Bestäubung mit der Kupfervitriol-Kalkmischung und mit Gyps und Kalkpulver führten einstweilen zu keinem Resultate; die Versuche sollen aber in der Folge in etwas anderer Weise fortgesetzt werden. Bessere Dienste leisteten Matten von Stroh oder Emballage, welche an die Stöcke gelehnt wurden; am günstigsten und einfachsten erwies sich indessen das blosse Nichtanbinden der langen Bogenreben.

cc) Das landwirthschaftliche Versuchsfeld im Strickhof.

(Referent: Professor Dr. *A. Nowacki.*)

Durch Art. 3,b des Bundesgesetzes vom 23. December 1869, betreffend Erweiterung der Forstschule des eidgen. Polytechnikums zu einer land- und forstwirthschaftlichen Schule (S. 45) war die Lage und der Umfang des Versuchsfeldes vorgeschrieben, und zugleich angedeutet, dass sich die Bewirthschaftung an den Gutsbetrieb des Strickhofes anzulehnen habe. Specieller regelte sich das Verhältniss durch einen *Vertrag*, der zwischen der Direction des Innern des Kantons Zürich und dem Präsidenten des schweizerischen Schulrathes zuerst am 25. Mai 1872 abgeschlossen und am 10. Juni vom Bundesrath genehmigt, später, im Jahre 1879 erneuert und in einigen Punkten modificirt wurde.

Darnach liefert der Strickhof Arbeit, Dünger, Maschinen, Geräthe und Räumlichkeiten zu festen Sätzen und er übernimmt die geerndteten Feldfrüchte zu Marktpreisen.

Dies Verhältniss hat das für sich, dass die Bewirthschaftung des Versuchsfeldes weniger Kosten verursacht, als ein selbstständiger Betrieb, der zwar wünschenswerth, aber nur bei erheblich grösserer Ausdehnung der Versuchsfläche gerechtfertigt wäre.

Director des Versuchsfeldes ist der Docent für Acker- und Pflanzenbau. Die Versuche dienen der Lehre und der Forschung.

In den ersten Jahren (1872 und 1873), wo der Umfang des Versuchsfeldes sich vertragsgemäss auf *eine* Juchart (36 Are) beschränkte, wurde *eine grössere Zahl von Culturpflanzen (Arten und Varietäten)* auf kleinen Beeten angebaut, um *Material für den Unterricht* zu gewinnen. Ein Theil davon, ein Sortiment von verschiedenen Zuckerrüben, wanderte in das agriculturchemische Laboratorium zur genaueren Untersuchung. — Daneben kam ein *Drillversuch mit Weizen* zur Ausführung, über den in der »Schweizerischen landwirthschaftlichen Zeitschrift« (1874, Heft 2) ausführlich berichtet worden ist.

In den folgenden Jahren wurden anderweitige, vergleichende Versuche mit *Kartoffeln* (1874, 1875 und 1887), *Runkelrüben* (1875), *Hafer* (1875 und 1886), *Weizen* (1877/78), *Mais* und *Zuckerhirse* (1879) etc. eingeleitet, von denen einige gelangen, einige fehlschlugen; denn ein Feldversuch ist eine Frage an die Natur, auf die sie mit Ja oder mit Nein antwortet, manchmal auch gar keine oder eine unbestimmte Antwort ertheilt. —

Hauptsächlich aber diente das Versuchsfeld zu *Futterbauversuchen*, die in *zwei Serien* je zehn Jahre lang (von 1876 bis 1885 und von 1880 bis 1889) planmässig durchgeführt wurden, und in einer *dritten Serie* (von 1888 und 1890) fortgesetzt, noch nicht zum Abschluss gelangt sind.

Die ersten eingehenden Berichte über die Ergebnisse dieser Versuche finden sich in der »Schweizerischen landwirthschaftlichen Zeitschrift« (Jahrgang 1879, Heft 1 und 2, Jahrgang 1880, Heft 1 und 2, und Jahrgang 1881, Heft 2).

Im Jahre 1883, bei Gelegenheit der schweizerischen Landesausstellung, wurden die Resultate kurz zusammengefasst in der volksthümlich gehaltenen Schrift: »*Der praktische Kleegrasbau*«, die im Jahre 1884 die *zweite* Auflage erlebte und im Jahre 1891 in einer *dritten* Auflage zu einer *Anleitung zum Kunstfutterbau* umgearbeitet wurde.

Die *erste* Frage, um deren Beantwortung es sich bei diesen Futterbauversuchen handelte, war die: *Welchen Erfolg hat die Heublumensaat im Vergleich zur Kleegrassaat?*

Auf Grund der mit Maass und Gewicht festgestellten Ertragszahlen lässt sich folgende Antwort geben: *Jede einigermassen zweckmässig ausgewählte Kleegrassaat hat vor der Heublumensaat den Vorzug, denn sie liefert einen ganz erheblich höheren Futterertrag. Der Ertrag der Kleegrassaat überwiegt in Bezug auf Menge und Güte des Futters für eine Reihe von Jahren den Ertrag der Heublumensaat so bedeutend, dass der grössere Aufwand für das Saatgut mit reichen Zinsen in die Hand des Landwirths zurückkehrt.* —

Durch die *zweite* Versuchsreihe sollte die Frage geprüft und wo möglich zur Entscheidung gebracht werden, ob für die Zwecke der Futtergewinnung unter den Verhältnissen, wie sie auf dem Versuchsfeld des Polytechnikums und sonst in der Schweiz vielfach gegeben sind, die *Reinsaat* oder die *Mischsaat* den Vorzug verdient.

Auch diese Versuche wurden zehn Jahre durchgeführt, um die Entwicklung und Veränderung der Pflanzenbestände zu beobachten. Weil aber auf keiner der vier Vergleichsparcellen der Reinbestand erhalten blieb, so können für die Beantwortung der Frage: *Reinsaat oder Mischsaat?* nur die Erträge der ersten drei Jahre in Betracht kommen.

Hält man sich lediglich an die ermittelten Durchschnittszahlen, so lässt sich das Ergebniss der Versuche in den Satz zusammenfassen: *Die Mischsaat hat vor der Reinsaat den Vorzug.*

Für die Richtigkeit dieses Satzes erbrachten die Versuche noch einen anderen, ganz unerwarteten und höchst interessanten Beweis.

Auf der I. und II. Parcelle zeigte sich nämlich schon im zweiten, noch mehr im dritten Jahre eine auffallende Menge von *Naturgras* unter der Reinsaat von Klee und von Luzerne, während auf der IV. Parcelle unter der Reinsaat von Gras eine ebenso auffallende Menge von *Naturklee* erschien.

Dreimal verwandelte die Natur die Reinsaat in eine Mischsaat; dreimal erzeugte sie ein Gemenge von Klee und Gras. Einen schlagenderen Beweis für die Zweckmässigkeit und Vorzüglichkeit der *Kleegrassaat* kann es nicht geben.

Die *dritte* Serie der Futterbauversuche, die noch nicht abgeschlossen ist, verfolgt den Zweck, die *Anlage und Behandlung der Kunst-Dauerwiesen* zu studiren.

Die bisherigen Beobachtungen der Pflanzenbestände bei den vorhin kurz berührten Versuchen hatten zu dem Schluss geführt: *Kunst-Dauerwiesen giebt es nicht,* weil die Culturflora nach und nach, mehr und mehr durch die Naturflora verdrängt wird. Es erschien angezeigt, die Richtigkeit dieses Schlusses, die auf das Bestimmte bestritten worden ist, durch planmässige Versuche zu prüfen.

Zu dem Zweck wurde der südliche, 74 Are umfassende Theil des Versuchsfeldes im Jahre 1888 mit einer *reinen Grasmischung ohne Klee* und mit Ausschluss des italienischen und englischen Raygrases eingebaut. Zur Controle wurde der nördliche, abgetrennt liegende, 76

Are messende Theil des Versuchsfeldes im Jahre 1890 mit derselben *reinen Grasmischung* bestellt. Was war der Erfolg?

Auf dem südlichen Theil zeigten sich schon im zweiten Jahre viele Kleepflanzen. Im dritten Jahre (1890) war die ganze, 74 Are umfassende Fläche über und über so dicht mit *Naturklee* besetzt, dass der Bestand bei kunstgerechter Ansaat nicht schöner und gleichmässiger hätte sein können. Dieselbe Erscheinung wiederholte sich im dritten Jahre nach der Anlage (1892) auf dem nördlichen Theil, doch war hier der Bestand des Naturklees nicht so gleichmässig über die ganze Fläche.

In den folgenden Jahren veränderte sich der Pflanzenbestand auf *beiden* Theilen des Versuchsfeldes fortwährend. Nach der Bestandesaufnahme vom 2. Juni 1896 waren (abgesehen von den künstlich gesäeten Gräsern) auf der Versuchsparcelle vertreten: 7 wildwachsende *Grasarten*, 8 wildwachsende *Kleearten* (genauer Schmetterlingsblüthler), unter denen der Weissklee vorherrschte, und 27 verschiedene Arten von *Unkräutern*, unter denen sich der Löwenzahn und der Spitzwegerich am meisten bemerklich machte.

Die *Culturflora* wurde auch bei diesen Versuchen nach und nach, mehr und mehr durch die *Naturflora* verdrängt und damit die Richtigkeit des Satzes bestätigt: *Kunstdauerwiesen giebt es nicht.*

Was die Behandlung der Wiesen betrifft, so richteten wir unser Augenmerk hauptsächlich auf die *Düngung. Natürlicher Dünger* aber durfte bei diesen Versuchen nicht zur Verwendung gelangen, weil der Stockmist sowohl wie die Gülle keimfähige Samen enthält, die, auf die Futterflächen gebracht, das Versuchsresultat getrübt und gestört hätten. Es kam also ausschliesslich *künstlicher Dünger* zur Verwendung, um zugleich eine *Theorie* zu prüfen, die etwa so lautet: Düngel die Wiesen reichlich mit Phosphorsäure und Kali. Dann vermehren sich die Kleepflanzen. Die Kleepflanzen sammeln Stickstoff aus der Luft. Den Stickstoff verzehren die Gräser. Folglich haben alle Pflanzen, was sie brauchen, und die Zufuhr von Stickstoff ist überflüssig.

Zu dem Ende wurde das südliche Stück des Versuchsfeldes der Länge nach getheilt, und die eine Hälfte Jahr für Jahr mit *Stickstoff*, Phosphorsäure und Kali behandelt, während die andere Hälfte *keinen Stickstoff*, sondern nur Phosphorsäure und Kali erhielt (Tafel XI). (Es lag im Plane, auf dem nördlichen Stück des Versuchsfeldes dieselben Versuche zur Controle zu wiederholen; hierauf musste aber verzichtet werden, weil der Pflanzenbestand zu ungleichmässig war).

Das Resultat dieser Düngungsversuche, so weit es bis jetzt erhoben werden konnte, ist in folgenden Zahlen enthalten.

Ertrag an Heu und Emd pro Hektare in Kilogramm
in den sieben Jahren von 1890 bis 1896.

Jahrgang:	Mit Stickstoffdüngung. I.	Ohne Stickstoffdüngung. II.	Unterschied von I und II.
1890	8611	5569	3042
1891	9486	6847	2639
1892	9278	7320	1958
1893	5778	4334	1444
1894	6085	4180	1905
1895	7281	7050	231
1896	5369	5325	44

Die Zahlen zeigen, dass die Stickstoffdüngung in den ersten
fünf Jahren entschieden gewirkt und sich auch gelohnt hat. Weniger
deutlich tritt der Unterschied im sechsten und siebenten Jahre hervor.
Die Versuche müssen daher, um ein klares Resultat zu ergeben, noch
einige Jahre fortgesetzt werden.

Näher auf die Sache einzugehen, ist hier nicht am Platze. Die
ausführlichere Berichterstattung bleibt dem Büchlein »*Der practische
Kleegrasbau*« vorbehalten, das demnächst in vierter Auflage erscheinen wird.

d. Die eidgen. Untersuchungsstationen. (Annexanstalten.)
aa) Die agriculturchemische Untersuchungsstation.
(Referent: Dr. *E. A. Grete*.)

1. **Gründung und räumliche Entwicklung.** Die laut Bundesbeschluss
vom 17. März 1877 creïrte Schweizer. agriculturchemische Untersuchungsstation wurde am 15. März 1877 unter Leitung des Berichterstatters
zunächst in einem kleinen Zimmer des agriculturchemischen Laboratoriums der landwirthschaftlichen Schule am Polytechnikum eröffnet.
Wider Erwarten genügte indess der kleine Raum den bald wachsenden
Ansprüchen an die Station nach kürzester Zeit nicht mehr. Schon
1879 kam ein zweites Zimmer hinzu, dann 1881 ein grösserer dritter
Raum im Souterrain der landwirthschaftlichen Schule; später bis zum
Jahre 1886 wurden noch 2 andere Räumlichkeiten zu Laboratorien
der agriculturchemischen Station eingerichtet. Es war dies überhaupt
nur möglich durch das ausserordentlich weitgehende Entgegenkommen
des Hrn. Professor Dr. *E. Schulze*, Vorstandes des agriculturchemischen
Laboratoriums, der in Voraussicht der nothwendigen baldigen Local-
änderung der Station während ihrer ersten üppigen Entwicklung alle
nöthigen Räumlichkeiten bei eigener grosser Einschränkung gerne
zur Verfügung stellte und alle kleinen damit verbundenen Unbequem-
lichkeiten auf sich nahm, ohne dass je in dieses innige Nebeneinander-

und fast Ineinanderleben auch nur der leiseste Misston geklungen wäre, und doch musste die rasch anwachsende Station oft sehr begehrlich sein, um allen Anforderungen zu genügen.

Im Herbste 1886 konnte die Schweizer. agriculturchemische Untersuchungsstation die gastlich gebotenen Räume mit einem eigenen Heim im neu erbauten Chemiegebäude vertauschen, in welchem das Parterre und das Souterrain des ganzen nördlichen Flügels mit 300 m^2 Grundfläche den Bedürfnissen der Station angepasst wurde.

Es befinden sich hier folgende Räumlichkeiten:

a) Im *Erdgeschoss* mit Vorplatz:

1. Vorstandszimmer (15 m^2 Grundfläche).
2. Privatlaboratorium mit Dunkelraum (30,5 m^2).
3. Sammlungszimmer (30,5 m^2).
4. Bibliothek- und Apparatenzimmer (15 m^2).
5. Bureau (15 m^2).
6. Allgemeines Laboratorium (46 m^2).
7. Raum für Kalibestimmungen (15 m^2).
8. Raum für Stickstoffbestimmungen (30,5 m^2).
9. Waagenzimmer (15 m^2).
10. Raum für Phosphorsäuretitration (15 m^2).
11. Waschraum.

b) Im *Souterrain:*

1. Ein Vorraum mit Gas- und Wassermesser.
2. Vorbereitungszimmer (45 m^2).
3. Speciallaboratorium (30 m^2).
4. Materialraum (15 m^2).
5. Destillirraum (ca. 50 m^2).
6. Säurezimmer (ca. 8 m^2).
7. Glaszimmer (15 m^2).
8. Probenraum (15 m^2) (später Arbeitsraum).

Mit 1. Januar 1894 mussten in Folge Raummangels wiederum 2 Zimmer, die bis dahin vom chemisch-analytischen Laboratorium benutzt waren, der Station angeschlossen werden, wobei der Raum 8 als neuer Arbeitsraum verfügbar wurde, nämlich

9. Probenraum (30 m^2) nunmehr vergrössert.
10. Aufbewahrung der Originale.

Seit April 1890 wurde ferner im Sammlungszimmer und dem Bibliothekraum des Erdgeschosses ein Laboratorium für botanisch-mikroskopische Untersuchungen neu eingerichtet, nachdem eine besondere Assistentenstelle für diese Richtung der Controle geschaffen war. Endlich wurde der agriculturchemischen Station im Jahre 1894 die

Ausführung von Topfculturversuchen zur Ermittlung der Dünger-
bedürftigkeit der Bodenarten übertragen und zu diesem Zwecke ein
11. Glashaus mit nunmehr über 200 Zinkgefässen und 12 Roll-
wagen auf 4 Schienenpaaren errichtet, um die Pflanzen in's Freie führen
zu können. Eine kleinere Abtheilung des Glashauses dient der Vorbereitung der Bodenproben u. s. w.

Die Heizung der Station geschieht gemeinschaftlich mit der des
Chemiegebäudes.

2. *Thätigkeit der Station.* Diese rasch wachsende Ausdehnung
der Station war bedingt durch das unerwartete Steigen der Anzahl
der einlaufenden Untersuchungsobjecte, hauptsächlich der Dünger-
proben, wie aus folgender Tabelle hervorgeht:

Tabelle I.

Gesammtzahl der Einsendungen und der nöthigen Bestimmungen:

Jahr	Total der Einsendungen	Total der ausgeführten Be-stimmungen	Jahr	Total der Einsendungen	Total der ausgeführten Be-stimmungen
1878	47	190		Uebertr. 5260	Uebertr. 25076
1879	180	640	1887	1260	6881
1880	254	920	1888	1323	7604
1881	604	2090	1889	1595	9108
1882	690	2800	1890	1867	10012
1883	642	2762	1891	2296	12727
1884	803	4419	1892	2452	12071
1885	900	5005	1893	3581	17113
1886	1140	6250	1894	3539	13420
	Uebertr. 5260	Uebertr. 25076	1895	3831	13382
			Zus. 27004	Zus. 127394

Die Station erhält ihre Aufgaben nicht blos aus der Schweiz,
sondern auch das Ausland steht mit der Station in ziemlich regem
Verkehr, besonders bei Gelegenheit von bedeutenden Handelsabschlüssen
und bei Schiedsanalysen.

Im Jahre 1890 sind sodann noch die Arbeiten im botanisch-
mikroskopischen Laboratorium, und seit 1894 auch die zeitraubenden
Arbeiten zum Zwecke der Ausführung der Topfculturen hinzugekommen.
Siehe auch Pos. 4.

3. *Personal der Station.* Nur in den ersten 2 Jahren war es dem
Vorstande möglich, die Analysen neben den übrigen Geschäften allein
zu besorgen. Schon im Jahre 1880 war die Anstellung eines ständigen

Assistenten nöthig; 1884 waren es deren 2, 1885 schon 3, und fast jedes neue Jahr brachte mit Vermehrung der Arbeit naturgemäss das Bedürfniss nach neuen Hülfskräften, die hauptsächlich im Frühjahr für einige Monate Verwendung fanden, wie man aus folgender Tabelle entnehmen möge.

Tabelle II.

Jahr	Anzahl der ständigen Assistenten	Hülfs-Assistenten	Gesammt-zahl der Assistenten	Anzahl der Arbeitsmonate der Assistenten. Monate	Schreiber	Abwarte	Putzerin	Gärtner	Anzahl der Arbeitsmonate
1880	1 (Person wechs.)	2	3	15	–	1	–	–	Aushülfe.
1881	1	3	4	18	–	1	–	–	„ ?
1882	1	3	4	26	–	1	–	–	„ ?
1883	1	3	4	28	–	1	–	–	2 Monate
1884	2	5	7	47	–	1	–	–	12 Monate (ständig)
1885	3	5	8	57	1	1	1	–	15,5 „
1886	3	7	10	64,5	1	1	1	–	28,5 „
1887	3	9	12	59,5	1	1	1	–	34 „
1888	4	8	12	75,0	1	1	1	–	36 „
1889	4	8	12	62,5	1	1	1	–	35,5 „
1890	5	7	12	66	1	1	1	–	36 „
1891	5	8	13	88	1	1	1	–	36 „
1892	6	4	10	73	1	2	1	–	46 „
1893	6	5	11	83,5	1	2	1	–	48 „
1894	6	8	14	94	1	2	1	1	57 „
1895	6	10	16	87,5	1	2	1	1	60 „

Augenblicklich ist der Personalbestand ausser dem Vorstande zusammengesetzt aus dem ersten Assistenten, dem Assistenten für botanisch-mikroskopische Untersuchungen, 4 anderen etatsmässigen chemischen Assistenten, 1 Secretär, 2 Abwarten, 1 Putzfrau und 1 Gärtner zur Besorgung der Arbeiten im Glashaus.

Wenn aus der Tabelle ein ausserordentlich grosser Wechsel der Hülfskräfte der Station ersichtlich wird, so liegt die Erklärung hierfür darin, dass die Sturmfluth der officiellen Controlarbeiten die Monate März bis Mai, hauptsächlich aber den Monat März trifft.

Zur Unterstützung der ständigen Assistenten müssen daher für diese Zeit vorübergehend Hülfskräfte herangezogen werden, denen während ihrer kurzen Thätigkeitsdauer an der Station jeweils die leichteren Arbeiten übertragen werden. Die ständigen Assistenten dagegen hatten durchschnittlich eine Amtsdauer von 1 bis 2 Jahren, einzelne darunter aber von 5, 6, 8, ja 9 Jahren; zwei der letzteren sind jetzt noch an der Station thätig.

Ebenso steht der Abwart schon seit Herbst 1883, der Secretär seit Anfang 1889 im Dienste der Station.

Wenn es auch nicht möglich war, die berufliche Laufbahn der grösseren Mehrzahl der seit 1878 bis 1895 an der agriculturchemischen Station thätig gewesenen 91 Assistenten nach deren Dienstaustritt näher zu verfolgen, so bleibt doch immer bemerkenswerth, dass viele von ihnen und besonders die ersten Assistenten, denen die Station die besten Dienste zu verdanken hat, direct angesehene öffentliche Stellungen erlangt haben und mit der Station in etwelchem Contact geblieben sind.

So haben fünf Kantone der Schweiz ihre ersten Chemiker von der Schweizer. agriculturchemischen Station erhalten, und viele ergänzten ihren Bedarf an chemischen Hülfskräften von der gleichen Anstalt, so dass dadurch die hier geübten Methoden eine weite Verbreitung im Lande gefunden haben.

4 *Wissenschaftliche Thätigkeit der Station und des Vorstandes.* Wenn auch die ausgebreitete Controlthätigkeit der Station die Kräfte derselben sehr in Anspruch genommen hat, so fand sich während einiger Monate des Sommers jeweils doch noch Zeit, verschiedene Untersuchungen im Interesse der Landwirthschaft zu unternehmen. So z. B. Untersuchungen specieller Dünge- und Futtermittel, besonders von Milchmastmehlen, verschiedener Hafersorten und Streuearten; ferner Versuche über das Reifen der Gülle, sodann Untersuchungen schweizerischer Gerbrinden, von Fichtenzweigen etc., deren Resultate im »Schweizer. landwirthschaftlichen Jahrbuch« 1888, 1889 und 1892, ferner in den »Mittheilungen der Schweizer. Centralanstalt für das forstliche Versuchswesen», Band I etc. veröffentlicht sind. Die Resultate der noch neuen Topfculturversuche seit der kurzen Dauer dieser Abtheilung der Station waren zum Theil auf den Ausstellungen in Bern und Genf ausgestellt.

Daneben arbeitete der Vorstand einzelne analytische Methoden, besonders die der Titrirung der Phosphorsäure mittelst Molybdänsäurelösung aus, die jetzt dem Laboratorium der Station ganz unentbehrlich geworden ist. Ebenso hat sich die Methode der Conservirung des Grünfutters mittelst Schwefelkohlenstoff in einzelnen Fällen schon praktisch bewährt, und die Broschüre des Vorstandes über Conservirung der Gülle und des Stallmistes durch Phosphorsäure konnte nunmehr in wenigen Jahren in dritter Auflage erscheinen.

Ausserdem hielt der Vorstand als Docent jährlich zwei Vorlesungen am Polytechnikum, nämlich 1. über Düngerlehre und Düngerfabrikation, und 2. über agriculturchemische Untersuchungsmethoden, über ersteres Thema auch Vorträge an mehreren »Cursen für praktische Landwirthe« am Polytechnikum.

Ganz besonders aber konnte der Vorstand thätig eingreifen in der Ausbildung des praktischen Landwirthes durch die grosse Anzahl von Wandervorträgen, die hauptsächlich im Kanton Zürich alljährlich gehalten wurden. In letzter Zeit wirkte der Vorstand auch bei mehreren mehrtägigen Düngerlehrcursen mit, durch Ertheilung des Unterrichts über Böden, Pflanzenernährung, Düngung, theils wurden solche Curse von ihm allein geleitet.

Der von Jahr zu Jahr grösser werdende Zuspruch der Landwirthe giebt Zeugniss davon, dass die Thätigkeit der Station für die Praxis bisher nicht erfolglos geblieben ist.

bb) **Die Samencontrolstation.**

(Referent: Dr. *F. G. Stebler.*)

Die Schweizerische Samencontrolstation wurde im Winter 1875/76 von dem Berichterstatter, damals im Mattenhof in Bern, als private Anstalt gegründet (Vergl. »Bernische Blätter für Landwirthschaft« 1876, No. 1, 9, 11, 13, 15, 23, 25). Die Anregung erhielt derselbe auf einer im Herbst 1874 in die nordischen Länder unternommenen Studienreise, wo er in Kiel und Kopenhagen Gelegenheit hatte, das segensreiche Wirken der dortigen Samencontrolstationen kennen zu lernen. Erstere stand damals unter der Leitung von *Christian Jenssen,* letztere unter der Direction des verstorbenen Altmeisters *Möller-Holst.* Zur Zeit der Gründung der schweizerischen Anstalt kam gerade die Errichtung einer agriculturchemischen Versuchsstation in der Schweiz in Discussion. Der Gründer trat nun auch für die Errichtung einer staatlichen Samencontrolstation ein und fand in den Kreisen, welche erstere Versuchsstation anregten und förderten, kräftige Unterstützung. Durch Bundesbeschluss vom 17. März 1877 wurde demzufolge neben einer agriculturchemischen eine besondere Samencontrolstation creïrt. Aber erst mit dem 1. Januar 1878 wurde die im Sommer 1876 nach Zürich verlegte Anstalt (wo der Leiter sich an der landwirthschaftlichen Abtheilung des Polytechnikums inzwischen als Docent habilitirt hatte), vom Bunde übernommen. Vorerst wurde im Dachstock der landwirthschaftlichen Schule ein Zimmer für die Zwecke der Samencontrolstation hergerichtet. Später, als die Arbeit wuchs, wurde noch ein Zimmer nebenan, und bald nachher noch ein drittes Zimmer dazu genommen. Sehr bald genügten aber auch diese drei Zimmer nicht, weshalb der Bund im Jahre 1881 für die Zwecke der Samencontrole die grossen Parterreräumlichkeiten des Hauses Nr. 9 an der Universitäts-

strasse miethete. Hier blieb die Station nahezu sechs Jahre. Am
1. October 1886 wurden die im neuen eidgenössischen Chemiegebäude
für die Zwecke der Samencontrolstation gebauten Räumlichkeiten im
südlichen Flügel bezogen, welche sie noch heute inne hat. Diese *Räumlichkeiten der Station* bestehen aus folgenden Localen:

a) *Im Erdgeschoss:*
   1. Grosses Laboratorium mit 71,5 m^2 Grundfläche,
   2. Thermostatenraum (8,1 m^2 Grundfläche),
   3. Apparatenzimmer (15,1 m^2),
   4. Bureau, zugleich Sammlung (46,5 m^2),
   5. Vorrathszimmer (14,7 m^2),
   6. Vorstandszimmer (30,7 m^2).

b) *Im Souterrain:*
   1. Dampfraum (30 m^2),
   2. Werkstätte (15 m^2),
   3. Packraum (60 m^2),
   4. Kistenlocal (30 m^2),
   5. Dunkelraum (11 m^2),
   6. Maschinenraum (18 m^2),
   7. Trockenraum (15 m^2).

c) *Dem Glashaus,* mit drei Abtheilungen, dem Keimraum, dem Arbeitsraum und der Culturabtheilung. Im Vorplatz befindet sich der
   Topfraum, der Kesselraum und der Kohlenbehälter.

Wie bedeutend sich die Arbeit seit den ersten Jahren gemehrt
hat, geht theilweise aus *der Zahl der zur Untersuchung eingesandten
Samenproben* hervor. Dieselbe betrug:

1875/76 =	24	Samenproben	Uebertrag	= 14349	Samenproben.	
76/77 =	406	»	86/87	= 2740	»	
77/78 =	881	»	87/88	= 3150	»	
78/79 =	878	»	88/89	= 4009	»	
79/80 =	1343	»	89/90	= 4601	»	
80/81 =	1430	»	90/91	= 4889	»	
81/82 =	1745	»	91/92	= 5543	»	
82/83 =	1784	»	92/93	= 5958	»	
83/84 =	1786	»	93/94	= 6049	»	
84/85 =	1825	»	94/95	= 6857	»	
85/86 =	2247	»	95/96	= 6937	»	
Uebertrag	= 14349	Samenproben	Zusammen	= 65082	Samenproben	

Diese Zahlen beziehen sich jeweilen auf den Zeitraum vom 1. Juli
des erstgenannten bis zum 30. Juni des zweitgenannten Jahres.

Hierzu muss aber noch bemerkt werden, dass in den letzten
Jahren die zahlreichen, zeitraubenden Wiesenuntersuchungen und die

Feldversuche, sowie die Anfertigung von Pflanzensammlungen dazu kommen, was alles in den ersten Jahren wegfiel.

Von den im Berichtsjahre 1895/96 eingegangenen Proben entfallen 3308 auf die Schweiz, und 3629 auf das Ausland; bei letzteren sind die meisten europäischen Staaten und Südamerika vertreten. Die schweizerische Samencontrolstation hat also einen ausgesprochen *internationalen Wirkungskreis*.

In den ersten Jahren besorgte der gegenwärtige Vorstand die Untersuchungen allein, bald wurde jedoch ein Assistent, dann deren zwei, später drei und mehr nöthig. Heute besteht das *Personal* ausser dem Vorstande aus 10 ständigen Assistenten und Assistentinnen und einem Gärtner. Zudem werden über den Winter noch 3—4 weitere Hülfskräfte beigezogen. Dem ersten Assistenten liegt hauptsächlich der Verwaltungsdienst ob. Die Cassa besorgt die Cassaverwaltung des eidgenössischen Polytechnikums. Mit den Arbeiten im Laboratorium ist jedoch, wie bereits erwähnt, die Thätigkeit der Samencontrolstation nicht abgeschlossen. Sie besitzt u. A. an verschiedenen Orten *Versuchsfelder*, auf welchen zahlreiche Pflanzenarten cultivirt und beobachtet werden. Von diesen Versuchsfeldern seien erwähnt:

1. *Das Versuchsfeld direct bei den Laboratorien*, unterhalb der Sternwarte, 1882 eingerichtet. Hier werden auf Beeten alle wichtigeren Futter-, Unkraut- und Streuepflanzen, sowie fast alle schweizerischen Gräser und Scheingräser angebaut, darunter in etwa 200 Fässern viele Sumpfpflanzen. Das Versuchsfeld umfasst 30 Are.

2. *Das Versuchsfeld in Wollishofen*, 10 Minuten von der Endstation des Zürcher Tram entfernt, 1892 eingerichtet. Dasselbe umfasst 21 je 100 m² grosse Parcellen, welche durch Wege von einander geschieden sind. Hier werden in grösseren Beeten eine geringere Anzahl besonders bemerkenswerther Arten, Varietäten oder Provenienzen von Futterpflanzen auf ihren landwirthschaftlichen Werth geprüft.

3. *Das Versuchsfeld auf der Fürstenalp* bei Trimis (Kt. Graubünden), 1782 m über Meer, 1884 eingerichtet, dient den Versuchen mit alpwirthschaftlich wichtigen Pflanzen.

Ein Versuchsfeld auf dem Moor bei Wetzikon, und zwei Versuchsparcellen im Strickhof bei Zürich (für Streue und Futterpflanzen), welche s. Z. eingerichtet und mehrere Jahre unterhalten wurden, sind später aufgegeben worden.

Die Samencontrolstation zieht jedoch die gesammten *Wiesen und Weiden der Schweiz* in den Kreis ihrer Untersuchungen, um so fördernd auf den gesammten Futterbau einzuwirken, wovon die bisherigen Publicationen Zeugniss ablegen. Die Station ist also im Verlaufe der Zeit eine förmliche Versuchsstation für Wiesen- und

Futterbau geworden, obschon sie nur den bescheidenen Titel einer Controlstation trägt.

In den Versuchsfeldern und auf den Excursionen im Lande herum wird das Material für die zahlreichen *Herbarien* gesammelt, welche die Station alljährlich abgiebt. Sie giebt folgende Sammlungen heraus:

1. *Schweizerische Gräsersammlung,* 5 Lieferungen mit 250 Arten, Unterarten, Varietäten etc.

2. *Sammlung der besten Futtergräser und Kleearten* (21 Arten),

3. *Sammlung der wichtigsten Unkräuter der Wiesen* (20 Arten),

4. *Sammlung der wichtigsten Streuepflanzen* (20 Arten).

Von diesen Sammlungen sind bis Ende 1895 = 1864 Exemplare abgegeben worden, meist zum Selbstkostenpreis.

Der Vorstand wirkte ausserdem als Wanderlehrer an zahlreichen Cursen und durch einzelne Vorträge mit, worunter namentlich die von der Station eingeführten *Futterbaucurse* zu erwähnen sind. Die Zahl der von ihm bis Ende 1895 gehaltenen *Wandervorträge* beträgt 139, die Zahl der abgehaltenen Curse 51. An der land- und der forstwirthschaftlichen Abtheilung hielt derselbe in den Sommersemestern 1876, 1877 und 1878 eine wöchentlich 1—2stündige Vorlesung über *Milchwirthschaft,* in den Wintersemestern 1876/77 und 1877/78 über *ausgewählte Capitel aus dem landwirthschaftlichen Pflanzenbau* (wöchentlich 1—2 Stunden), in den Sommersemestern 1880, 1881, 1884, 1885 und 1887, und in den Wintersemestern 1880/81, 1883/84, 1884/85, 1885/86 und 1886/87 über *Futterbau* (wöchentlich 1—3 Stunden), und in den Sommersemestern 1878 und 1879 und den Wintersemestern 1878/79 und 1881/82 *Uebungen in der land- und forstwirthschaftlichen Samenkunde* in der Samencontrolstation. Seit 1887/88 hielt er jeden Winter (im ersten Semester einstündig, später aber zweistündig) ein Colleg über *Alpwirthschaft,* wozu er 1889 und seither ständig den Lehrauftrag erhielt. Aus den mit Professor Dr. *Schröter* im Laboratorium, in den Versuchsfeldern und auf den Excursionen ausgeführten Arbeiten sind die mit diesem gemeinsam herausgegebenen Schriften, und zwar das Werk »*Die besten Futterpflanzen*« (von welchem bis jetzt 3 Bände erschienen) und die im »Landwirthschaftlichen Jahrbuch der Schweiz« veröffentlichten Abhandlungen »Beiträge zur Kenntniss der Matten und Weiden der Schweiz« hervorgegangen. Theilweise gemeinsam mit Prof. Dr. *Schröter,* theilweise allein unternahm der Vorstand in den Sommersemestern mit den Studirenden der land- und der forstwirthschaftlichen Schule alpwirthschaftlich-botanische Excursionen. Im Jahre 1893 wurde er vorläufig, und 1894 definitv vom Schulrathe zum *Director* der vom schweizerischen alpwirthschaftlichen Verein an das Polytechnikum übergegangenen *alpwirthschaftlichen*

Sammlung und Bibliothek ernannt, und hat er in dieser Eigenschaft alljährlich Bericht zu erstatten und Rechnung zu stellen.

Mehrere frühere Assistenten der Station wirken gegenwärtig in angesehenen öffentlichen Stellungen.

e. Die landwirthschaftlichen Excursionen.

Wie aus unseren früheren Darlegungen hervorgeht, haben die einzelnen Fachdocenten der landwirthschaftlichen Schule jede ihnen geeignet scheinende Gelegenheit benutzt, um ihren speciellen Unterricht dadurch ergiebiger zu machen, dass sie neben den Vorlesungen auch die Vorweisung und Uebung zu Hülfe nahmen. Es geschah dies — abgesehen von den bereits besprochenen planmässig eingeführten agronomischen Uebungen — zunächst durch die Besichtigung und das Studium besonders lehrreicher, ausserhalb der landwirthschaftlichen Schule gebotener Objecte — Betriebsstellen und Institute. So z. B. übte der Lehrer des Pflanzenbau's seine Zuhörer in der Beurtheilung der Bodenarten und der Bodencultur-Verhältnisse der weiteren Umgebung von Zürich, ebenso wie die Lehrer für Thierproduction in gleicher Weise Uebungen in der Beurtheilung von Thieren veranstalteten. Insbesondere nahm der Docent für Gesundheitspflege der Hausthiere, für die Lehre von den Thierkrankheiten, der Pferdezucht, des Hufbeschlages etc. öfters Anlass, die Sammlungen und Kliniken der Züricher Thierarzneischule in den Kreis seiner Unterrichts-Hülfsmittel hereinzuziehen. Und in analoger Weise waren die Lehrer für Weinbau und Weinbehandlung, Obstbau, Molkereiwesen etc. für ihr Fach in mannigfaltigster Richtung thätig.

Doch mit dieser Praxis schloss das System der Veranschaulichung des Unterrichtes nicht ab. Einen wesentlichen Bestandtheil desselben bildeten nämlich die wiederholt und in grosser Zahl ausgeführten eigentlich *landwirthschaftlichen Excursionen*, deren Zweck darin besteht, die Studirenden ohne ausschliessliche Rücksicht auf ein specielles Fachgebiet mit landwirthschaftlichen Betriebseinrichtungen, oder anderweiten, der Landwirthschaft nahestehenden Anstalten oder Unternehmungen, oder sonstigen für das Studium der Landwirthschaft wichtigen Vorkommnissen bekannt zu machen. Bei solchen Ausflügen, zu welchen regelmässig je alle Curse zugezogen wurden, und an welchen meist mehrere Docenten Antheil nahmen, kamen denn auch, wie leicht einzusehen, die Interessen des Unterrichtes in der landwirthschaftlichen Betriebslehre besonders zur Geltung.

Mit diesen Veranstaltungen erfüllte unsere Schule eine Aufgabe, deren Wichtigkeit schon in den Vorberathungen über die Gründung

derselben betont worden war und dann auch in dem Kreise der Lehrerschaft stets volle Würdigung gefunden hat. Es kann in der That
kein Zweifel darüber bestehen, dass in der Landwirthschaft mehr wie
in jedem anderen gewerblichen Fache eine Vervollständigung des
Unterrichtes durch häufige Excursionen und Demonstrationen an
Betriebseinrichtungen erforderlich ist, weil die Landwirthschaft der
Natur der Sache nach auf local sehr verschiedenen Bedingungen ruht
und weit weniger nach gleichartigen Formen organisirt werden kann,
als andere technische Unternehmungen, darum aber gerade bei ihr
eine vergleichende Beobachtung und Darstellung der mannigfaltigen
Betriebsgestaltungen ein überaus wichtiges Hülfsmittel zur Förderung
des Verständnisses der Grundprincipien bildet, auf welchen sich ihre
Einrichtung und Leitung aufzubauen hat.

In welchem Umfange unsere Anstalt die Ausführung von Excursionen in ihre Lehraufgabe hineingezogen hat, zeigt nachfolgende
Uebersicht, in welcher allerdings die bemerkenswerthesten Einzelobjecte der Anschauung, welche jeder Excursions-Zielpunkt darbot,
nicht vollinhaltlich namhaft gemacht werden können. Es muss jedoch
gleich hier bemerkt werden, dass mehrere der genannten Gütergewerbe
und Anstalten im Laufe der Jahre wiederholt, einige sogar recht oft
besucht worden sind.

Laufende No.	Kantone:	Zielpunkte der Excursionen:	Besitzer od. Vertreter der betr. Gewerbe, Unternehmungen, Anstalten etc. etc.
1	Zürich	Domaine Strickhof nebst Acker-bauschule.	Die Directoren HH. A. Hafter, J. Frick (†) und J. Lutz, bezw. die Betriebs-Angestellten.
2	„	Gutswirthschaft Neugut bei Wä-densweil.	Besitzer: Hr. H. Blattmann.
3	„	Gutswirthschaft in Wädensweil.	„ Hr. Höhn.
4	„	„ „ des Waisen-hauses in Wädensweil.	Hr. Verwalter Helen.
5	„	Käserei Spitzen, Bezirk Horgen.	Führer: Hr. a. Ktsrath Höhn-Haab in Wädensweil.
6	„	Gutswirthschaft in Gattikon.	Besitzer: Hr. Schmid-Bosshard.
7	„	„ „ Rüschlikon.	„ Hr. Glättli.
8	„	„ „ Hausen a. A.	„ Hr. Zürrer.
9	„	„ „ Fluntern.	„ Hr. a. Kantonsrath Bruppacher.
10	„	„ „ Hinteregg bei Uster.	„ Hr. a. Bezrchtr. Boller.
11	„	„ „ Oberweil bei Pfäffikon.	„ Hr. Hauptm. H. Bert-schinger.

Laufende No.	Kantone:	Zielpunkte der Excursionen:	Besitzer od. Vertreter der betr. Gewerbe, Unternehmungen, Anstalten etc. etc.
12	Zürich	Bierbrauerei Uetliberg	Director: Hr. A. Hafter.
13	„	Verschiedene Gütergewerbe im oberen Kanton Zürich und in Schwyz (Vieh-Ankauf).	Führer: Hr. R. Hitz zu Richtersweil im Felde.
14	„	Gutswirthschaft an der Au bei Wädensweil.	Besitzer: Hr. J. Staub.
15	„	„ Rosenberg bei Schirmensee.	„ Hr. Oberst H. Bleuler.
16	„	„ in Sulz-Dynhard.	„ Hr. Schneider.
17	„	Pfahlbauten zu Robenhausen bei Wetzikon.	Führer: Hr. Dr. J. Messikommer.
18	„	Obst- und Weinbau-Versuchsstation und Lehranstalt zu Wädensweil.	Hr. Director Prof. Dr. Müller-Thurgau.
19	Thurgau	Gutswirthschaft in Karthaus-Ittingen.	Besitzer: Hr. Oberst V. Fehr.
20	„	Gutswirthschaft in Kalchrain.	Hr. Verwalter J. Büchi.
21	„	„ „ Steinegg.	Besitzer: Hr. v. Ziegler.
22	„	„ „ Tänikon bei Aadorf.	„ Hr. J. v. Planta.
23	„	Domaine Katharinenthal bei Diessenhofen.	Pächter: Hr. Römer, später Hr. Faber.
24	„	Gutswirthschaft in Bettwiesen.	Besitzer: Hr. C. Kuhn.
25	„	„ „ Hauptweil.	„ Hr. Brunschwyler.
26	„	„ „ Mühlberg.	„ Hr. Rüegg-Blass.
27	„	Fabrik condensirter und sterilisirter Milch in Romanshorn.	Vertreter: HH. Gebr. Philipp.
28	„	Gutswirthschaft in Moosburg. (Pilter'sche Heupresse).	Hr. Director Römer.
29	„	Molkerei-Etablissement in Wigoltingen.	Besitzer: HH. Gebr. Wegmann.
30	„	Düngerfabrik in Märstetten.	„ Hr. Huber.
31	St. Gallen	Gutswirthschaft auf Hofberg bei Wyl.	„ Hr. A. Engeler.
32	„	Molkereischule in Sornthal.	Hr. Director E. Wyssmann.
33	„	Gartenbaubetrieb am Seminar Mariaberg bei Rorschach.	Hr. Director Heinzelmann.
34	„	Gutswirthschaft des Asyls in Wyl.	Hr. Verwalter L. Engeler.
35	„	Molkerei-Etablissement in Rossreuti bei Wyl.	Besitzer: Hr. Gsell.
36	„	Gemeindebann Mels (Drainage).	Führer: Hr. Geom. Bachofner.
37	Aargau	Gutswirthschaft im Sentenhof bei Muri.	Besitzer: HH. Gebr. Ineichen.

Laufende No.	Kantone:	Zielpunkte der Excursionen:	Besitzer od. Vertreter der betr. Gewerbe, Unternehmungen, Anlagen etc. etc.
38	Aargau	Gutswirthschaft der Ackerbauschule in Muri.	Hr. Director Streckeisen.
39	"	Gutswirthschaft in Gnadenthal bei Mellingen.	Besitzer: Hr. Eschmann-v. Merhart.
40	"	Flurbezirk in Lupfig (Güter-Consolidation).	Führer: Hr. Gemeindepräsident Seeberger in Birrfeld.
41	"	Gemeindebann Siglistorf und Schneisingen (Güter-Consolidation).	Führer: Hr. Geometer Basler.
42	"	Gutswirthschaft in Bünzen.	Besitzer: Hr. H. Abt.
43	Schaffhausen	Gemeindebann Siblingen (Güter-Consolidation und Drainage).	Führer: Hr. Gemeindepräsident Keller in Siblingen.
44	"	Rebgut in der Flur Schaffhausen.	Besitzer: Hr. Hptm. A. v. Ziegler.
45	Zug	Fabrik condensirter Milch in Cham.	Hr. Director G. Page.
46	"	Gutswirthschaft in Buonas.	Besitzer: Hr. v. Gonzenbach-Escher.
47	"	" auf Rosenberg bei Zug.	" Hr. Theiler.
48	Schwyz	" des Klostergutes Einsiedeln.	Führer: Hr. Statthalter P. Kuhn.
49	Glarus	" in Ziegelbrücke.	Besitzer: Hr. Rathsherr C. Jenny.
50	Bern	Gutswirthschaft der landw. Schule auf der Rütti.	Hr. Director Häni.
51	"	Arni-Alp (Genossenschaftsbetr).	Vertreter: Hr. Gutsbesitzer Hofer in Hasle.
52	Luzern	Mehrere Gutswirthschaften in Meggen.	Besitzer: HH. Scherer, Sigrist und Stalder.
53	Solothurn	Gutswirthschaft der Anstalt Rosegg.	Hr. Verwalter A. Marti.
54	"	Uferbauten an der Emme.	Führer: Hr. Reg.-Rath Baumgartner.
55	"	Papierfabrik in Biberist.	Hr. Director Müller.

Im Sommer 1884 unternahm unsere Schule auch eine Excursion nach *Hohenheim* bei Stuttgart, um die Lehrhülfsmittel und insbesondere den Gutsbetrieb der K. landwirthschaftlichen Akademie daselbst durch eigene Anschauung kennen zu lernen.

Es gereicht dem Verfasser, welcher mit nur wenigen Ausnahmen sämmtliche hier aufgeführte Excursionen arrangirt und geleitet hat, zur angenehmen Pflicht, ausdrücklich zu versichern, dass es der landwirthschaftlichen Schule in jedem Falle vollkommen gelungen war,

10

den Zweck der Excursion zu erreichen, und die Docenten und Studirenden sich regelmässig sehr befriedigt fühlten. Abgesehen von der
Bedeutung der Wahrnehmungen an sich, verdankten die Theilnehmer
diesen günstigen Erfolg dem überaus liebenswürdigen Empfange
Seitens der betreffenden Betriebsinhaber oder deren Vertreter, die es
sich ohne Ausnahme in hohem Grade angelegen sein liessen, unseren
ambulanten agronomischen Gesellschaften in der Erfüllung ihrer Aufgabe durch freundliche Aufnahme und durch schätzbare Begleitung
und Auskunft behülflich zu sein. —

Unsere landwirthschaftliche Schule nahm übrigens auch mehrfach
die Gelegenheit wahr, bei besonders belehrenden Anlässen von den
Bestrebungen der Landwirthschaft jenseits der Landesgrenzen Kenntniss zu nehmen. So besuchte sie je mit der grössten Mehrzahl ihrer
Studirenden und unter Betheiligung je mehrerer Docenten die grossen
landwirthschaftlichen Ausstellungen:

Der süddeutschen Ackerbaugesellschaft zu *Frankfurt* a./M. (1874),
der deutschen Landwirthschafts-Gesellschaft zu *Strassburg* (1890),
zu München (1893), zu Köln (1895) und zu Stuttgart (1896).

Im Rückblicke auf die Erfahrungen, welche sie bei dem Besuche
dieser Ausstellungen gemacht haben, erfüllte es die Züricher Land-
wirthschafts-Studirenden allesammt mit den Empfindungen des Dankes
für das aufmerksame Entgegenkommen, dessen sie sich als Gäste bei
den nachbarlichen landwirthschaftlichen Veranstaltungen zu erfreuen
hatten. —

---

7. Diplomprüfungen.

Der Einführung der Diplomprüfungen an der polytechnischen Schule
liegt zunächt der Gedanke einer Förderung des Studientriebes zu Grunde.
Indem man den Studirenden die Gelegenheit eröffnet, durch das Bestehen der Diplomprüfung einen überdurchschnittlichen, der Auszeichnung
würdigen Studienerfolg nachzuweisen, kann es sich allerdings nicht
darum handeln, sie günstigen Falles durch die Auszeichnung zugleich
mit Rechtsansprüchen in Bezug auf spätere Dienstanstellungen auszustatten. Wohl aber erachtet man, dass die Erwerbung des Diploms,
indem dieses einen hohen Leistungsgrad und daher auch gewissenhafte
Verwendung der Zeit und Kraft bezeugt, dem Candidaten eine Befriedigung gewähre und ihn in den Stand setze, das Vertrauen seiner
Angehörigen, welche ihm die Zurücklegung des Studiums ermöglichten

und hierfür Opfer brachten, documentarisch zu rechtfertigen. Es kommt aber dazu, dass mit der Ablegung des Diplomexamens, welches doch einmal den Charakter einer Staatsprüfung trägt, für die jungen Fachmänner auch mancherlei gewichtvolle indirecte Vortheile in so fern verknüpft sind, als dieselbe die Anwartschaft auf Erfolg in der Bewerbung um Stellungen im öffentlichen oder privaten Dienste erhöht. So hat sich denn seither die Institution der Diplomprüfungen an der polytechnischen Schule als eine durchaus eingreifend wirksame Triebfeder zur Entwicklung des Eifers und Fleisses der Studirenden bewährt.

Die allgemeinen Bestimmungen für die auf Grund der Art. 40—43 des Reglements der polytechnischen Schule eingeführten Diplomprüfungen finden auch Anwendung auf die landwirthschaftliche Abtheilung, und ihnen entsprechen wiederum die Special-Vorschriften, welche das Regulativ für die Diplomprüfungen auch für diese unsere Anstalt enthält.

Zur Orientirung über unsere Einrichtungen dürfte es an dieser Stelle genügen, auszugsweise Folgendes hervorzuheben:

Jeder regelmässige Studirende, welcher den Unterricht an der landwirthschaftlichen Fachschule am Polytechnikum vom ersten Jahrescurse an besucht hat, geniesst das Recht, sich nach Vorschrift des allgemeinen Reglements um das Diplom dieser Fachschule zu bewerben. Die Frage, ob ausnahmsweise auch Solche als Bewerber auftreten können, welche ihre Fachstudien zum Theil an anderen verwandten Anstalten gemacht haben, entscheidet auf Antrag der Fachschul-Conferenz der Schweizer. Schulrath, bezw. dessen Präsident.

Die *mündliche Prüfung* wird in zwei Abtheilungen abgehalten, so dass der erste Theil eine *Uebergangsprüfung,* der zweite Theil die *Schlussprüfung* bildet.

Ausserdem werden den Aspiranten *schriftliche* Arbeiten aufgegeben. Diese fallen in die Schlussprüfung.

Die *Uebergangsdiplomprüfung* wird mit Beginn des vierten Semesters abgehalten und erstreckt sich auf folgende Fächer:

1. Physik.
2. Unorganische Chemie.
3. Botanik.
4. Pflanzen-Physiologie.
5. Zoologie.
6. Anatomie und Physiologie der Haussäugethiere.
7. Allgemeine Geologie.
8. Nationalökonomie und Finanzwissenschaft.

Die Noten in allen diesen Fächern haben einfaches Gewicht.

Die *mündliche Schlussprüfung* findet am Schlusse des letzten Studien-Semesters statt und umfasst folgende Fächer:

1. Agriculturchemie.
2. Allgemeiner Ackerbau.
3. Specieller Pflanzenbau.
4. Allgemeine Thierproductionslehre.
5. Specielle Viehzuchtslehre.
6. Landwirthschaftliche Betriebslehre.

7. 8.
- Weinbau.
- Obstbau.
- Molkereiwesen.
- Gesundheitspflege der Hausthiere.
- Landwirthschaftliche Maschinen- und Geräthekunde.
- Landwirthschaftliche Buchhaltung u. Ertragsanschlag.

(Von letzteren 6 Fächern hat der Bewerber 2 zu wählen.)

Die Noten in allen diesen Fächern haben einfaches Gewicht.

Die *schriftliche Prüfung* besteht in der Bearbeitung eines Thema's, welches ausschliesslich oder vorwiegend eine Aufgabe aus einem der Hauptzweige der Fachwissenschaften bildet und auf Vorschlag der Fachprofessoren von der Specialconferenz festgestellt wird.

Die Note für die schriftliche Arbeit hat das Gewicht 3.

Für die Bearbeitung der schriftlichen Aufgabe wird den Bewerbern das letzte Studiensemester eingeräumt.

Seit dem Bestehen der Anstalt unterzogen sich der Diplomprüfung mit *Erfolg:* 65 Studirende, davon 48=73,8 % Schweizer, und 17 = 26,2 % Ausländer.

Die Namen der Studirenden, welche sich an unserer Anstalt seit deren Bestehen Diplome erwarben, sind aus dem in nachfolgendem Hauptabschnitte (Frequenz) mitgetheilten Verzeichnisse zu ersehen. —

8. Preisaufgaben.

»Zur Weckung und Beförderung des wissenschaftlichen Lebens der Studirenden, sowie zur Aufmunterung ihres Fleisses« werden auf Grund des Art. 35 des Reglements der polytechnischen Schule jährlich, das eine Mal von drei, das andere Mal von vier der Abtheilungen (1—7) je eine Preisaufgabe gestellt. Die vorliegende Bestimmung, welcher übrigens in den Art. 36—39 des genannten Reglements noch ergänzende Vorschriften folgen, und für deren Handhabung ein besonderes Regulativ besteht, trat seither auch für die landwirthschaftliche Schule in Kraft. Diese verzeichnete bislang zwei Fälle, in welchen sich Studirende, und zwar mit Erfolg um die ausgesetzten Preise bewarben. Wenn diese Betheiligung nicht gerade als eine lebhafte betrachtet werden darf, so erklärt sich die also zu Tage getretene Zurückhaltung der Studirenden doch ungezwungen durch das oben besprochene Verhältniss der starken Belastung derselben mit Obligatorien und durch die weitgehenden Anforderungen, welche die Vorbereitung auf die Diplomprüfung in Ansehung der relativ kurzen Dauerzeit des Cursus an ihre Arbeitskraft stellt.

Jene Fälle, in welchen seither Preise zuerkannt wurden, sind folgende:

1) 1893. Aufgabe: *Ueber den Einfluss der Verkehrsentwicklung auf den Betrieb der Thierproduction, mit besonderer Rücksicht auf schweizerische Verhältnisse.* Bewerber: Ernst *Laur* von Basel. Derselbe erhielt einen Nahepreis.

2) 1895. Aufgabe: *Das Genossenschaftsprincip in Anwendung auf die Landwirthschaft.* Bewerber: Joseph *Käppeli* von Rickenbach-Herrenschwand (Kt. Aargau), und Adam *David* von Basel. Ersterem wurde ein Hauptpreis, letzterem ein Nahepreis zuerkannt.

IV. Frequenz.

Unter den Studirenden an der landwirthschaftlichen Schule des eidgen. Polytechnikums sind zu unterscheiden: Landwirthe von Beruf und Angehörige anderer Berufsarten. Jene waren und sind zum grösseren Theile regelmässige Studirende, diese nur Auditoren.

Ein getreues Bild von der Frequenz der Anstalt kann daher nur geliefert werden, wenn man nicht nur die regelmässigen Studirenden, sondern auch diejenigen Landwirthe von Beruf aufzählen würde, welche die Anstalt als *Zuhörer* besuchten, und selbst die Studirenden anderer Fachschulen des Polytechnikums einbegriffe, welche Vorlesungen an derselben hörten. In letzterer Beziehung ist besonders hervorzuheben, dass — abgesehen von der planmässigen gemeinsamen Benutzung mehrerer Vorlesungen grundwissenschaftlichen Inhaltes durch die Studirenden der landwirthschaftlichen, der Forst- und bezw. der Culturingenieur-Schule — auch einzelne Vorlesungen über landwirthschaftliche *Fach*-Gegenstände von Angehörigen anderer Abtheilungen mehr oder weniger zahlreich besucht wurden. In den amtlichen Verzeichnissen sind indessen alle diese Hörer nicht als Studirende der Landwirthschaft aufgeführt. Jene Uebersichten geben daher keine erschöpfende Auskunft über den Umfang, in welchem die landwirthschaftliche Schule als *Lehr*-Anstalt wirksam ist.

In Nachfolgendem geben wir ein vollständiges Verzeichniss der seitherigen Studirenden der landwirthschaftlichen Schule. In Rücksicht zugleich auf die oben erwähnten Verhältnisse haben wir demselben indessen zur näheren Orientirung folgende Erklärungen voranzustellen:

1. In der Liste sind nur *Angehörige des landwirthschaftlichen Berufes*, welche als *regelmässige* Studirende aufgenommen wurden, *nicht* auch die Auditoren aufgeführt.

2. Mehrfach kam es vor, dass Studirende, in der Absicht, inzwischen einen praktischen Cursus zurückzulegen oder während einiger Semester ein anderes, höheres landwirthschaftliches Lehrinstitut zu besuchen, vereinzelt auch aus Gesundheitsrücksichten, das Studium an unserer Anstalt unterbrachen. Derartige Fälle sind unter den »Bemerkungen« der Tabelle besonders hervorgehoben.

3. Diejenigen Studirenden, für welche keine Angaben über den Austritt gemacht wurden, sind ausnahmslos zur Zeit noch Angehörige der Anstalt. Aus der Zahl derselben *und* der Zahl der im Herbste 1896 neu eingetretenen (18) Studirenden ergiebt sich der gegenwärtige Stand der Frequenz von 32 Studirenden.

Verzeichniss

der Studirenden der landwirthschaftlichen Schule des eidgen. Polytechnikums in Zürich

in den Jahren 1871—1896.

Laufende Nummer	Eintritt Jahrg.	Curs	Name	Heimath	Austritt Jahrg.	Curs	Zahl d. Studsem.	Ertheilte Abgangs-zeugnisse (A. Z.)	Bemerkungen
1	1871	I	Frey, Joseph	Ober-Ehrendingen (Aarg.)	1873	II	4	A. Z.	Diplom.
2	71	I	Galanti, Tommaso	Venedig (Italien)	73	II	4	A. Z.	Diplom.
3	71	I	Masetti, Pietro	Florenz (Italien)	74	II	6	—	—
4	71	I	von Löw, Gilbrecht	Florstadt (Gr. Hessen)	73	II	4	A Z.	
5	71	I	Hartmann, Clemens	Degersheim (St. Gallen)	72	I	2	—	
6	1872	I	v. Clary-Aldringen, Carl	Teplitz (Böhmen)	1872	I	1	—	
7	72	I	Neuber, Maximilian	Cassel (Hessen-Nassau, Preussen)	72	I	1		--
8	72	I	von Catargi, Oskar	Czernowitz (Oesterreich)	1875	III	5	A. Z.	--
9	72	I	Gonsiorowski, Sigmund	Odessa (Russland)	75	III	5	A. Z.	—
10	72	I	Nussbaumer, Johannes	Küsnacht (Zürich)	75	III	5	A. Z.	Diplom.
11	72	I	Schneebeli, Heinrich	Rutschweil (Zürich)	75	III	5	A. Z.	Diplom.
12	1873	I	Dändliker, Adolf	Hombrechtikon (Zürich)	1876	III	5	A. Z.	--
13	73	I	Hüeblin, Hermann	Pfyn (Thurgau)	74	I	2	--	—
14	73	I	Kowalik, Marie	Tschernikoff (Russland)	77	III	7	A. Z	Diplom.
15	73	I	Mettler, Arnold	Stein a./Rh. (Schaffhaus.)	76	III	5	A. Z	Diplom.
16	73	I	Nägeli, Carl	Fluntern (Zürich)	74	I	1		
17	73	I	Streckeisen, Eduard	Basel	74	I	1	—	
18	73	I	Hofstetter, Robert	Mettmenstetten (Zürich)	76	III	5	A. Z.	—
19	73	II	Scheindt, Heinrich	Mediasch (Siebenbürgen)	74	II	2		--
20	73	II	Umlauft, Wenzel	Rokitnitz (Böhmen)	75	III	3		Nach Absolv. der chem. techn. Schule u. Erlangung eines Diploms dors. eingetr.
21	1874	I	Bär, Eduard	Zofingen (Aargau)	1875	I	2		
22	74	I	Baragiola, M. Pietro	Como (Italien)	77	III	5	A. Z.	--
23	74	I	Giannini, Rocco	Lucca (Italien)	77	III	5	A. Z	
24	74	I	Glaser, Nicolaus	Woroneg (Russland)	75	I	1		--
25	74	I	Schäppi, Albert	Oberrieden (Zürich)	77	III	5	A. Z.	Diplom.
26	74	I	Fanti, Marco	Brescia (Italien)	76	II	4		
27	74	II	Inanoff, Woldemar	Tiflis (Russland)	76	III	3	A. Z.	
28	1875	I	Elliker, Heinrich	Küsnacht (Zürich)	1878	III	5	A. Z.	

Laufende Nummer	Eintritt Jahrg.	Curs	Name	Heimath	Austritt Jahrg.	Curs	Zahl d. Studsem.	Erhaltte Abgangszeugniss (A. Z.)	Bemerkungen
29	1875	I	Frey, August	Wölflinswyl (Aargau)	1878	III	5	A. Z.	—
30	75	I	Illich, Giandomenico	Spalato (Dalmatien)	76	I	2	—	—
31	75	I	von Rampach, Max	Petersburg (Russland)	78	III	5	A. Z	Diplom.
32	75	I	Staub, Jakob	Herrliberg (Zürich)	78	III	5	A. Z.	—
33	75	I	Vetter, Ferdinand	Graschnitz (Steiermark)	76	I	1	—	—
34	75	I	Vicari, Eduard	Agno (Tessin)	77	II	4	—	—
35	75	II	Lochmann, Heinrich	Hombrechtikon (Zürich)	76	II	1	—	—
36	75	II	Samueljanz, Moses	Kertsch (Russland)	76	II	2	—	—
37	75	II	Bytschkoff, Gedeon	Mardok (Russland)	77	III	3	A. Z.	—
38	1876	I	Bauhofer, Arthur	Aarau	78	II	3	—	—
39	76	I	Madatjanz, Neschan	Aleppo (Türkei)	79	III	5	A. Z.	—
40	76	I	von Magyary, Stephan	Puszta-Kakat (Ungarn)	77	I	2	—	—
41	76	I	Pieczinski, Anton	Wolka (Russ. Polen)	79	III	5	A, Z.	—
42	76	I	Semeczka, Ivan	Olchowiec (Galizien)	79	III	5	A. Z.	—
43	76	I	Storrer, Christian	Siblingen (Schaffhausen)	78	II	4	—	—
44	1877	I	Antoniadi, Alexander	Athen (Griechenland)	78	I	1	—	—
45	77	I	Bayerl, Ernst	Rappoltenkirchen (Oesterr.)	80	III	5	A. Z.	Diplom.
46	77	I	Burmeister, Franz	Berlin	81	III	4	A. Z.	Stndirte 1877/78 und 1879/81.
47	77	I	Guimaraes, Louis	Rio de Janeiro (Brasilien)	80	III	5	A. Z.	Diplom.
48	77	I	Jacot, Julius	Chaux-de-Fonds (Neuenb.)	80	III	6	A. Z.	—
49	77	I	Müller, Franz	Wien	80	III	5	A. Z.	—
50	77	I	Navassardianz, Mekirt.	Tiflis (Russland)	78	I	2	—	—
51	1878	I	Baragiola, Luigi	Como (Italien)	79	II	3	—	—
52	78	I	Bödecker, J. Martin	Zürich	81	III	5	A. Z.	—
53	78	I	Kappel, Paul	Budapest (Ungarn)	79	I	1	—	—
54	78	I	v. Ritter-Zahony, Hrch.	Görz (Oesterreich)	79	I	2	—	—
55	78	I	Weidmann, Ulrich	Oberstrass-Zürich	81	III	5	A. Z.	Diplom.
56	1879	I	D'Almeido Prado, Franc.	Itù (Brasilien)	83	III	7	A. Z.	Diplom.
57	79	I	Asper, J. Jacob	Wollishofen-Zürich	80	I	2	—	—
58	79	I	Farner, Edwin	Stammheim (Zürich)	82	III	5	A. Z.	—
59	79	I	Jenovay, Zoltàn	Sz. Ittebe (Ungarn)	80	I	2	—	—
60	79	I	Macalester, Richard	Philadelphia (N.-Amerika)	83	III	5	A. Z	—
61	79	I	de Nioac, Alfred	Rio de Janeiro (Brasilien)	80	I	2	—	—
62	79	I	Pabst, Moritz	Netstall (Glarus)	82	III	5	A. Z.	Diplom.

Laufende Nummer	Eintritt Jahrg.	Curs	Name	Heimath	Austritt Jahrg.	Curs	Zahl d. Studsem.	Ertheilte Abgangs-zeugnisse (A. Z.)	Bemerkungen
63	1879	II	Kovàr, Wenzel	Radomyschl (Böhmen)	1881	III	3	A. Z.	—
64	79	III	Klette, Erich	Neustadt-Dresden	80	III	1	--	—
65	1880	I	Hungerbühler, Johannes	Sommeri (Thurgau)	81	I	1	—	—
66	80	I	Rösli, Fritz	Pfaffnau (Luzern)	81	I	2	—	—
67	80	I	v. Szent-Ivanyi, Carl	Szent-Ivan (Ungarn)	81	I	2	—	—
68	80	I	Queiroz-Telles, Antonio	Itù (Brasilien)	83	III	5	A. Z.	Diplom. Nach Absolv. d. Ingen.-Schule eingetreten.
69	80	II	Dumont, J. Nicolaus	Utrecht (Holland)	82	III	3	A Z.	Diplom.
70	1881	II	Andronescu, Nicolaus	Bukarest (Rumänien)	82	III	2	A. Z.	--
71	81	I	Brückmann, Arnold	London (England)	82	I	2	—	—
72	81	I	Caltchoff, Bogdan	Philippopoli (Türkei)	82	I	1	—	—
73	81	I	Eberhardt, Johannes	Guntersblum (Gr. Hessen)	82	I	1	—	—
74	81	I	Gänsli, Heinrich	Enge-Zürich	84	III	5	A. Z.	—
75	81	I	Morawski, Peter	Kiew (Russland)	87	III	6	--	Sistirte 1881/82, 1883/85 u. 1886/87.
76	81	I	Reinli, Eduard	Aarburg (Aargau)	82	I	2	--	—
77	81	I	Vogel, Fritz	Zürich	84	III	5	A. Z.	—
78	81	II	Kopf, Adolf	Marschheim (Bayr. Pfalz)	83	III	3	—	-
79	1882	I	Kaisermann, Naum	Odessa (Russland)	85	III	5	A. Z.	Diplom.
80	82	I	Mahler, Eduard	Zürich	85	III	5	A. Z.	Diplom.
81	82	I	Schabschowitsch, Hirsch	Berdiansk (Russland)	85	III	5	A. Z.	Diplom.
82	82	I	Weyermann, Carl	Zürich	85	III	5	A. Z.	Diplom.
83	82	I	Zuber, Carl	Trüllikon (Zürich)	85	III	5	A. Z.	Diplom.
84	82	II	Gsell, Walter	St Gallen	84	III	3	A. Z.	Nach Absolvirung d. Forstschule eingetreten.
85	1883	I	Czuntu, Andreas	Galatz (Rumänien)	84	I	1	—	—
86	83	I	Ikonomopulos, Leonidas	Zante (Griechenland)	85	II	3	—	—
87	83	I	Maxwell, Walter	Northampton (England)	86	II	6	—	—
88	83	I	Peter, Johannes	Stäfa (Zürich)	86	III	5	A. Z.	Diplom.
89	83	I	Stalder, Gottlieb	Meggen (Luzern)	86	III	5	A. Z.	Diplom.

Laufende Nummer	Eintritt Jahrg.	Curs	Name	Heimath	Austritt Jahrg.	Curs	Zahl d. Studien	Erhaltene Abgangszeugnisse (A. Z.)	Bemerkungen
97	1884	I	Smital, Rudolf	Töss (Zürich)	1885	I	1	—	—
98	84	II	Bourgeois, Victor H.	Giez b. Grandson (Waadt)	85	II	2	—	Nach Abtelv. d. VI.
99	84	III	Moos, Johann	Schongau (Luzern)	85	III	2	—	(Lehramtand.-) Abt. a. Erlangung eines Diploms ders. rin-
100	1885	I	Bächle, Alexander	Zürich	88	III	5	A. Z.	— get.
101	85	I	Jeanneret, Henri	Locle (Neuenburg)	88	III	5	A. Z.	—
102	85	I	Jontschoff, Theodor	Lom-Palanka (Bulgarien)	88	III	5	A. Z.	Diplom.
103	85	I	Martin, Louis	Genf	88	III	5	A. Z.	Diplom.
104	85	I	Martinet, Gustav	Vuitteboef (Waadt)	88	III	5	A. Z.	Diplom.
105	85	I	Märk, Hermann	Aarau	87	II	4	—	—
106	85	I	Paganini, Carl	St. Gallen	88	III	5	A. Z.	Diplom.
107	85	I	Zoldos, Alexis	Szentes (Ungarn)	86	I	2	—	—
108	85	II	Welisch, Joseph	Wien (Oesterreich)	87	III	4	—	—
109	1886	I	Berset, Antoine	Autigny (Freiburg)	89	III	5	A. Z.	Diplom.
110	86	I	Cornaz, Henri	Faoug (Waadt)	86	I	—	—	—
111	86	I	Flückiger, Alfred	Rohrbachgraben (Bern)	90	III	7	A. Z.	Diplom.
112	86	I	Haagen, Jacob	Uerschhausen (Thurgau)	89	III	5	A. Z.	Diplom.
113	86	I	Hüsler, Jost	Steinhausen (Zug)	89	III	5	A. Z.	Diplom.
114	86	I	Marrocchi, Edoardo	Florenz (Italien)	87	I	1	—	—
115	86	I	Moser, Carl	Zäziwyl (Bern)	89	III	5	A. Z.	Diplom.
116	86	I	Muggli, Otto	Zürich	89	III	5	A. Z.	Diplom.
117	86	I	Müller, Kuno	Trimbach (Solothurn)	88	II	4	—	Trat in die Cultur-Ingenieur-Schule über.
118	86	I	Ninni, Georg	Piräus (Griechenland)	89	III	5	A. Z.	—
119	86	I	Wapf, Caspar	Hitzkirch (Luzern)	89	III	5	A. Z.	Diplom.
120	86	I	Weisse, Henri	Pfalzburg (Lothringen)	87	I	2	—	—
121	86	II	Wissmann, Ernst	Herzogenbuchsee (Bern)	88	III	3	A. Z.	—
122	1887	II	Mayer, Emerich	Wien (Oesterreich)	87	II	1	—	—
123	87	I	Chardonnens, Auguste	Domdidier (Freiburg)	90	III	5	A. Z.	Diplom.
124	87	I	Eicke, Hermann	Dortmund (Preussen)	90	III	5	A. Z.	—
125	87	I	Gattiker, Gottlieb	Waedensweil (Zürich)	90	III	5	A. Z.	Diplom.
126	87	I	König, Albert	Münchenbuchsee (Bern)	90	III	5	A. Z.	Diplom.
127	87	I	Kremzir, Moritz	Rarcs (Ungarn)	88	I	2	—	—
128	87	I	Moser, Fritz	Arni (Bern)	93	III	5	A. Z.	Studirte 1887/88 und 1891/92.
129	87	I	Naegeli, Ernst	Zürich	88	I	2	—	—
130	87	I	Rosenblatt, Mendel	Tarnobrzeg (Oesterreich)	88	I	2	—	—

Laufende Nummer	Eintritt Jahrg.	Curs	Name	Heimath	Austritt Jahrg.	Curs	Zahl d. Studien	Erhaltne Abgangszeugnisse (A. Z.)	Bemerkungen
131	1887	I	Rüegg, Heinrich	Bauma (Zürich)	1890	III	5	A. Z.	Diplom. mit Auszeichnung.
132	87	I	Wanner, Alexander	Etzelhofen (Bern)	90	III	5	A. Z.	--
133	87	I	Weber, Joh. Jacob	Zürich	90	III	5	A. Z.	Diplom.
134	87	I	Zschokke, Theodor	Aarau (Aargau)	90	III	5	A. Z.	Diplom.
135	87	II	v. Korwin-Sakowicz, Th.	Leszna-Wilna (Russland)	87	II	1	—	—
136	1888	I	Baumann, Eugen	Hirzel (Zürich)	89	I	1	—	Trat in die VI. (Lehramts-Cand.-) Abtheilung über.
137	88	I	Baumann, Friedrich	Hendschikon (Aargau)	90	II	3	—	—
138	88	I	Baumann, Wilhelm	Enge-Zürich	92	III	5	--	Unterbrach das Studium 1890/91.
139	88	I	Bremond, Rodolphe	Progens (Freiburg)	91	III	5	A. Z.	Diplom.
140	88	I	Burkhard, Diethelm	Zürich	91	III	5	A. Z.	--
141	88	I	Crisinel, Ulysse	Denezy (Waadt)	89	I	1	—	--
142	88	I	Dettweiler, Albert	Wintersheim (Gr. Hessen)	90	II	3	—	—
143	88	I	Favre, Jules	Pont-sur-Oron (Waadt)	89	I	1	—	—
144	88	I	Franke, Gustav Alfred	Plauen (Sachsen)	88	I	1	—	—
145	88	I	Gorecki, Casimir	Rydzewo (Russland)	89	I	1	—	--
146	88	I	Gremaud, Albert	Riaz (Freiburg)	91	III	5	A. Z.	Diplom. Trat in die Cultur-Ingen.-Schule über
147	88	I	Haffter, Paul	Weinfelden (Thurgau)	92	III	5	A. Z.	Studirte 1888-90 und 1891/92.
148	88	I	Heeb, Gebhard	Altstätten (St. Gallen)	91	III	5	A. Z.	Diplom
149	88	I	Lauffer, August	Basel	91	III	5	A. Z.	Diplom.
150	88	I	Nengas, Mario	Hydra (Griechenland)	91	III	5	A. Z.	—
151	88	I	Olitzky, Leo	Kiew (Russland)	91	III	5	A. Z.	—
152	88	I	Paternò, Antonio	Neapel (Italien)	88	I	1	—	—
153	88	I	von Planta, Peter Conr.	Chur (Graubünden)	89	I	2	—	—
154	88	I	Schläfli, Rudolf	Albigen (Bern)	92	III	5	A. Z	Diplom. Studirte 1888/89 und 1891/92.
155	88	I	Bondi, Casimir	Kleszewo (Russ. Polen)	91	III	5	A. Z.	—
156	88	I	Skopalik, Franz	Uhricitz (Mähren.Oesterr.)	89	I	1	—	—
157	88	I	de Weck, Maurice	Freiburg (Schweiz)	89	I	1	—	—
158	1889	I	Delisle, Oscar	Hoboken (N.-Amerika)	92	III	5	A. Z.	--
159	89	I	Dettweiler, Carl	Laubenheim (Gr. Hessen)	91	II	3	—	—
160	89	I	Falkner, Hans	Basel	92	III	5	A. Z.	—
161	89	I	Gattiker, Otto	Hirslanden (Zürich)	92	III	5	A. Z.	—
162	89	I	Glättli, Gottlieb	Rüschlikon (Zürich)	92	III	5	A. Z.	Diplom.
163	89	I	Golinski, Stanislaus	Warschau (Russ. Polen)	90	I	2	—	--
164	89	I	Hirsch, Alfred	Nagy-Atad (Ungarn)	90	I	2	...	—

Laufende Nummer	Eintritt Jahrg.	Curs	Name	Heimath	Austritt Jahrg.	Curs	Zahl d. Studien	Ertheilte Abgangszeugnisse (A.Z.)	Bemerkungen
165	1889	I	Hoffmann, Hans	Küsnacht (Zürich)	1892	III	5	A. Z.	Diplom.
166	89	I	Reutlinger, Wilhelm	Zürich	92	III	5	A. Z.	Diplom.
167	89	I	Rieder, Amédie	Wesserling (Elsass)	92	III	5	A. Z.	—
168	89	I	Ryffel, Carl	Glattfelden (Zürich)	92	III	5	A. Z.	—
169	89	I	Walther, Alexander	Wohlen (Bern)	90	I	1	—	—
170	89	I	Wettstein, Friedrich	Fallanden (Zürich)	92	III	5	A. Z.	—
171	89	I	Wilczewski, Marceli	Mycowyce (Russland)	90	I	2	—	—
172	89	II	Bächler, Carl	Murten (Freiburg)	91	III	3	A. Z.	—
173	89	II	de Gendre, Francis	Freiburg (Schweiz)	91	III	3	A. Z.	—
174	89	II	Winter, Heinrich	Darmstadt (Gr. Hessen)	91	III	3	A. Z.	—
175	1890	I	Stoeff, Wladimir	Almalii (Bulgarien)	92	III	4	A. Z.	—
176	90	I	Bossard, Adam	Risch (Zug)	92	II	4	—	—
177	90	I	Böcklin, Felix	Zürich	91	I	1	—	—
178	90	I	Laur, Ernst	Basel	93	III	5	A. Z.	Diplom.
179	90	I	Pestalozzi, Friedrich	Zürich	91	I	2	—	—
180	90	I	Piria, Francisco	Montevideo (Uruguay)	93	III	5	A. Z.	—
181	90	I	de Preux, Pierre	Ventone (Wallis)	93	III	5	A. Z.	—
182	90	I	Richter, Emil	Moskau (Russland)	91	I	2	—	—
183	90	I	Schellenberg, Conrad	Hottingen-Zürich	93	III	5	A. Z.	Diplom.
184	90	I	Schinz, Rudolf	Zürich	93	III	5	A. Z.	—
185	1891	I	Schulmann, Leopold	München	93	III	4	A. Z.	—
186	91	I	Bürki, Otto	Unterlangenegg (Bern)	94	III	5	A. Z.	Diplom.
187	91	I	Chojecki, Sigismund	Kiew (Russland)	94	III	5	A. Z.	Diplom.
188	91	I	Delucchi, Enrico	Montevideo (Urugay)	95	III	5	A. Z.	Studirte 1891/92 und 1894/96.
189	91	I	Lambert, Jacob	Darmstadt (Gr. Hessen)	93	II	3	—	—
190	91	I	Markoff, Nicola	Tirnowa (Bulgarien)	94	III	5	A. Z.	Diplom.
191	91	I	Mera, Pio	Buenos-Aires (Argentin.)	95	III	7	A. Z.	Studirte 1891/92 und 1894/96.
192	91	I	Merlis, Mirow	Minsk (Russland)	92	I	1	—	Trat in die chem. techn. Schule über.
193	91	I	Moos, Dominik	Schongau (Luzern)	93	II	3	—	—
194	91	I	Nater, Heinrich	Weinfelden (Thurgau)	94	III	5	A. Z.	Diplom.
195	91	I	Ojeda, Federico	Puerto-Real (Spanien)	93	II	4	—	—
196	91	I	Reinmann, Rudolf	Bassersdorf (Zürich)	92	I	2	—	Trat in die VI. (Lehramts-Cand.-) Abtheilung über.
197	91	I	Ruiz, Bonaventura	Sevilla (Spanien)	92	I	1	—	—
198	91	I	von Seemen, Erich	Berlin	62	I	1	—	—

Laufende Nummer	Eintritt Jahrg.	Curs	Name	Heimath	Austritt Jahrg.	Curs	Zahl d. Studsem.	Ertheilte Abgangszeugnisse (A. Z.)	Bemerkungen
199	1891	I	Volkart, Albert	Zürich	1894	III	5	A. Z.	Diplom.
200	1892	I	Perelmann, Leon	Nowogrudok (Russland)	95	III	6	A. Z.	Diplom. Studirte 1892, 1893/93 u. 1894·95.
201	92	I	von Fest, Bela	Iglo (Ungarn)	93	I	2		
202	92	I	Kaeppeli, Joseph	Rickenbach-Meerenschwand (Aargau)	95	III	5	A. Z.	Diplom.
203	92	I	Kissilenko, Jakow	Noworossiysk (Russland)	93	I	2	—	—
204	92	I	Mayzèle, Gabriel	Vitebsk (Russland)	93	I	2		
205	92	I	Okulitsch, Joseph Konst.	Krasnojarsk (Ost-Sibirien)	94	II	4		
206	92	I	Ostrowski, Woldemar	Moskau (Russland)	93	I	2	—	--
207	92	I	Pelichet, Constant	Gollion (Waadt)	95	III	5	A. Z.	Diplom.
208	92	I	Sorescu, Jon	Bukarest (Rumänien)	93	I	1		—
209	92	I	Staffelbach, Franz	Dagmersellen (Luzern)	95	III	3	A. Z.	Studirte 1892·93 und 1894/95.
210	92	I	Tschudi, Hans	Glarus	95	III	5	A. Z.	
211	92	I	Walser, Julius	Teufen (Appenzell)	95	III	5	A. Z.	
212	92	I	Warzycki, Franz	Gace (Russ. Polen)	95	III	5	A. Z.	Diplom.
213	1893	II	Pruszak, Ladislaus	Oronsko (Russ. Polen)	93	II	1	—	
214	93	I	Bürkli, Conrad	Zürich	96	III	5	A. Z.	Diplom.
215	93	I	Burnat, Jean	Corsier (Waadt)	94	I	2		
216	93	I	David, Adam	Basel	96	III	5	A. Z.	Diplom.
217	93	I	Largmann, Isaak	Britschany (Russland)	94	I	2		
218	93	I	Montgomery, Geoffrey	Blessingbourne (Irland)					Studirte 1893·94. Wiedereintritt 1895.
219	93	I	Pfenninger, Wilhelm	Zürich	96	III	5	A. Z.	
220	93	I	Ruml, Joseph	Unter-Butschitz (Böhmen)	96	III	5	A. Z.	Diplom.
221	93	I	Sawoff, Kresto	Tirnowa (Bulgarien)	95	II	3		
222	93	I	Schaffter, Ricardo	Moutier (Bern)	95	II	4		
223	93	I	Sessa, Carlo	Mailand (Italien)	94	I	2	—	
224	93	I	Világosi, Caspar	Erdöd (Ungarn)	96	III	5	A. Z.	Diplom.
225	1894	I	Keiser, Friedrich	Zug	94	II	1	—	
226	94	I	Bleuler, Walter	Zürich					
227	94	I	Dändliker, Henri	Dürnten (Zürich)					Unterbrach das Studium im Sommer-Semester 1895.
228	94	I	Fortakoff, Autonom	Astrachan (Russland)	96	I	2		
229	94	I	Mercier, René	Neuchâtel	95	I	1		--
230	94	I	Nemirowsky, Levi	Péréjaslaff (Russland)					
231	94	I	Ruggia, Wilhelm	Pura (Tessin)	95	II	2		Im November 1895 gestorben.
232	94	I	Ségur-Cabanac, Victor	Tulitz (Mähren)	95	I	1		

Laufende Nummer	Eintritt Jahrg.	Curs	Name	Heimath	Austritt Jahrg.	Curs	Zahl d. Studsem.	Ertheilte Abgangszeugnisse (A. Z.)	Bemerkungen
233	1894	I	Thomann, Hans	Märwyl (Thurgau)					
234	94	I	Tschulock, Sinai	Paulograd (Russland)					
235	1895	II	Näf, Albert	Ittenthal (Aargau)					
236	95	I	Benedictoff, Nicolaus	Perm (Russland)	1896	I	1		--
237	95	I	Bucher, Alfred	Grossdietwyl (Luzern)					
238	95	I	Dürst, Joh. Ulrich	Mitlödi (Glarus)					
239	95	I	Kraemer, Hermann	Darmstadt (Gr. Hessen)					
240	95	I	Orlowsky, Tevel	Gluchow (Russland)					
241	95	I	Schestakoff, Waldemar	Jarroslaw (Russland)	96	I	1		-- --
242	95	I	Stutz, Joseph	Schongau (Luzern)					
243	95	I	Witschi, Christian	Kirchlindach (Bern)					
244	96	I	Bobbia, Mario	Stabio (Tessin)					
245	96	I	Riik, Richard	Dorpat (Russland)					

Verfolgt man den Inhalt dieses Verzeichnisses weiter, so ergiebt sich nachstehendes Bild:

Es wurden Studirende aufgenommen:

Jahrgang:	Schweizer:	Ausländer:	Total:	Jahrgang:	Schweizer:	Ausländer:	Total:
1871	2	3	5	1883	5	4	9
1872	2	4	6	1884	5	1	6
1873	6	3	9	1885	6	3	9
1874	2	5	7	1886	10	3	13
1875	5	5	10	1887	9	5	14
1876	2	4	6	1888	14	8	22
1877	1	6	7	1889	10	7	17
1878	2	3	5	1890	7	3	10
1879	3	6	9	1891	5	10	15
1880	2	3	5	1892	5	8	13
1881	3	6	9	1893	5	7	12
1882	4	2	6	1894	6	4	10
	34	50	84	1895	6	5	11
					93	68	161

In den ersten 12 Jahren: 34 50 84

Zusammen: 127 118 245

Hiernach belief sich die Zahl der neu aufgenommenen Studirenden in den letzten 13 Jahren des zurückgelegten Zeitabschnittes auf 161, gegenüber nur 84 Studirenden in den ersten 12 Jahren, während gleichzeitig die Zahl der aufgenommenen Studirenden Schweizer. Nationalität sich in noch weit stärkerem Verhältnisse gesteigert hat.

Bis zum Schlusse des Schuljahres 1893/94 waren 224 Studirende in die Anstalt eingetreten (die später aufgenommenen haben den ganzen Cursus zur Zeit noch nicht zurückgelegt). Dieselben studirten im Durchschnitt mehr als 3, aber nicht ganz 4 Semester. Legt man die letztere Ziffer zu Grunde, und vertheilt man jene Frequenz auf 23 Jahrgänge, so zählte die Schule *durchschnittlich* in je 2 bezw. 3 Cursen nahezu 20 Studirende.

Von den 245 Studirenden, welche die landwirthschaftliche Schule seither besucht haben, gehören an:

$$\begin{array}{llll} \text{der Schweiz} & . & 127 = & 51,8\% \\ \text{dem Auslande} & 118 = & 48,2\% \\ \hline \text{Zusammen:} & 245 = & 100,0\% \end{array}$$

Es vertheilen sich ferner die Studirenden Schweizer. Nationalität auf die Kantone, wie folgt:

Zürich	48 =	37,8%
Bern	11 =	8,7 „
Aargau	10 =	7,9 „
Luzern	8 =	6,3 „
Thurgau, Waadt und Freiburg je 7 und 5,8%	21 =	16,5 „
Basel-Stadt und ·Land	5 =	4,0 „
St. Gallen	4 =	3,1 „
Zug, Glarus, Neuenburg und Tessin je 3 und 2,4%	12 =	9,5 „
Graubünden und Schaffhausen je 2 und 1,6%	4 =	3,1 „
Appenzell a./Rh., Solothurn, Genf und Wallis je 1 und 0,8% . .	4 =	3,1 „
	Zusammen: 127 =	100,0%

Und von den ausländischen Studirenden gehörten an:

Russland	38 =	32,2%
Oesterreich-Ungarn	26 =	22,0 „
Deutschland	17 =	14,4 „
Italien	9 =	7,6 „
Bulgarien, Griechenland, Brasilien je 4	12	
Grossbritannien und Rumänien je 3	6	= 23,8 „
Spanien, Türkei, Ver. Staaten v. N.-Amerika, Uruguay je 2 . . .	8	
Holland und Argentinien je 1	2	
	Zusammen: 118 =	100,0%

V. Erfolg.

Die Frage, in wie weit die landwirthschaftliche Schule des Polytechnikums bislang der ihr gestellten Aufgabe entsprochen hat, ist von einem zwiefachen Gesichtspunkte aus zu beurtheilen, insofern die Wirksamkeit derselben sich sowohl auf die wissenschaftliche Ausbildung junger Landwirthe, als auch auf die Antheilnahme an der Fortbildung der Landwirthschaftswissenschaft erstrecken muss. Hierbei tritt naturgemäss die *erstere* Seite dieser ihrer Thätigkeit in den Vordergrund.

Fasst man zunächst die Frequenz der Schule lediglich in *numerischer* Hinsicht in's Auge, so ist allerdings richtig, dass die Anstalt hinter manchen ausländischen Instituten gleicher Art zurücksteht.

In verschiedenen Kreisen hat sich, wie es scheint, die Meinung festgesetzt, dass die nicht *sehr* stark hervortretende Benutzung der höheren Fachbildungs-Anstalt durch unsere Landwirthe in einer unter diesen herrschenden Abneigung oder gar in einem diesen eigenen Misstrauen gegen jede wissenschaftliche Auffassung und Behandlung ihrer Berufsaufgabe wurzele. *Das ist durchaus irrthümlich.* Der Schweizer Landwirth ist im grossen Ganzen eine viel zu praktisch angelegte Natur, um nicht einzusehen, dass die Praxis des Faches um so ergiebiger und fruchtbringender werden muss, je mehr sie sich auf die wissenschaftliche Erkenntniss des inneren Zusammenhanges der Erscheinungen im Berufsleben stützen kann. Er weiss nachgerade ganz genau, dass die Wissenschaft, indem sie die Thatsachen in exacter Weise feststellt und deren Ergebnisse kritisch durchdringt, der Erforschung der *Wahrheit* dient. Jeder Praktiker, welcher nicht ganz und gar in dem Banne der Tradition und der Gewohnheit steht, pflegt doch auch über die in seinem Beobachtungskreise liegenden Erscheinungen nachzudenken und sich über deren ursächlichen Zusammenhang thunlichst Klarheit zu verschaffen. Und sobald er dies thut, bildet er sich auch eine Theorie von denselben. In so fern sind die Landwirthe überall und allezeit rechte Theoretiker. Nicht jede Theorie ist aber auch zugleich ein wissenschaftlicher Lehrsatz. Und es ist einleuchtend, dass die Wissenschaft den Beruf hat, den Landwirth zum richtigen Beobachten und Nachdenken anzuleiten und ihn zu befähigen, wirkliche, d. h. solche Erfahrungen zu machen, welche sich, weil sie auf *Wahrheits*-Erkenntniss beruhen, bewähren *müssen,* wie auch nur die Wissenschaft im Stande ist, die in seinem Gewerbe auftauchenden Theorieen auf ihre Stichhaltigkeit zu prüfen. Indem sie sich der Praxis widmet, wird also die Wissenschaft selbst recht praktisch, und sie kann an diesem Prädicate auch nicht dadurch einbüssen, dass etwa einmal irgend ein Lehrer eine an sich plausible, aber unerwiesene Behauptung als lautere Wissenschaft darstellt, oder ein Praktiker gelegentlich eine von der Wissenschaft als wahr gelehrte Theorie aus Missverständniss oder aus Unkenntniss der Verhältnisse und Bedingungen in verkehrter Weise zur Anwendung bringt. In diesem Sinne urtheilen thatsächlich alle verständigen Landwirthe. Und wenn sie das Verhältniss auch nicht predigen, so fühlen sie es doch, und geben sie diesem Gefühle durch ihr Verhalten Ausdruck. Aber selbst wenn nicht schon Erwägungen dieser Art dazu beigetragen hätten, dass der Landwirth je länger je mehr auf die Lehren der Wissenschaft achtet und hört, so würde dies doch die Jedermann geläufige Thatsache längst vermocht haben, dass es unter allen neueren Errungenschaften der Landwirthschaft auch nicht eine einzige giebt, welche nicht auf die Ergebnisse wissenschaftlicher Forschungen zurückzuführen wäre, und dass man im Leben mit den *einseitigen*, sog. praktischen Erfahrungen, mit blossen Eindrücken aus der Praxis, auf die Dauer herzlich wenig weiter kommt. Dieser Betrachtungsweise entsprechen auch die Erfahrungen im Grossen.

Unsere Ackerbau- und landwirthschaftlichen Winter-Schulen werden von Jahr zu Jahr stärker besucht. Das Gleiche gilt von den bestehenden landwirthschaftlichen Specialschulen. Zu landwirthschaftlichen Vorträgen und Cursen sammeln sich die Landwirthe in hellen Schaaren, und bekannt ist dass, als unsere Schule am Polytechnikum seither mehrere je achttägige Vortrags-Curse für praktische Landwirthe eröffnete, die Zahl der Zuhörer so gross wurde, dass die Räume dieselben kaum zu fassen vermochten. Und es darf schliesslich auch nicht wundern, dass das Alles so kam, wenn man hinsieht auf die hohe Entwicklungsstufe, deren sich das Schulwesen in der Schweiz rühmen darf. Wenn nun gleichwohl ein sehr bedeutender Andrang zu der höheren Fachschule aus dem Inlande sich nicht hat constatiren lassen, so müssen eben andere Gründe hierfür obwalten. Dieselben liegen in der That so zu sagen zum Greifen.

Der Grundbesitz ist in der Schweiz sehr getheilt. Die Zahl der ausübenden Landwirthe des Inlandes, welche im Stande sind, bedeutende Opfer an Zeit und Mitteln für eine wissenschaftliche Fachbildung ihrer Söhne aufzuwenden, ist also relativ gering. In so weit dieser gewichtvolle Umstand wirkt, ist auch in Zukunft eine lebhaftere Betheiligung der inländischen Landwirthschaft an der Benutzung ihrer Hochschule kaum vorauszusehen. Das Verhältniss wird allerdings gemildert durch die Dazwischenkunft des Bundes, in dessen Gesetzgebung über »Förderung der Landwirthschaft« vom 27. Juni 1884 und neuerdings vom

22. December 1893 auch Bestimmungen über die Bewilligung von *Stipendien* für befähigte junge Landwirthe zum Zwecke ihrer wissenschaftlichen Ausbildung getroffen wurden. Im Uebrigen ist ein wesentlich vermehrter Zuzug zur landwirthschaftlichen Schule nur aus denjenigen Kreisen zu erwarten, welche durch ihre ökonomische Situation nicht oder weniger an jene Rücksichten gebunden sind. Und diese Voraussicht wird sich in dem Maasse erfüllen, in welchem die Erkenntniss der Tragweite einer gründlichen Schulung der Jünger des Faches für deren künftige Berufsstellung an Verbreitung gewinnt.

Was aber den Besuch der Anstalt durch *Ausländer* betrifft, so darf eben nicht übersehen werden, einmal, dass alle Staaten ringsum mit landwirthschaftlichen Hochschulen bereits reichlich ausgestattet sind, sodann aber, dass in mehreren Ländern, so namentlich im Deutschen Reiche, an diesen Instituten keine verbindlichen Studienordnungen bestehen, die Vorliebe für die dortigen Einrichtungen aber bei der Grosszahl der betreffenden jungen Landwirthe so ausgeprägt ist, dass aus deren Kreisen auf einen erheblichen Besuch unserer Anstalt, welche dem Grundsatze der Hör- und Studienfreiheit nur in beschränkter Weise huldigt, nicht gerechnet werden kann.

Man ersieht aus diesen Verhältnissen, dass der Maassstab der Frequenzziffern, welcher überhaupt eine recht zweifelhafte Bedeutung hat, in Anwendung auf unsere landwirthschaftliche Schule zu Schlüssen auf deren Lehrerfolg absolut nicht berechtigen kann.

Ungleich wichtiger für die Beurtheilung der Schweizer. landwirthschaftlichen Hochschule in Zürich ist hiernach offenbar das *qualitative* Ergebniss des Unterrichtes. In dieser Hinsicht geben aber die allgemeinen Erfahrungen der Docenten und die direct fassbaren Einzelerfolge die zuverlässigste Auskunft.

Im grossen Ganzen haben sich die am Polytechnikum studirenden jungen Landwirthe seither durch ihr Verhalten geradezu *ausgezeichnet*. Es herrscht ein guter Geist an der landwirthschaftlichen Schule. Abgesehen von einzelnen, überall vorkommenden Ausnahmen, haben die Studirenden ihre Aufgabe mit tiefem Ernste erfasst und an der Erfüllung derselben mit anerkennenswerthester Hingebung und Ausdauer gearbeitet, und mit Befriedigung verzeichnet die Lehrerschaft die Erfahrung, dass es ihr gelang, unter der grossen Mehrzahl der jungen Landwirthe den Sinn und das Verständniss für eine wissenschaftlich gründliche Auffassung des Unterrichtsstoffes zu entwickeln. Dem freudigen Eifer der Studirenden in der Bethätigung des Pflichtgefühls entsprach aber naturgemäss auch ein durchaus ordnungsmässiges Verhalten in allen anderen Richtungen der Lebensführung. Thatsächlich sind bislang die Fälle des Bedürfnisses der Anwendung besonderer

Disciplinarmassregeln äusserst selten gewesen. So bildeten denn auch der Arbeitstrieb und die correcte Haltung der Studirenden den Boden, aus welchem ein von freundlichem Entgegenkommen und Vertrauen getragenes Verhältniss derselben zu ihren Lehrern hervorging. — Und nun die Thatsachen.

Von 224 Studirenden, welche bis zum Beginne des Schuljahres 1893/94 aufgenommen wurden, haben 125, also 55,8 % die Anstalt absolvirt und Abgangszeugnisse erhalten. Unter ihnen zählen nur 12, welche dieses Ziel — in Folge Aufnahme in einen höheren Jahrescurs — nach einem weniger als fünfsemestrigen Besuch der Schule erreichten; alle anderen (113 = 50,5 %) haben *sämmtliche* Curse zurückgelegt. Diese Erfahrung beweist, dass die Mehrzahl der jungen Landwirthe sich von dem richtigen Grundsatze leiten liess, ihrer Studienaufgabe auch das zur erfolgreichen Bewältigung derselben erforderliche Maass von *Zeit* und *Kraft* zu widmen. Die Anstalt hat aber allen Grund, dieses Ergebniss als ein recht erfreuliches und ermunterndes anzusehen.

Es wurden an der landwirthschaftlichen Schule, wie wir fanden, während der ganzen Dauer ihres Bestehens 65 Diplome ertheilt. Daraus geht hervor, dass von den Studirenden, welche dieselbe absolvirten und Abgangszeugnisse erhielten (125), sich stark die *Hälfte* der Diplomprüfung mit Erfolg unterzogen hat. Auch in dieser Thatsache liegt ein Beweis für den hohen Grad von Arbeitstrieb und Leistungskraft, welcher den jungen Landwirthen eigen war, und es gereicht der Anstalt zur Befriedigung, zu constatiren, dass an dem Ergebnisse der Diplomprüfung die Schweizer Studirenden einen hervortretenden Anteil haben.

Ein nicht minder günstiges Zeugniss für den Studienernst, welchen die Landwirthe an den Tag legten, erblickt die Schule in der Erfahrung, dass dieselben in richtiger Erkenntniss der Bedeutung der Winke und Rathschläge, welche sie von ihren Fachdocenten empfingen, es sich angelegen sein liessen, gerade auch das Studium der *Grund*wissenschaften der Landwirthschaft mit besonderer Sorgfalt zu pflegen, sowie von der ihnen dargebotenen Gelegenheit, die der *allgemeinen* Bildung dienenden Vorlesungen an der Freifächer-Abtheilung zu besuchen und die Bibliothek des Polytechnikums zu benutzen, einen sehr ausgiebigen Gebrauch gemacht haben.

Die Studirenden Schweizer Nationalität, welche seither die landwirthschaftliche Schule absolvirt, und namentlich diejenigen, welche an ihr ein Diplom erworben haben, sind mit wenigen Ausnahmen ihrem Berufe treu geblieben. Ein immerhin erheblicher Theil der früheren Angehörigen der Anstalt ist nach Ablauf der Studienzeit in die landwirthschaftliche Praxis eingetreten, bezw. zurückgekehrt. So-

weit die diesseitige Beobachtung reicht, haben fast Alle, welche diesen
Weg einschlugen, einen sie durchaus befriedigenden Wirkungskreis
gefunden. Andere sind als Beamte in die öffentliche Verwaltung berufen worden, indessen eine verhältnissmässig grössere Zahl sich dem
Stande der Landwirthschaftslehrer zuwandte. Thatsächlich sind ehe-
malige Studirende der landwirthschaftlichen Schule bei der landwirthschaftlichen Behörde des Bundes und bei denjenigen mehrerer Kantone
angestellt, und mit Ausnahme nur *einer* kantonalen Lehranstalt (Wallis)
giebt es in der Schweiz zur Zeit keine einzige Fachschule mehr, welche
nicht einen oder mehrere der »Unsrigen« zu ihren Lehrern zählte.
Bei einigen derselben sind auch die Directorstellen an frühere Studirende der landwirthschaftlichen Schule des Polytechnikums übertragen worden.

Zur Orientirung darüber, in welchem Umfange die landwirthschaftliche Schule des Polytechnikums seither zur Ausbildung von
Lehrern für die landwirthschaftlichen Fachschulen und von Beamten
für die öffentliche Verwaltung beizutragen vermocht hat, schliessen
wir hier noch eine Liste von denjenigen Männern Schweizer. Nationalität
an, welche nach Absolvirung unserer Anstalt in öffentliche Aemter
berufen worden sind.

Laufende Nr.	Nr. des Verz. (S. 151)	Namen:	Amtsstellung:
1	1	J. Frey . . .	Landw. Experte der Regierung von Graubünden in Chur.
2	10	J. Nussbaumer	Landw.-Lehrer an der Ackerbauschule im **Strickhof** (Zürich). (†)
3	11	H. Schneebeli .	Landw.-Lehrer an der Ackerbauschule im **Strickhof** (Zürich). Seit 1887 Docent an der landw. Schule des eidgn. Polytechnikums in **Zürich**.
4	55	U. Weidmann .	Secretair im Schweiz. Landwirthschafts-Departement in **Bern**.
5	84	W. Gsell . . .	Präsident der Stadtgüter-Verwaltung in **St. Gallen**.
6	89	G. Stalder . .	Landw.-Lehrer an der landw. Winterschule in **Sursee** (Luzern), dann an der Ackerbauschule auf der **Rütti** (Bern). Trat seitdem in die Praxis über.
7	94	L. Engeler . .	Verwalter des kanton. Asylgutes in **Wyl** (St. Gallen).
8	95	J. Fluck . . .	Landw.-Lehrer an der Ackerbauschule im **Strickhof** (Zürich).
9	99	J. Moos . . .	Director der landw. Winterschule in **Sursee** (Luzern).
10	104	G. Martinet . .	Landw.-Lehrer an der landw. Winterschule in **Champ de l'Air** bei **Lausanne** und Director der Molkerei-schule in **Moudon** (Waadt). Privatdocent an der Universität Lausanne.

Laufende Nr.	Nr. des Verz. (S. 151)	Namen:	Amtsstellung:
11	109	A. Berset . .	Secretair der Direction des Innern des Kantons Freiburg in **Freiburg**.
12	111	A. Flückiger .	Landw.-Lehrer an der Ackerbauschule auf der **Rütti** (Bern).
13	115	C. Moser . . .	Landw.-Lehrer an der landw. Winterschule in **Sur-see** (Luzern), seit 1895 Director der Ackerbauschule auf der **Rütti** (Bern).
14	121	E. Wyssmann .	Director der Molkereischule in **Sornthal** (St. Gallen). Neuerdings zum Director der landw. Winterschule in **Custerhof** (St. Gallen) berufen.
15	126	A. König . .	Angestellter im Schweizer. Landwirthschafts-Departement in **Bern**.
16	132	A. Wanner . .	Director der landw. Winterschule in **Saargemünd** (Lothringen).
18	148	G. Heeb . . .	Secretair des Volkswirthschafts-Departements der Regierung des Kantons St. Gallen in **St. Gallen**.
18	154	R. Schläfli . .	Landw.-Lehrer an der Molkereischule in **Sornthal** (St. Gallen). Neuerdings an die landw. Winterschule im **Custerhof** (St. Gallen) berufen.
19	162	G. Glättli . .	Landw. Wanderlehrer im bayrischen Allgäu. Dann Assistent an der Schweizer. Samencontrolstation in **Zürich**. Seit 1895 erster Landwirthschafts-Beamter in der Direction des Innern des Kantons **Zürich**. Neuerdings zum Director der neu gegründeten landw. Schule im **Plantahof** (Graubünden) ernannt.
20	173	F. de Gendre .	Landw.-Lehrer an der landw. Winterschule in **Perolle** (Freiburg).
21	178	E. Laur . . .	Landw.-Lehrer an der landw. Winterschule in **Brugg** (Aargau).
22	186	O. Bürki . . .	Landw.-Lehrer an der landw. Winterschule im **Custerhof** (St. Gallen).
23	194	H. Nater . . .	Landw.-Lehrer an der Ackerbauschule in **Cernier** (Neuenburg).
24	199	A. Volkart . .	Assistent an der Schweizer. Samencontrolstation in **Zürich**.
25	202	J. Käppeli . .	Landw.-Lehrer an der landw. Winterschule in **Sur-see** (Luzern), dann an der Ackerbauschule auf der **Rütti** (Bern).
26	207	C. Pelichet . .	Assistent an der landw. Winterschule in Champ de l'Air bei **Lausanne**.

Einen recht bemerkenswerthen Beleg dafür, dass das Studium an unserer Schule im Stande war, im Kreise der demselben obliegenden jungen Landwirthe den Sinn und Trieb für ernste wissenschaftliche Arbeit zu entwickeln, bildet die Thatsache, dass eine artige Reihe der Studirenden, welchen es die Verhältnisse ermöglichten, nach dem

Besuche der Anstalt noch Zeit und Kraft auf ausschliesslich wissenschaftliche Bethätigung zu verwenden, es dahin brachte, sich den
Doctorgrad zu erwerben. So promovirten von unseren früheren Studirenden Schweizer. Nationalität an den Universitäten Zürich, Leipzig
und Königsberg ihrer *acht*. Sie sind:

Nr. des Verzeichnisses:	Namen:	Heimathsort:
1	*J. Frey,*	Ober-Ehrendingen (Aargau),
131	*H. Rüegg,*	Bauma (Zürich),
137	*F. Baumann,*	Hendschikon (Aargau),
148	*G. Heeb,*	Altstätten (St. Gallen),
162	*G. Glättli,*	Rüschlikon (Zürich),
178	*E. Laur,*	Basel,
183	*C. Schellenberg,*	Hottingen-Zürich,
186	*O. Bürki,*	Unterlangenegg (Bern).

Bei diesem Anlasse darf denn auch noch die Thatsache registrirt
werden, dass eine im Jahre 1893 von der *Gesellschaft ehemaliger Poly-
techniker* gestellte Preisaufgabe: »*Ueber den Zusammenhang zwischen
der Körperform und den Leistungen unserer Haussäugethiere*« von
zwei Studirenden unserer Schule, und zwar von *G. Glättli* und *C. Schellen-
berg,* in Bearbeitung genommen, und dass jedem der beiden Bewerber
ein Preis zuerkannt wurde. —

Wir kommen auf die *zweite* Seite der vorliegenden Frage, indem
wir noch hinzuweisen haben auf die Antheilnahme unserer Schule an
der Fortbildung der Landwirthschaftswissenschaft. Die Wirksamkeit,
welche die Anstalt in dieser Richtung entfaltet hat, kann hier unmöglich in ihrem ganzen Umfange zur Darstellung gebracht werden.
Dazu bedürfte es einer vollständigen Uebersicht über sämmtliche von
den Docenten gelieferten litterarischen Arbeiten wenigstens nach deren
Hauptinhalt. So sehr es dem Verfasser am Herzen lag, einer solchen
Aufgabe anlässlich der Jubelfeier unserer Schule näher zu treten, so
sehr hatte er es zu bedauern, auf dieselbe lediglich aus äusseren Gründen verzichten zu müssen. Wenn er aber hinblickt auf die ihm von
allen seinen Collegen, Vertretern der Grund- und der Fachwissenschaften der Landwirthschaft, bereitwilligst zur Verfügung gestellten,
überaus zahlreichen und werthvollen Beweisstücke, deren Verzeichniss
in extenso und in systematischer Gliederung und abgerundeter Darstellung zu publiciren, einer voraussichtlich nahe bevorstehenden Gelegenheit vorbehalten bleibt, so erfüllt ihn innige Befriedigung und
Freude über den Reichthum von Arbeiten, welche aus der geräusch-
losen Schaffensstätte auf verschiedenen Wegen hinausgegangen sind
in die wissenschaftlichen und praktischen Kreise, Arbeiten, welche

ausnahmslos das Gepräge gewissenhafter, auf selbstständiger Beobachtung und Untersuchung beruhender Forschung tragen. Ohne uns auch irgendwie einer Ueberhebung der Schule schuldig zu machen, dürfen wir Angesichts des Geschehenen und Geleisteten mit aller Bestimmtheit behaupten, dass diese berechtigt ist, sich den ausländischen verwandten Anstalten auch hinsichtlich der Bethätigung an der Fortentwicklung der Wissenschaft völlig ebenbürtig an die Seite zu stellen, aber auch, dass sie in dieser Richtung für ihr Gebiet nicht mindere Anstrengungen aufgeboten hat, als die Schulen für die übrigen technischen Wissenschaften an der Züricher Mutteranstalt.

Wie die Verhältnisse hier zu Lande liegen, musste schon zur Zeit des Beginnes der Wirksamkeit unserer Schule eine Thätigkeitsrichtung derselben in's Auge gefasst werden, welche mit der Lehr- und Forschungsaufgabe direct Nichts zu thun hat, gleichwohl aber auf ihre erspriessliche Weiterentwicklung einen wohlthätigen Einfluss zu üben versprach. Es ist die Wirksamkeit der Schule nach aussen, im Verkehr mit den praktischen Landwirthen, den landwirthschaftlichen Vereinen und den Behörden des Landes. Gelegenheiten hierzu hat sie, ohne sich aufzudrängen, gesucht; sie wurden ihr auch mannigfach zugetragen. Und so entstand eine ergiebige Wechselwirkung zwischen den Trägern und Förderern des landwirthschaftlichen Berufes und unserer Schule, ein Verhältniss gegenseitigen Nehmens und Gebens, welches sich in der That je länger je mehr fruchtbringend gestaltete. Jedenfalls ist unsere Anstalt keinem an sie ergangenen Rufe zur Mitwirkung an praktischen Aufgaben aus dem Wege gegangen, hat sie vielmehr regelmässig ihre Bereitwilligkeit, sich in den Dienst der Förderung der praktischen Landwirthschaft zu stellen und die Beziehungen zu derselben zu pflegen, documentirt. Zum Beweise dafür berufen wir uns auf die Thatsache, dass die Docenten unserer Anstalt sich in der mannigfachsten Weise und in überaus zahlreichen Fällen an der Behandlung wichtiger Zeitfragen der Landwirthschaft durch Abhandlungen, Referate, öffentliche Vorträge und Vortrags-Curse, Erstattung von Gutachten etc. betheiligt haben, dass einige derselben von den landwirthschaftlichen Vereinen zur Redaction der von diesen herausgegebenen Fachzeitschriften, bezw. auch zu Mitgliedern der Vereinsvorstände berufen wurden, wiederholt als Experten und Berichterstatter an öffentlichen Ausstellungen fungirten, und dass die Behörden vielfach in den Fall kamen, Mitglieder des Lehrkörpers unserer Schule zu commissionalen Berathungen über landwirthschaftlich wichtige Fragen zuzuziehen. Thatsache ist ferner, dass eine Reihe bedeutungsvoller landwirthschaftlicher Betriebsmassregeln und Institutionen gerade von unserer Schule aus *zuerst* angeregt oder gefördert oder überhaupt in Fluss gebracht worden sind.

Statt eines eingehenden Nachweises hierüber, geben wir hier nur einige Stichwort-Andeutungen, und zwar:

In *technischer* Hinsicht: Kunstdüngung — Kraftfütterung — Kleegrasbau — Thierzucht und Thierbeurtheilung etc. etc.;

in *ökonomischer* Hinsicht: Buchführungswesen — Genossenschaft etc. etc.;

in *legislativer und administrativer* Hinsicht: Landwirthschaftliche Untersuchungsstationen. — Culturingenieurschule am Polytechnikum. — Landwirthschaftliche Winterschulen. — Vortrags-Curse — Agrarstatistik etc. etc.

Für Denjenigen, welcher die Verhältnisse wirklich kennt, kann es keinem Zweifel unterliegen, dass für diesen praktisch-publicistischen Dienst niemals und nirgends eine landwirthschaftliche Hochschule mehr Zeit und Kraft aufgewendet hat, wie die unsrige.

* * *

Wir sind am Schlusse unseres Berichtes angekommen. — In dem Leben einer Bildungsanstalt ist der Zeitraum der ersten 25 Jahre, ob innerhalb desselben auch manche der ihr angehörenden Kräfte, nachdem sie sich ihr ganz gewidmet und ihr Bestes für sie hingegeben haben, erloschen, andere an deren Stelle getreten sind, immer nur eine kurze Frist. Er bedeutet kaum mehr als eine Jugendentwicklung. So ist denn auch das Bild von der seitherigen Ausgestaltung unserer landwirthschaftlichen Schule nicht frei von jenen Begleiterscheinungen des Jugendlebens, welche sich in Entwicklungsstörungen offenbaren. In der That hat unsere Anstalt manche Schwierigkeiten, meist äusserer Natur, durchkämpfen müssen. Aber sie hat diese, unbeirrt in der Verfolgung ihrer hohen Ziele, siegreich überwunden und, innerlich gefestigt, sich das Bewusstsein der Kraft erobert, deren sie zur Durchführung ihrer weiteren Lebensaufgaben bedarf. Diese ihre Verfassung erinnert uns an die von dem Vertreter einer *landwirthschaftlichen* Körperschaft jüngst geäusserte Mahnung, dass es der Jugend gezieme, »eifrig zu hören, freudig zum Dank zu sein und bescheiden auf die eigene Leistung zu blicken.« Das sind inhaltschwere Worte. Aber sie erschöpfen nicht die Stellung einer freudig aufstrebenden jungen Bildungsstätte. Es gehört zu ihnen auch der Hinweis auf das *Vertrauen in die Zukunft.* — Unsere Anstalt wird auch ferner Erfolge verzeichnen, wenn sie in der Erfüllung ihrer Pflichten unerschütterlich festhält an der Zuversicht, dass ihr erhalten bleibe, was sie zu ihrer weiteren Entwicklung nothgedrungen bedarf — *das Wohlwollen der praktischen Landwirthe und die treue Fürsorge der Behörden des Landes.*

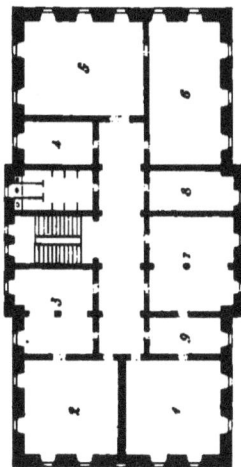

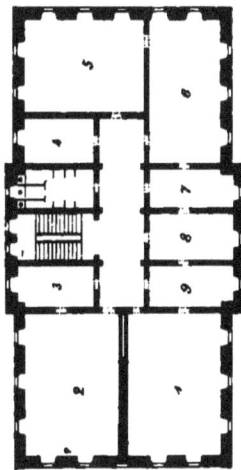

I. Etage.

II. Etage.

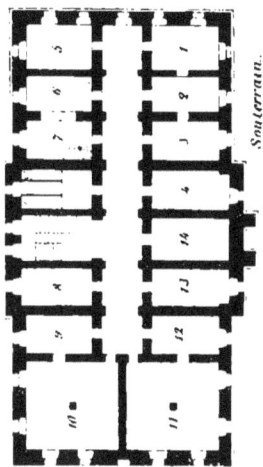

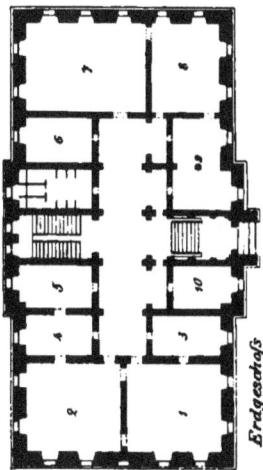

Souterrain.

Erdgeschofs.

Maßstab:

GRUNDPLÄNE VON DEM GEBÄUDE DER LAND- UND FORSTWIRTHSCHAFTLICHEN SCHULE.

AGRICULTURCHEMISCHES LABORATORIUM.

(Westlicher Arbeitsraum.)

SAMMLUNGSRAUM DES AGRICULTURCHEMISCHEN LABORATORIUMS.

MIKROSKOPIR-SAAL.

TAFEL. VI

LANDWIRTHSCHAFTLICHE SAMMLUNG.

HÖRSAAL 36 DER LANDWIRTHSCHAFTLICHEN SCHULE.

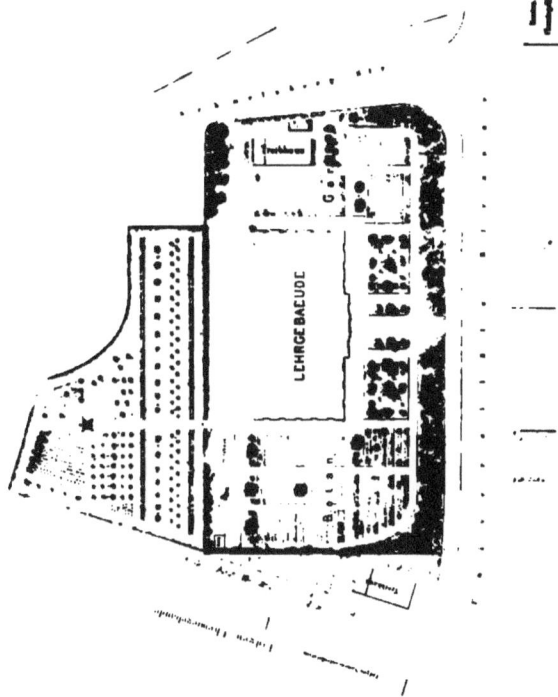

Situationsplan von dem Lehrgebäude, dem Œkonomisch-botanischen Garten und dem Versuchsfelde für Obstbau.

TAFEL IX.

DER ÖKONOMISCH- BOTANISCHE GARTEN MIT GEWÄCHSHAUS.

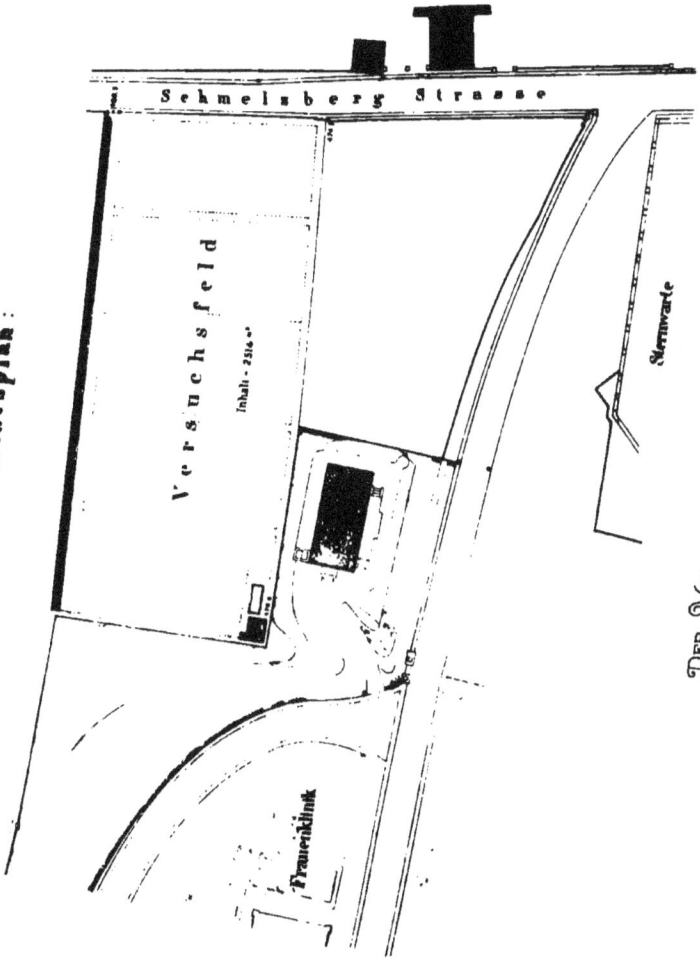

Uebersichtsplan:

Schmelzberg Strasse

Versuchsfeld
Inhalt = 25,16 ar

Sternwarte

Frauenklinik

DER VERSUCHS-WEINBERG.

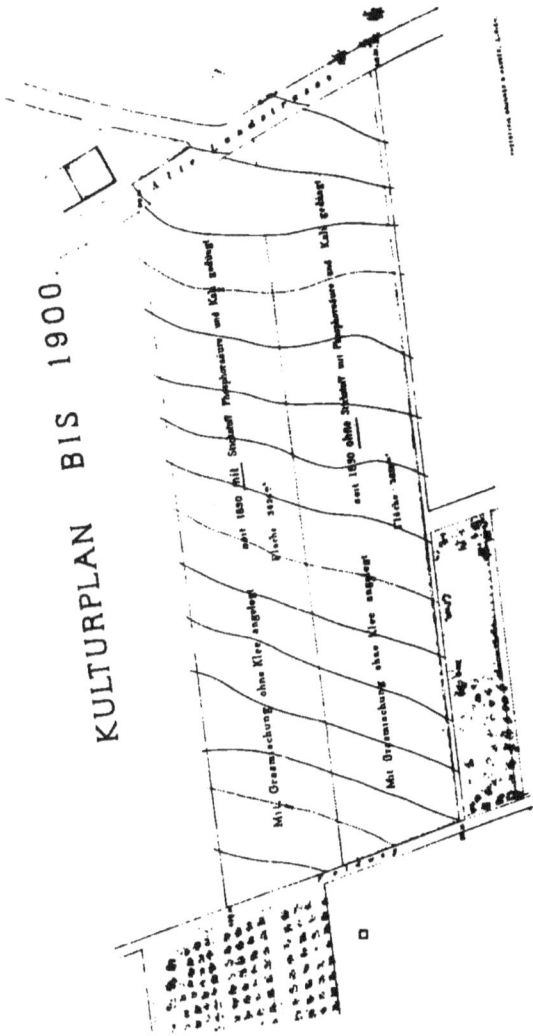

TAFEL XI.

KULTURPLAN BIS 1900.

DAS VERSUCHSFELD AUF DEM STRICKHOF.
(Südlicher Theil.)

9 7 8 3 3 3 7 3 2 1 2 1 5